प्रायोगिक प्राणिशास्त्र

Practical Manual

भाग — 2

(अकशेरूकी, सूक्ष्म जैविकी, जंतु कार्यिकी एवं जैव रासायनिकी)

The Authors

Dr. Madan Mohan Trigunayat obtained his Master's degree standing first among first divisioners at Department of Zoology, University of Rajasthan, Jaipur in 1983. He joined teaching assignment in Govt. of Rajasthan in 1984. He has worked as Research Entomologist in USDA (United States Department of Agriculture) scheme. He has got published more than 80 research papers in leading journals and also attended International conferences (held in India) and many National conferences and seminars. He has been included in Entomologist's Profile of India in 1997 and Reference Asia in 1995 and Learned Asia in 1996. He was awarded Summer Research Fellowship jointly from three National Academies of Sciences, India in 2011. He organized a National conference on Forest and Wildlife : Present status and future needs in 2013. He is teaching post graduate and graduate classes for more than 34 years. He is the author of 13 other books on zoology. His present research interests are Insect Ecology and Biodiversity and Agricultural Ornithology.

Kritika Trigunayat, a Gold Medalist in Graduation from University Maharani's College, Jaipur in 2011 and also a Gold Medalist at Post Graduation in Zoology with specialization in Entomology, from the same University in 2013. She was also selected for Student Summer Fellowship scheme of three National Academies of Sciences, India in 2012 and has worked on the Eco biology of an insectivorous bird, Ashy Wren Warbler, Prinia Socialis at APJ Satya University, Gurgaon. She was awarded Inspire Fellowship from the Department of Science and Technology, New Delhi in 2015.

Presently she is pursuing research leading to Ph.D at Department of Zoology, University of Rajasthan, Jaipur under the supervision of Prof. Jaimala Sharma on Coleopteran Diversity in Keoladeo National Park, Bharatpur.

प्रायोगिक प्राणिशास्त्र

Practical Manual

भाग — 2

(अकशेरूकी, सूक्ष्म जैविकी, जंतु कार्यिकी एवं जैव रासायनिकी)

लेखक

डॉ. एम.एम. त्रिगुणायत

Ph.D., F.E.S.I., F.Z.S.I.

विभागाध्यक्ष, प्राणिशास्त्र विभाग
राजकीय रामेश्वरीदेवी कन्या (स्नातकोत्तर) महाविद्यालय
भरतपुर (राजस्थान)

कृतिका त्रिगुणायत

M.Sc. (Gold Medalist)

DST- इन्सपाइर फैलो
प्राणिशास्त्र विभाग
राजस्थान विश्व विद्यालय, जयपुर

साईन्टिफिक
पब्लिशर्स

प्रकाशक
साईन्टिफिक पब्लीशर्स (इण्डिया)
जोधपुर

5-ए, न्यू पाली रोड, पो. बा. नं. 91
जोधपुर-342 001 (राज.)
टेलिफोन : 0291-2433323
E-mai: info@scientificpub.com
Web: www.scientificpub.com

ISBN: 978-93-88172-98-1
eISBN: 978-93-88449-05-2

भारत में मुद्रित

प्राक्कथन

राजस्थान विश्वविद्यालय जयपुर व इसके संघटक महाविद्यालयों तथा अन्य विश्वविद्यालयों के बी.एस.सी. द्वितीय वर्ष के प्रायोगिक पाठ्यक्रमानुसार लिखी गई **प्रायोगिक प्राणिशास्त्र** की यह पुस्तक अभिनव जानकारी से परिपूर्ण है। सम्पूर्ण लेखन 7 यूनिट में विभक्त है। **प्रथम यूनिट** संग्रहालय अध्ययन की है। प्रत्येक जन्तु को उसके **साधारण नाम** (Common Name), **आवास एवं प्रकृति** (Habit & Habitat), **वितरण** (Distribution), **पहचान के लक्षण** (Characters of Identification), **विशेष लक्षण** (Special Characterts) **जैविक महत्व** (Biological Importance) **व आर्थिक महत्व** (Economic Importance) के आधार पर लिखा गया है। स्पोटिंग में छात्र से इन बिन्दुओं पर ही जनकारी की अपेक्षा की जाती है तथा अंकों का निर्धारण होता है। अन्य उपलब्ध पुस्तकों में इसका नितान्त अभाव रहा है। अतः यह पुस्तक छात्रों के लिये बेहद उपयोगी साबित होगी। अन्तिम तीन यूनिट (5, 6 व 7) क्रमशः सूक्ष्मजैविकी, कार्यिकी तथा जैव रासायनिकी की हैं जिन्हें सर्वथा भिन्न तरीके से लिखा गया है। कार्यिकी में प्रत्येक प्रयोग विधि का सिद्धान्त भी समझाया गया है। जहाँ जरूरी समझा गया है वहाँ विशेष टिप्पणी व अतिरिक्त सूचना (additional information) भी दी गई है।

इसके लेखन में हमें मित्रों व शिक्षक साथियों का जो भी सहयोग मिला है उसके लिए उनका आभार प्रदर्शित करते हैं।

श्री पवनकुमार शर्मा एवं तनय शर्मा, साइन्टिफिक पब्लिशर्स, जोधपुर का भी आभार प्रदर्शित करते हैं जिनके अथक प्रयासों से बहुत ही कम समय में यह पुस्तक आप तक पहुँच रही है।

भरतपुर — **लेखक**

विषय सूची

यूनिट – 1

संग्रहालय अध्ययन
(Study of Museum Specimens)

पेरीपेटस
(Peripatus)

फाइलम – आथ्रोपोडा

1. जोड़ीदार उपांग
2. बाह्य कंकाल काइटिन का
3. द्विपार्श्व सममित

सब–फाइलम – ओनीकोफोरा (*onyx*-claw, *phorous*-to bear)

1. टांगे, पंजे (claw) सहित
2. सिर तीन खंडों से मिलकर बना होता है।

जीनस – पेरीपेटस

आवास एवं प्रकृति (Habit and Habitat)

1. चट्टान की दरारों, पत्थरों के नीचे वृक्ष की छाल के नीचे नम व अँधेरे स्थानों पर पाया जाता है।
2. माँसाहारी होता है, रात्रिचर (nocturnl) होता है।

वितरण (Distribution)

अफ्रीका के जंगल, ऑस्ट्रेलिया, एशिया, उत्तरी व मध्य अमेरिका, वेस्टइण्डीज, मलाया व सुमात्रा।

पहचान के लक्षण (Characters of Identification)

1. केटरपिलर के समान मखमली त्वचा तथा बहुत सी ठूँठ (stump) सदृश टांगों वाला जंतु है। टाँगों में दो पंजे होते हैं।
2. सिर पर एक जोडी एंटीना, मुख, पैपिला तथा जबड़े पाये जाते हैं।
3. मुख अधर तल पर माँसल वलन (fleshy fold) द्वारा घिरा रहता है।
4. प्रत्येक टांग के आधार में नेफ्रीडियल द्वार होता है।

विशेष लक्षण (Special Characters)

1. यह आर्थ्रोपोडा व एनीलिडा के मध्य योजक कड़ी (connecting link) है।

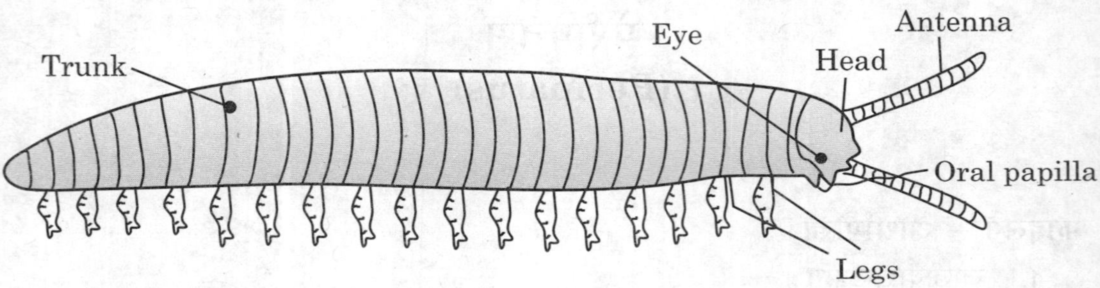

चित्र 1.1 : पेरीपेटस

आर्थ्रोपोडा के लक्षण (Arthropodan characters)

1. श्वसन ट्रेकिया द्वारा
2. लार ग्रन्थियाँ
3. उपांग के अंतस्थ (terminal) सिरे पर पंजा पाया जाता है।
4. हीमोसील पायी जाती है।

एनीलिडा के लक्षण (Annelidan charcters)

1. उत्सर्जन नेफ्रिडिया द्वारा।
2. क्यूटीकल (cuticle) का पाया जाना।
3. जनन अंग पक्ष्माभी (ciliated)।
4. ये आद्य (primitive) है जो **कैम्ब्रियन काल** (cambrian period) से आज तक जीवित है।
5. इनकी संख्या कम हो रही है।

जैविक महत्व (Biological Importance)

1. जन्तुशास्त्र प्रयोगशाला में प्रादर्श के रूप में इसका अध्ययन किया जाता है।
2. योजक कड़ी होने से विकास (evolution) के प्रमाण हैं।

लिम्यूलस
(Limmulus)

फाइलम – आथ्रोपोडा

क्लास – मीरोस्टोमेटा

1. 5 या 6 जोड़ी उदरीय उपांग जो गिल्स में रूपान्तरित रहते हैं। देह के अन्तिम सिरे पर टेलसन (telson)।

सब–क्लास – जिफ़ोसूरा (Xiphosura)

1. जीवित जीवाश्म (living fossils)
2. घोड़े की नाल (horse shoe) के समान कैरापेस।

नोटः जिफोसूरा का ग्रीक भाषा में अर्थ **"तलवार जैसी पूंछ"** (Sword tail) होता है।

जीनस – लिम्यूलस

(यहाँ इसका वर्गीकरण बार्न (Barnes) के अनुसार दिया गया है)

साधारण नाम (Common Name)

इसे **किंग क्रैब** (राजा केकडा) (king crab) भी कहते हैं।

आवास एवं प्रकृति (Habit and Habitat)

यह समुद्र के छिछले जल के तल में बालू व कीचड़ युक्त तट पर पाया जाता है। यह कृमि (worm) व मौलस्का के जन्तु खाता है। यह तैर भी सकते है, लेकिन ज्यादातर बालू या कीचड में धँसे रहते हैं।

वितरण (Distribution)

उत्तर–दक्षिण अटलांटिक तट, मैक्सिको की खाड़ी, एशिया का तट जापान, कोरिया, फिलीपाइन्स तथा बंगाल की खाड़ी में पाया जाता है।

पहचान के लक्षण (Characters of Identification)

1. देह **प्रोसोमा** (prosoma) **ओपिस्थोसोमा** (opistosoma) में विभाजित रहती है। प्रोसोमा अखंडित कैरापेस व ओपिस्थोसोमा (उदर) की पृष्ठ सतह serrate होती है। ये अनुप्रस्थ हिंज (transverse hinge) से जुड़े रहते हैं।
2. प्रोसोमा का कैरोपस चौड़ा अर्ध वृत्ताकार (semi circular) होता है जिसके किनारे कुछ नीचे की ओर लटके रहते है जिससे उपांग ढक जाते है।
3. दो मध्य नेत्र (median eye) व दो पार्श्व नेत्र (lateral eye) पाये जाते हैं।
4. बाह्य कंकाल काइटिन का बना होता है।

5. ओपस्थिोसोमा पर 3 जोडी चलायमान कांटे (स्पाइन, movable spines) होते हैं तथा अन्त में कॉडल स्पाइन या टेलसन (caudal spine or telson) होता है, नवजात केकड़ा (young) में टेलसन नहीं पाया जाता।

विशेष लक्षण (Special Characters)

1. नर की प्रथम टांग पकड़ने के लिए रूपान्तरित रहती है (clasping organ)
2. घोडे की नाल (horse shoe shaped) के समान कैरापेस।
3. ओपिस्थोसोमा पर 6 जोडी (biramus appendage) होते हैं। प्रथम जनन ऑपरक्यूलम (genital operculum) बनाता है व शेष पर पुस्तक गिल (gill-book) पायी जाती है।
4. इन्हें **जीवित जीवाश्म** भी कहते हैं क्योकि **सिल्यूरिन काल** (silurin period) से अब तक जीवित है।
5. **ट्राइलोबाइट** लारवा पाया जाता है (आकार, आकृति में ट्राइलोबाइट से मिलता–जुलता है)।

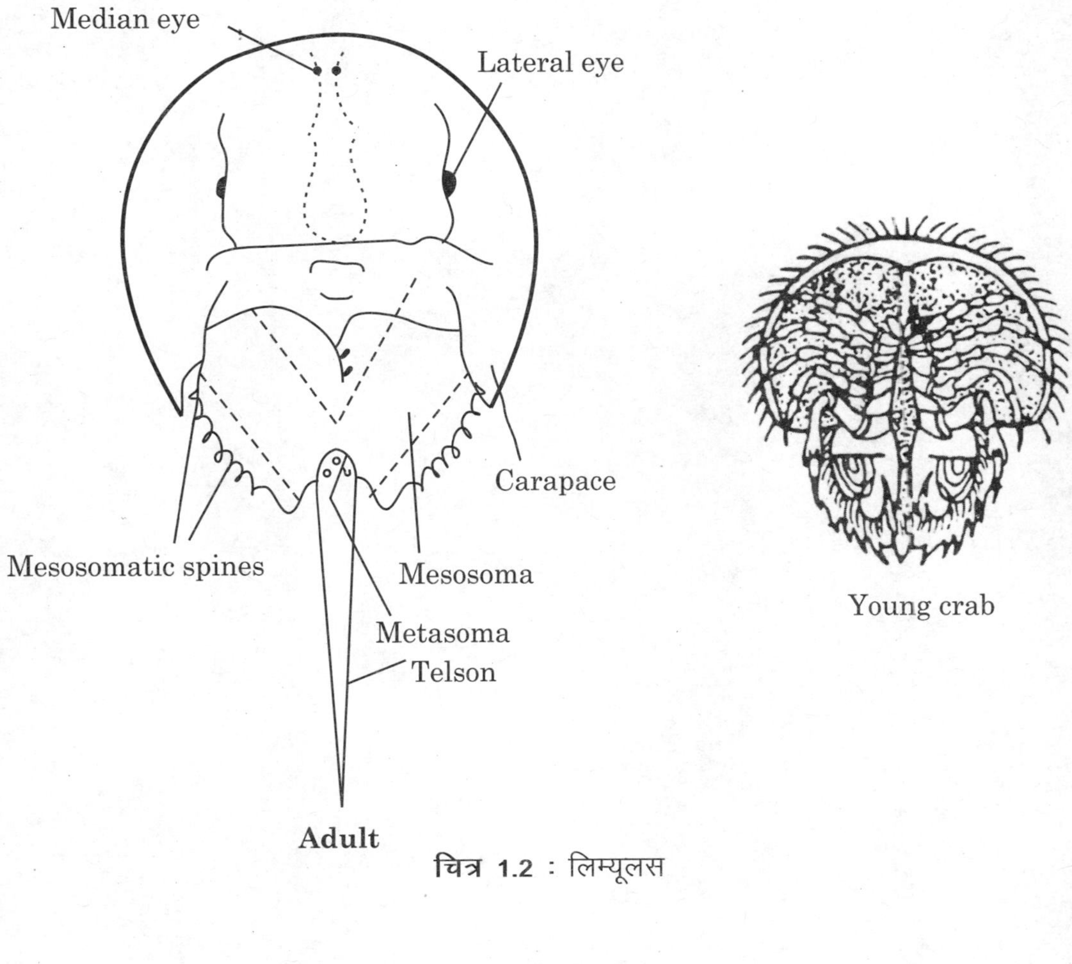

चित्र 1.2 : लिम्यूलस

जैविक महत्व (Biological Importance)

1. अत्यन्त आद्य (very primitive) जन्तु के रूप में जन्तुशास्त्र। प्रयोगशाला में इसका प्रादर्श अध्ययन किया जाता है।

आर्थिक महत्त्व (Economic Importance)

इसे सूकर पालन (piggery) व मुर्गीपालन (poultry) वाले इन जन्तुओं को खिलाते हैं।

विशेष टिप्पणी (Special Comment)

लिम्यूलस जीवित जीवाश्म (living fossil) कहलाता है क्योंकि सिल्यूरिन समय से आज तक जीवित है, जबकि उस समय के अन्य जन्तु जीवाश्म बन चुके हैं। इसकी केवल 5 जातियाँ ही पायी जाती है। भारत में बंगाल की खाड़ी में पुरी के समुद्र तट पर भी मिलता है।

मकड़ी / एरीनिया
(Spider)

फाइलम – आथ्रोपोडा

क्लास – एरैक्निडा

1. देह प्रोसोमा व मोटासोमा में विभक्त
2. श्वसन बुक लंग्स (book lungs) द्वारा
3. श्रृंगिका अनुपस्थित। चार जोड़ी टांगे

ऑर्डर – एरिनिडा (Areineida)

1. प्रोसोमा पर दो संधियुक्त चेलीसिरी (chelicerae) व पैडीपैल्प (pedipalp-nonchelate) पाये जाते हैं।
2. वास्तविक मकड़ियाँ (true spiders)

जीनस – मकडी / एरीनिया

साधारण नाम (Common Name)

साधारणतया **मकड़ी** (spider) कहा जाता है।

आवास एवं प्रकृति (Habit and Habitat)

बाग–बगीचों की वनस्पति, घरों में जाल बनाकर, वृक्ष के छालों के नीचे, फूलों व पत्तियों में, जमीन पर भी पाया जाता है। कीटों का शिकार करती है।

वितरण (Distribution)

सर्वव्यापी (cosmopolitan)

पहचान के लक्षण (Characters of Identification)

1. देह प्रोसोमा व ओपिस्थोसोमा में विभाजित। टेलसन नहीं पाया जाता।
2. चेलीसिरी (chelicerrae) दो खंडों, पैडीपेल्प (pedipalp) छः खंडों तथा टांगे 7 खंडों की बनी होती है।
3. उदर के अंत में स्पिनरेट (spinnerets) के 3 जोड़े पाये जाते हैं जिनसे जाल बुनती है।
4. श्वसन बुक लंग्स द्वारा, उत्सर्जन मालपीघियन नलिका व कोक्जल (coxal) ग्रन्थि द्वारा होता है।

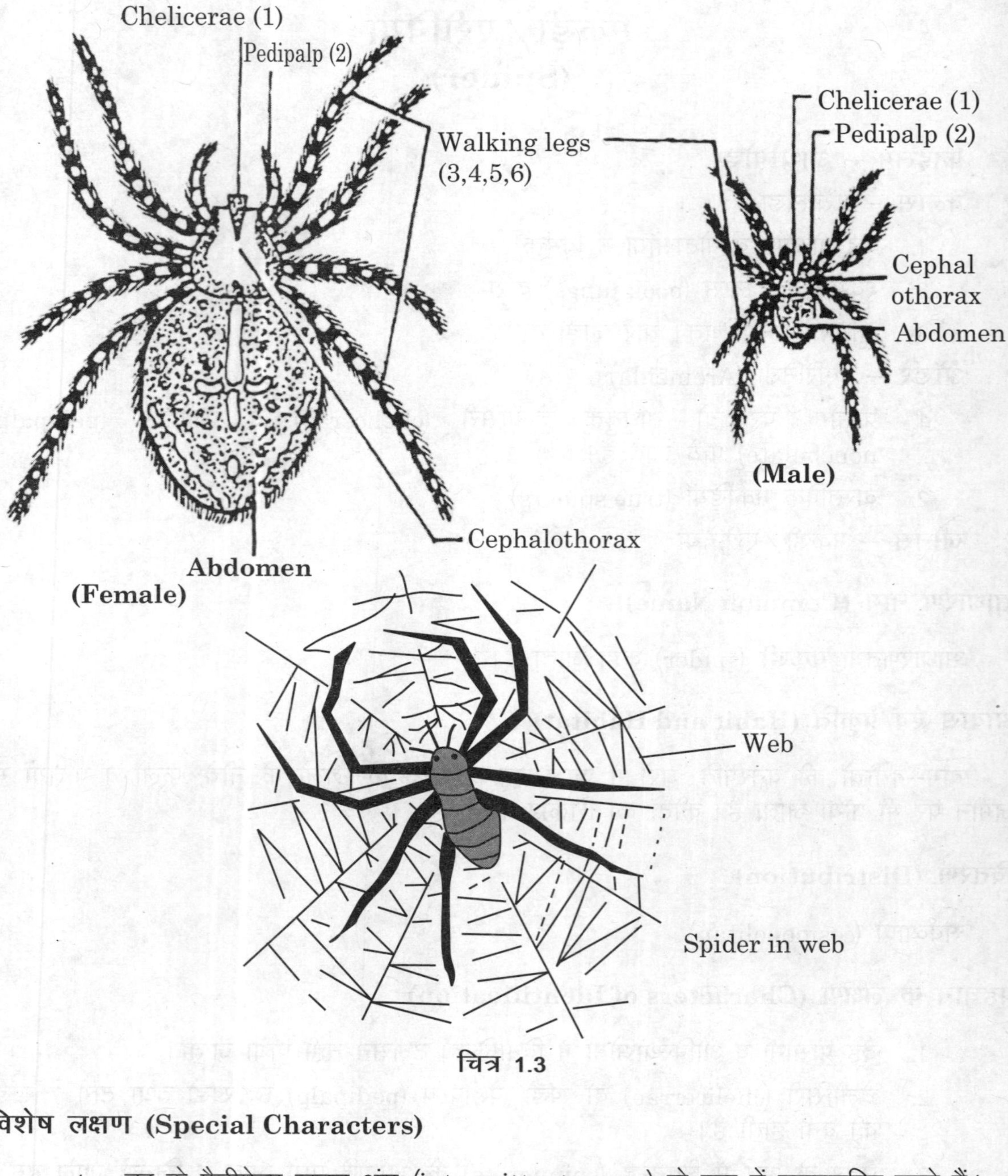

चित्र 1.3

विशेष लक्षण (Special Characters)

1. नर के पैडीपेल्प जनन अंग (intromittent organ) के रूप में रूपान्तरित रहते हैं।
2. प्रायः नर मादा से छोटा होता है।
3. जनन के बाद मादा नर को मार देती है व भक्षण कर लेती है (cannibalism)

4. उदर में पायी जाने वाली सिल्क ग्रन्थि (silk gland) से जाल का निर्माण करती है। सिल्क रासायनिक रूप से एल्ब्यूमिन प्रोटीन (albumin protein) ही होती है। जाल के धागे अत्यन्त मजबूत होते हैं। (0.01 सेमी व्यास का धागा 80 ग्राम वजन रह सकता है)

जैविक महत्व (Biological Importance)

1. जन्तुशास्त्र प्रयोगशाला में प्रादर्श अध्ययन में।
2. चूँकि कीटों को खाती है अतः बहुत से नाशी कीट (insect pests) इसका शिकार बन जाते हैं अतः जैविक नियन्त्रण (biological control) के अभिकर्ता (agent) के रूप में।
3. स्थलीय पारिस्थितिकीतंत्र की खाद्य श्रृंखला में एक घटक के रूप में।

अतिरिक्त जानकारी (Additional information)

ब्लैक विडो (black widow) नामक मकड़ी जो अमेरिकी महाद्वीप में पायी जाती है जनन के पश्चात् अपने नर को मार कर खा जाती है और विडो (widow) जीवन व्यतीत करती है। नर मादा से अपेक्षाकृत बहुत छोटा होता हैं यह जहरीली होती है तथा इसका जहर तंत्रिका तंत्र को प्रभावित करता है (neurotoxic)

स्कॉरपियन / पैलेम्नीयस
(Scorpion/Palamnaeus)

फाइलम – **आथ्रोपोडा**

क्लास – एरैक्निडा

ऑर्डर – स्कॉरपियोनिडा

1. प्रोसोमा पर 3 संधियुक्त चेलीसिरी व चीलेट पैडीपल्प उपस्थित।

जीनस – स्कॉरपियन

साधारण नाम (Common Name)

साधारणतया **बिच्छू** कहलाता है।

आवास एवं प्रकृति (Habit and Habitat)

जमीन में दरार (crevices) में, पत्थरों के नीचे, वृक्षों की पत्तियों, छाल व अन्य कूड़े–करकट के नीचे पाये जाते हैं। रात्रिचर (nocturnal) होता है। माँसाहारी (carnivorous) जन्तु है जो कीट व मकड़ियों को खाता है।

वितरण (Distribution)

विश्व के सभी गर्म प्रदेशों में जैसे अफ्रीका, भारत तथा यूरोप, अमेरिका में भी पाये जाते हैं।

पहचान के लक्षण (Characters of Identification)

1. देह प्रोसोमा, मीजोसोमा व मेटासोमा में विभाजित होती है।
2. प्रोसोमा कैरापेस से ढका रहता है।
3. देह की पृष्ठ सतह काइटिन से बने टर्गम (tergum) व अधर सतह स्टर्नम (sternum) से ढ़की रहती है। पार्श्व में प्लूरोन (pluron) से सम्बद्ध (attached) रहती है।
4. मीजोसोमा 7 खंड (चौड़े) व मेटासोमा 5 खंडों (संकरे) का बना होता है।
5. अन्तिम मेटासोमिक खंड पर कॉडल स्पाइन / टेलसन / डंक (caudal spine/telson/sting) होता है।
6. श्वसन बुक लंग्स द्वारा, उत्सर्जन कोग्जल ग्रन्थि (coxal gland) द्वारा होता है।

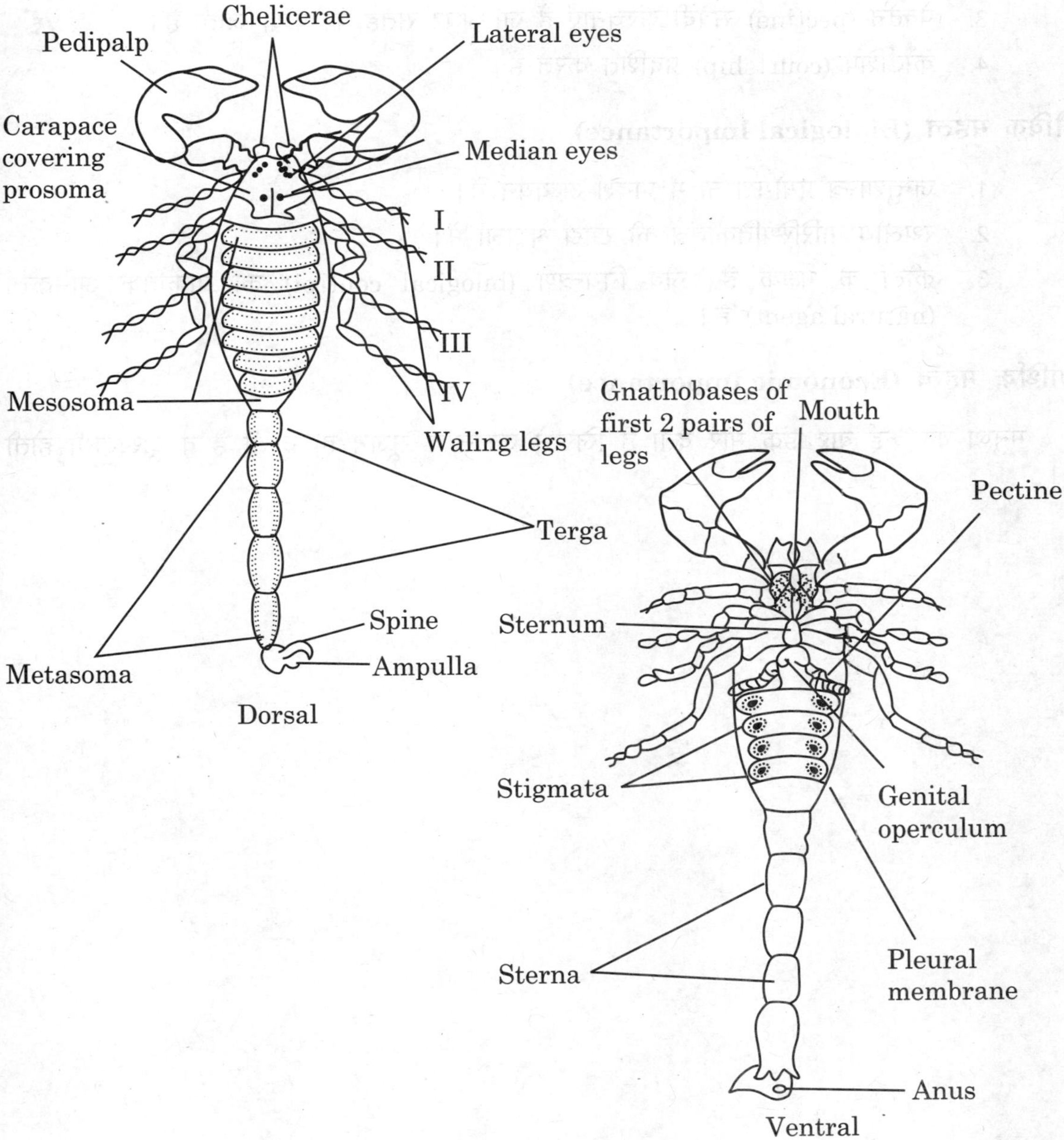

चित्र 1.4 : स्कॉरपियन

विशेष लक्षण (Special Characters)

1. जरायुज (viviparous) होता है।
2. डंक/टेलसन का आधार फूला हुआ (swollen) होता है जिसे वेसिकल (vesicle) कहते हैं जिसमें विष ग्रन्थि (poison gland) पायी जाती है।

3. पेक्टेन (pectine) संवेदी संरचनाएँ हैं जो अधर सतह पर पायी जाती है।
4. कोर्टशिप (courtship) प्रदर्शित करते हैं।

जैविक महत्व (Biological Importance)

1. जन्तुशास्त्र प्रयोगशाला में प्रादर्श अध्ययन में।
2. स्थलीय पारिस्थितिकीतंत्र की खाद्य श्रृंखला में।
3. कीटों के भक्षक हैं। जैव नियन्त्रण (bilogical control) का प्राकृतिक अभिकर्त्ता (natural agent) है।

आर्थिक महत्व (Economic Importance)

मनुष्य को कई बार डंक मार देता है जिससे जलन व सूजन हो जाती है व दुःखदायी होती है।

सेन्टीपीड
(Centipede)

फाइलम – आर्थ्रोपोडा

क्लास – काइलोपोडा

1. देह के प्रत्येक खण्ड में एक जोड़ी टांगे जिनमें पंजे (claw) पाये जाते हैं।
2. स्थलचरी।

ऑर्डर – स्कोलोपेन्ड्रोमोर्फा (scolopendromorpha)

1. 21 और 23 जोड़ी टांगे

जीनस – सेन्टीपीड

साधारण नाम (Common Name)

इसे **कनखजूरा** भी कहते हैं।

आवास एवं प्रकृति (Habit and Habitat)

यह सड़ी–गली लकड़ियों के नीचे, पत्थरों के नीचे, वृक्ष की छाल (bark) व पत्तियों के नीचे नम स्थानों पर पाया जाता है। यह माँसाहारी होता है तथा केंचुआ, स्नेल, मकड़ी व कीट खाता है। रात्रिचर (nocturnal) होता है जो घरों में भी आ जाता है।

वितरण (Distribution)

यह भारत व अमेरिका में पाया जाता है।

पहचान के लक्षण (Characters of Identification)

1. देह सिर व ट्रंक (trunk) में विभाजित। यह पृष्ठ–अधर सतह से चपटी होती है।
2. सिर चपटा होता है जो कैरापेस से ढ़का रहता है। इस पर एक जोड़ी श्रृंगिका (antennae) पायी जाती है।
3. मुखांग – दो जोड़ी मैक्सिला व एक जोड़ी मैंडीबल।
4. ट्रंक पर खंड पाये जाते हैं। प्रत्येक में एक जोड़ी टाँगे होती है। सभी टाँग समान होती है। प्रथम खण्ड में पायी जाने वाली टांगे की ओर उन्मुख (forwardly directed), मुड़ी हुई नखर युक्त (clawed) होती है जिस पर विष पंजा (poison claw) होता है। अन्तिम जोड़ा अन्य सभी टांगों से लम्बा होता है।

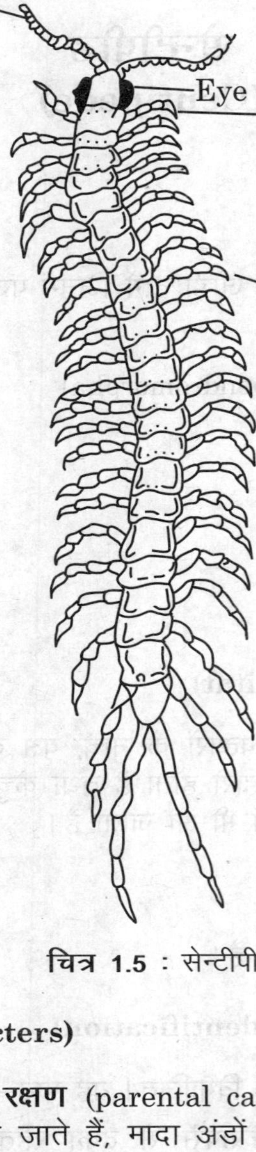

चित्र 1.5 : सेन्टीपीड

विशेष लक्षण (Special Characters)

1. अंडे देते हैं व **पैतृक रक्षण** (parental care) पाया जाता है। अंडे जमीन के अंदर जून व जुलाई में दिये जाते हैं, मादा अंडों को चारों और से घेरे रखती है। देह के स्रावों से नम रहते हैं।

जैविक महत्व (Biological Importance)

1. जन्तुशास्त्र प्रयोगशाला में इनका प्रादर्श (spot) अध्ययन किया जाता है।
2. स्थलीय पारिस्थितिकीतंत्र को खाद्य शृंखला में एक घटक है।

मिलिपीड
(Millepede)

फाइलम – **आथ्रोपोडा**

क्लास – डिप्लोपोडा

1. देह बेलनाकार कृमि सदृश
2. प्रत्येक देह खण्ड में दो जोड़ी टांगे होती हैं।

ऑर्डर – जूलीफोर्मिया (Juliformia)

1. देह 40 से अधिक खण्डों की बनी होती हैं।
2. नेत्र उपस्थित

जीनस – मिलीपीड

साधारण नाम (Common Name)

इसे **वाइर वर्म** (wire worm) कहते हैं। (तार के समान मुड़ जाती है, गोल हो जाती है) (भरतपुर में स्थानीय लोग गिजाई कहते हैं)।

आवास एवं प्रकृति (Habit and Habitat)

नम व अंधेरे स्थानों पर, पत्थरों के नीचे, वृक्ष की छाल (bark) व अन्य कचरों के नीचे पायी जाती है। शाकाहारी (herbivorous) होती है।

वितरण (Distribution)

यूरोप, भारत व अमेरिका में पाई जाती है।

पहचान के लक्षण (Characters of Identification)

1. देह, सिर, वक्ष व उदर में विभाजित होती है।
2. सिर पर तीन जोड़ी उपांग पाये जाते हैं। एक जोड़ी – श्रंगिका (7 संधियुक्त)। एक जोड़ी – मैडीबल्स एक जोड़ी – मैक्सिला जो संयुक्त होकर ग्नैथोकाइलेरियम (gnathochilarium) बनाते हैं।
3. वक्ष चार खण्डों का बना होता है, प्रत्येक पर एक जोड़ी टांगे होती हैं।
4. चौथे व अन्तिम देह खण्ड पर टांग नहीं पायी।

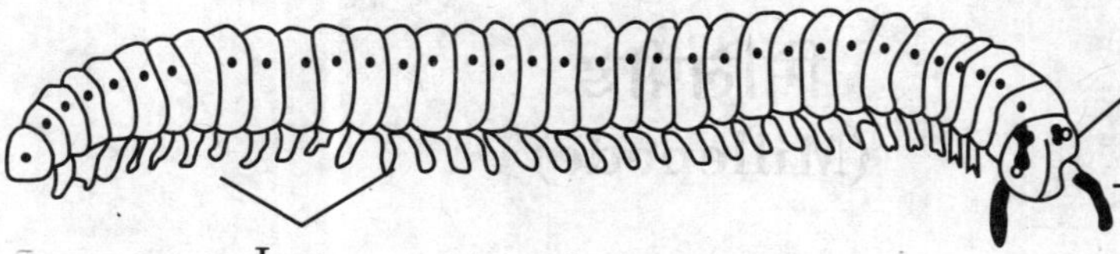

चित्र 1.6 : मिलिपीड

विशेष लक्षण (Special Characters)

1. देह के प्रत्येक खण्ड के पार्श्व में गंधवाही ग्रन्थि (odoriferous gland) खुलती है जिनका स्राव अप्रिय गंधयुक्त होता है।

जैविक महत्व (Biological Importance)

1. जन्तुशास्त्र प्रयोगशाला में प्रादर्श (spot) अध्ययन में।
2. स्थलीय पारिस्थितिकीतंत्र की खाद्य शृंखला में एक घटक है।

लीपस
(Lepas)

फाइलम – आथ्रोपोडा

क्लास – क्रस्टेशिया (Crustacea)

1. 2 जोड़ी श्रृंगिका उपस्थित।
2. बाह्य कंकाल मोटा।

सब–क्लास – सिरीपीडिया (Cirripidia)

1. वयस्क बिना संयुक्त नेत्र व श्रृंगिका के।
2. अवृन्ती (sessile)

ऑर्डर – थोरेसिका (Thoracica)

1. 6 जोड़ी वक्षीय उपांग
2. कैरापेस केल्केरियस प्लेट का
3. परजीवी नहीं

जीनस – लीपस

साधारण नाम (Common Name)

इसे **शिप बार्नेकल** या **गूज बार्नेकल** (ship barnacle or goose barnacle) कहते हैं।

आवास एवं प्रकृति (Habit and Habitat)

यह समुद्री जहाज के जल में डूबे हुए भाग से चिपके हुए, तैरती लकड़ी से चिपके हुए (गुच्छों में) पाये जाते है, प्लवक खाते हैं।

वितरण (Distribution)

सर्वव्यापी (cosmopolitan), प्रशान्त महासागर में।

पहचान के लक्षण (Characters of Identification)

1. देह क्रमशः वृत्त (stalk) व कैपीटुलम में विभाजित।
2. वृत अग्र भाग कहलाता है जिस पर सीमेंट ग्रन्थि (cement gland) पायी जाती है। इसकी सहायता से किसी आधार से चिपक जाता है।
3. कैपीटुलम, प्रवार (mantle) में बंद रहता है जो बाइवाल्व कैरापेस (bivalved carapace) द्वारा स्रावित होता है।

4. देह चपटी होती है जो कैल्शियम कार्बोनेट की प्लेट (एक जोड़ी स्क्यूटा (scuta) एक जोडी टर्गा (terga) व कैराइना (carina) से बनी होती है।
5. प्रवार 6 जोड़ी (biramous thoracic appendange) को ढके रखता है जिनके किनारे कंटिकाओं के गुच्छ (tuft of bristles) होते हैं।

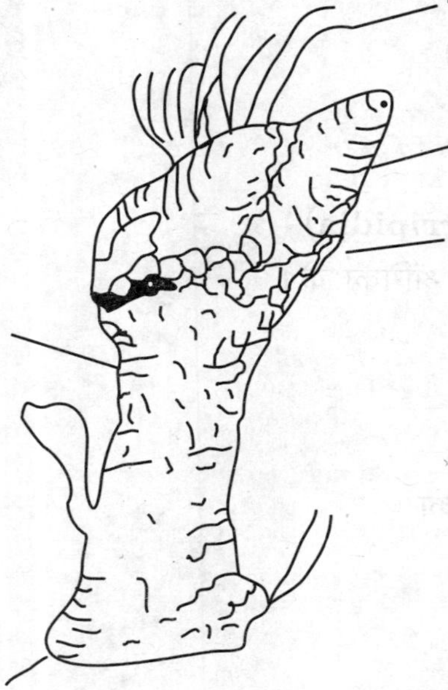

चित्र 1.7 : लीपस

विशेष लक्षण (Special Characters)

1. संयुक्त नेत्र अनुपस्थित।
2. लारवा **साइप्रिस** (cypris) मुक्त रूप से तैरने वाला होता है।

जैविक महत्व (Biological Importance)

1. जन्तुशास्त्र प्रयोगशाला में प्रादर्श के रूप में अध्ययन किया जाता है।

विशेष टिप्पणी (Special Comment)

1. बहुत समय पूर्व इसे मौलस्का समूह में रखा गया था, लेकिन साइप्रिस लारवा की खोज (1830) के बाद इसे क्रस्टेशिया में रखा गया है।
2. स्वतः जनन के सिद्धान्त (theory of spontaneous generation) के अनुसार बार्नेकल गीज इससे उत्पन्न हुए, ऐसा माना जाता था इसलिये इसे गूज बार्नेकल साधारण नाम से पुकारते हैं।

बैलेनस
(Balanus)

फाइलम – आर्थ्रोपोडा

क्लास – क्रस्टेशिया

सब क्लास – सिडिपीडिया

ऑर्डर – थोरेसिका

जीनस – बैलेनस

साधारण नाम (Common Name)

इसे **एकॉर्न बार्नेकल** (Acorn barnacle) कहते हैं।

आवास एवं प्रकृति (Habit and Habitat)

ये चट्टानों से चिपके रहते हैं।

वितरण (Distribution)

सर्वव्यापी (Cosmopolitan)

पहचान के लक्षण (Characters of Identification)

1. वृंतहीन (sessile) होते हैं।
2. देह मेंटल में बंद रहती है।
3. कवच में 6 कैल्शियम कार्बोनेट की प्लेट पायी जाती हैं जो एक कैराइना, एक रॉस्ट्रम (rostrum) व दो जोड़ी कैराइनो–लेटरल प्लेट (carinolateral plates) से मिलकर बनी होती है। प्लेट के किनारे (margins) अध्यारोपित (overlap) होकर एक सिलिन्डर (cylinder) बनाते हैं।
4. कवच, ऑपरक्यूलम (operculum) में जो 2 स्क्यूटा व 2 टर्गा से बना होता है, खुलता है।

विशेष लक्षण (Special Characters)

1. **नॉप्लियस** (nauplius) लारवा पाया जाता है।

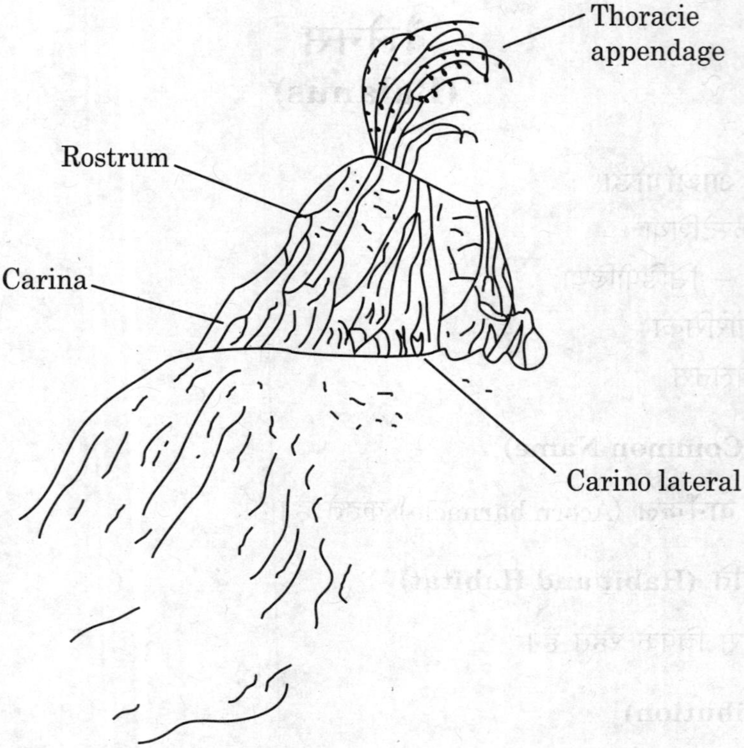

चित्र 1.8 : बैलेनस

जैविक महत्व (Biological Importance)

जन्तुशास्त्र प्रयोगशाला में प्रादर्श के रूप में अध्ययन किया जाता है।

स्क्विला
(Squilla)

फाइलम – आर्थ्रोपोडा

क्लास – क्रस्टेशिया

ऑर्डर – स्टोमेटोपोडा (stomatopoda)

1. कैरापेस छोटा (small), समुद्री जन्तु।
2. सिफेलोथोरेक्स की अपेक्षा उदर चौडा।

जीनस – स्क्विला

साधारण नाम (Common Name)

मैंटिस श्रिम्प (mantis-shrimp) साधारण नाम से जाना जाता है। (मैक्सिलीपीड मैंटिस की टांगों की भांति **प्रसही** (raptorial) होता है।

आवास एवं प्रकृति (Habit and Habitat)

समुद्री तल में बालू या कीचड में धँसा रहता है। शिकारी प्रवृत्ति का होता है। छोटी मछली व अन्य क्रस्टेशिया का शिकार करता है।

वितरण (Distribution)

मैक्सिकों की खाडी, हिन्द महासागर व दक्षिणी फ्लोरिडा का समुद्र, एटलांटिक महासागर।

पहचान के लक्षण (Characters of Identification)

1. देह सिफेलोथोरक्स व उदर मे विभाजित।
2. कैरापेस चपटा व छोटा जो वक्ष के अन्तिम चार खण्डों को नहीं ढक पाता।
3. सिफेलोथोरक्स पर एक जोड़ी वृतीय संयुक्त नेत्र (stalked compound eyes) व 13 जोड़ी उपांग पाये जाते हैं (एक जोड़ी – एंटीन्यूल, एक जोड़ी श्रंगिका, एक जोडी मैंडीबल्स, दो जोड़ी मैक्सिला व आठ जोड़ी वक्षीय उपांग)।

   प्रथम पाँच जोड़ी मैक्सिलीपीड (maxillepede) में रूपान्तरित जिनमें से द्वितीय काफी बड़ा (raptorial) शेष तीन टांग सदृश।
4. उदर में 6 खण्ड पाये जाते हैं जिसके अन्तिम सिरे पर चौडा टेलसन (telson) पाया जाता है।
5. उदर में 6 जोड़ी उपांग पाये जाते हैं।

(प्रथम 5 द्विशाखी प्लीयोपोड (biramous pleopod) जिनमें गिल लगे रहते हैं, अन्तिम बड़ा यूरोपोड (uropod)

विशेष लक्षण (Special Characters)

1. लारवा **जोइया** (zoea) से मिलता जुलता है।
2. पैतृक रक्षण (parental care) पाया जाता है।

जैविक महत्व (Biological Importance)

1. जन्तुशास्त्र प्रयोगशाला में प्रादर्श के रूप में अध्ययन किया जाता है।

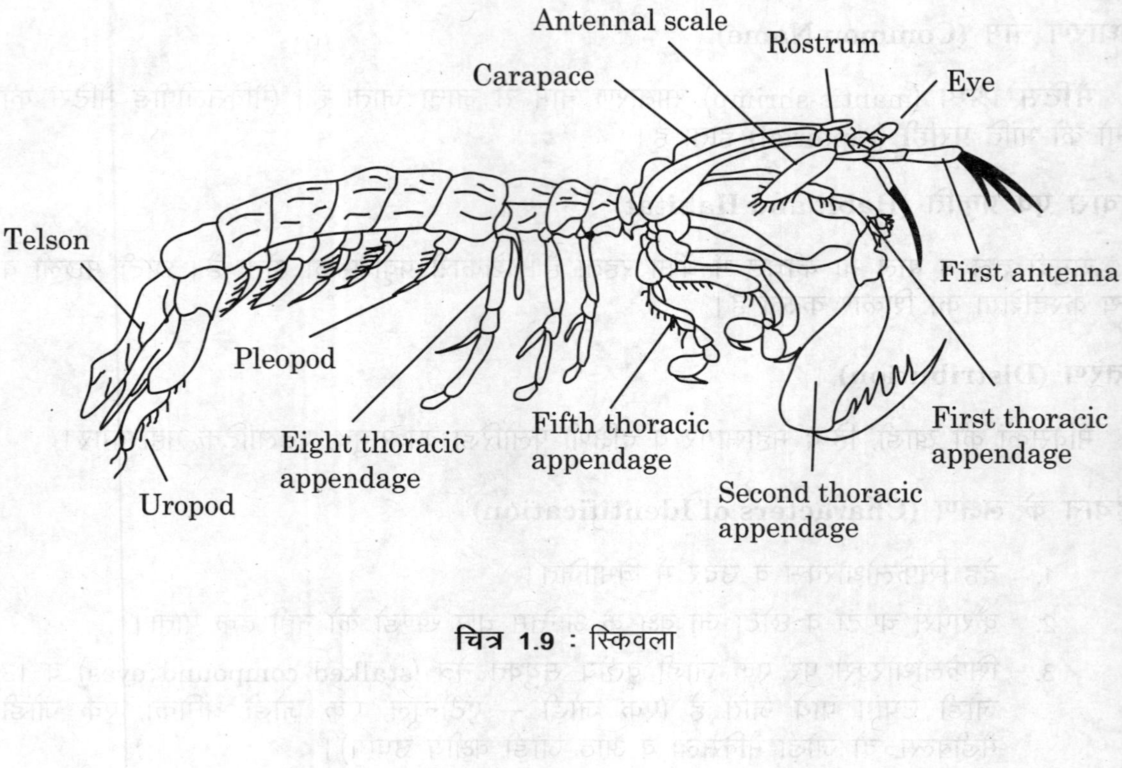

चित्र 1.9 : स्किवला

यूपेग्यूरस
(Eupagurus)

फाइलम – आर्थ्रोपोडा

क्लास – क्रस्टेशिया

ऑर्डर – डेकापोडा

1. 10 जोडी उपांग
2. कैरापेस उपस्थित

सब ऑर्डर – एनोम्यूरा (Anomura)

1. देह गैस्ट्रोपोड कवच में रहने के लिए रूपान्तरित।

जीनस – यूपेग्यूरस

साधारण नाम (Common Name)

इसे **हर्मिट क्रैब** (Hermit crab) कहते हैं (Hermit-monk)

आवास एवं प्रकृति (Habit and Habitat)

यह गैस्ट्रोपोड के कवच में रहता है तथा **सहभोजी** (commensal) जीवन व्यतीत करता है।

वितरण (Distribution)

सर्वव्यापी (cosmopolitan) भारत में गोवा के समुद्र तट तथा मुम्बई तट पर भी पाया जाता है।

पहचान के लक्षण (Characters of Identification)

1. गैस्ट्रोपोड कवच में रहने के लिए देह रूपान्तरित होती है।
2. श्रंगिका लम्बी व एन्टीन्यूल छोटा, वृतीय नेत्र उपस्थित।
3. वक्षीय उपांग कवच में से बाहर निकले रहते है। दाईं ओर की कीलेट टांग बडी होती है जो कवच द्वार के ढक्कन का कार्य करती है।
4. उदर मुड़ा हुआ, दाईं ओर के उपांग अनुपस्थित बाईं ओर के ह्रासित होते है। 6वाँ उदरीय उपांग (यूरोपोड) खाली कवच में देह को पकड़े रखता है।

विशेष लक्षण (Special Characters)

1. यह सहभोजिता (commensalism) प्रदर्शित करता है। इनमें एनीमोन गैस्ट्रोपोड के खाली कवच पर स्थापित हो जाते हैं तथा यह कवच के अन्दर घुस जाता है। एनीमोन

का वितरण (distribution) होता है तथा बदले में इसे सुरक्षा मिलती रहती है। इसमें नेरीज भी रहने लगता है जो घर की सफाई का कार्य करता है बदले में बचा हुआ भोजन खा लेता है।

जैविक महत्व (Biological Importance)

1. जन्तुशास्त्र प्रयोगशाला मे इसको प्रादर्श के रूप में अध्ययन किया जाता है।
2. जैविक घटना सहभोजिता (commensalism) प्रदर्शित करता है तथा पारिस्थितिकीतंत्र में अन्तरजातीय सम्बन्धों (interspecific relations) के अध्ययन हेतु आदर्श उदाहरण है।

अतिरिक्त सूचना (Additional Information)

1. अंडे देने हेतु मादा हर्मिट क्रेब को खोल से बाहर आना पड़ता है।
2. शरीर जब वृद्धि कर बढ़ जाता है तो दूसरा कवच बदल लेता है।
3. इसे हर्मिट क्रेब इसलिये कहते है कि साधु (hermit means monk) का अपना कोई घर व ठिकाना नहीं होता कहीं भी रह लेता है कुछ भी माँगकर जो मिल जाता है, खा लेता है।

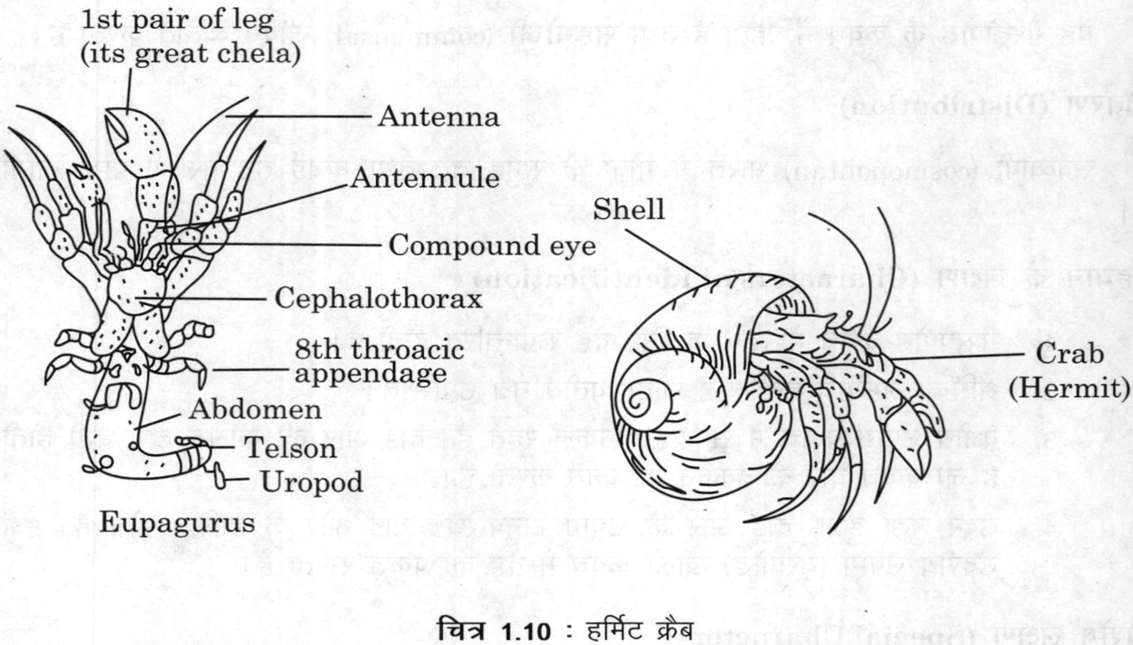

चित्र 1.10 : हर्मिट क्रैब

क्रैब
(Crab)

फाइलम – **आथ्रोपोडा**
क्लास – क्रस्टेशिया
ऑर्डर – डेकापोडा
जीनस – क्रैब

साधारण नाम (Common Name)

इसे केकड़ा कहते हैं।

आवास एवं प्रकृति (Habit and Habitat)

यह समुद्री चट्टानों तथा इसके छिछले (shallow) जल में कीचड़ में पाया जाता है।

वितरण (Distribution)

समुद्र में, सर्वव्यापी (cosmopolitan)

पहचान के लक्षण (Characters of Identification)

1. देह बड़े सिफेलोथोरक्स व ह्रासित उदर में विभाजित।
2. सिफेलोथोरेक्स कठोर व बड़े कैरापेस से ढका रहता है। उदर कैरापेस से ढका रहता है।
3. एन्टीन्यूल, श्रंगिका व वृतीय नेत्र कैरापेस में जरूरत पड़ने पर अन्दर खींचे जा सकते हैं।
4. 5 जोड़ी टांगे पायी जाती हैं। प्रथम जोडी कीलेट होती हैं जो पकड़ने में सहायक होती है।

विशेष लक्षण (Special Characters)

1. नर केकड़ा का उदर संकरा तथा दो जोड़ी प्लीयोपोड होते हैं।
2. मादा केकड़ा का उदर चौड़ा तथा 4 जोड़ी प्लीयोपोड होते हैं ये अंडों को ले जाने सँवारने में सहायक होते हैं।
3. अंडे हैच होकर जोइया (zoea) व इसके पश्चात् मेगालोपा (megalopa) लारवा में परिवर्तित हो जाते हैं।

जैविक महत्व (Biological Importance)

1. जन्तुशास्त्र प्रयोगशाला में प्रादर्श के रूप में अध्ययन किया जाता है।
2. समुद्र के पारिस्थितिकीतंत्र की खाद्य श्रृंखला में एक घटक है।

आर्थिक महत्त्व (Economic Importance)

1. प्रोटीन का अच्छा स्रोत होने के कारण, खाने के काम आता है।

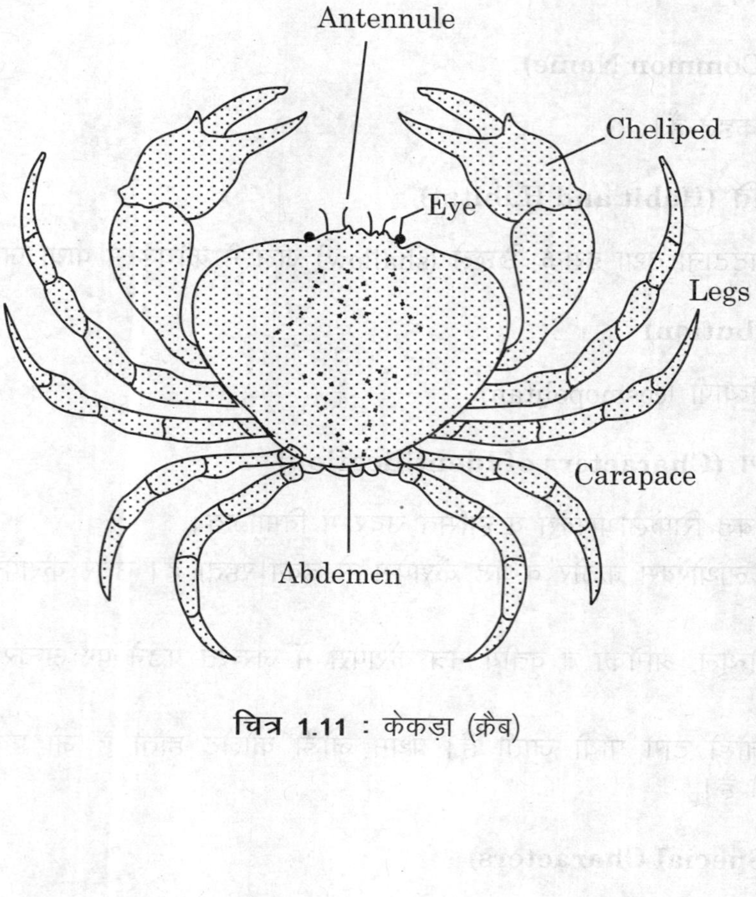

चित्र 1.11 : केकड़ा (क्रैब)

मैंटिस
(Mantis)

फाइलम – आर्थ्रोपोडा

क्लास – इन्सैक्टा

1. देह, सिर, वक्ष उदर में विभाजित
2. दो जोड़ी वक्षीय पंख।
3. तीन जोड़ी टांगे।

ऑर्डर – डिक्टियोप्टेरा (Dictyoptera, *Dictyon*-net, *Ptera*-wing)

1. प्रोनोटम (pronotum) बड़ा।
2. टारसाई (tarsi) 5 खंडयुक्त
3. अंडे ऊथिका (ootheca) में दिये जाते हैं।

सब ऑर्डर – मैन्टोइडिया (Mantoidea)

1. प्रोनोटम लम्बा
2. अग्र टांग प्रसही (raptorial)

जीनस – मैंटिस

साधारण नाम (Common Name)

इसे **प्रेइंग मैंटिस** (Praying mantis) कहते हैं। (अग्र टांग प्रार्थना की मुद्रा में रहती है)

आवास एवं प्रकृति (Habit and Habitat)

ज्यादातर वृक्षों पर, बगीचें के पौधों पर पाये जाते हैं। कभी–कभी रात को प्रकाश स्रोत पर भी आ जाते हैं। माँसाहारी होता है जो अन्य कीटों का शिकार करता है।

वितरण (Distribution)

विश्व के सभी गर्म प्रदेशों में

पहचान के लक्षण (Characters of Identification)

1. सिर छोटा, तिकोना (triangular) घूम सकने योग्य (movable) श्रंगिका लम्बी।
2. अग्र टांग प्रसही (raptorial) जो शिकार को पकड़ने का कार्य करती है।
3. प्रोथारेक्स लम्बा।
4. उदर पर एनल सरसाई (anal cerci) पाये जाते हैं।

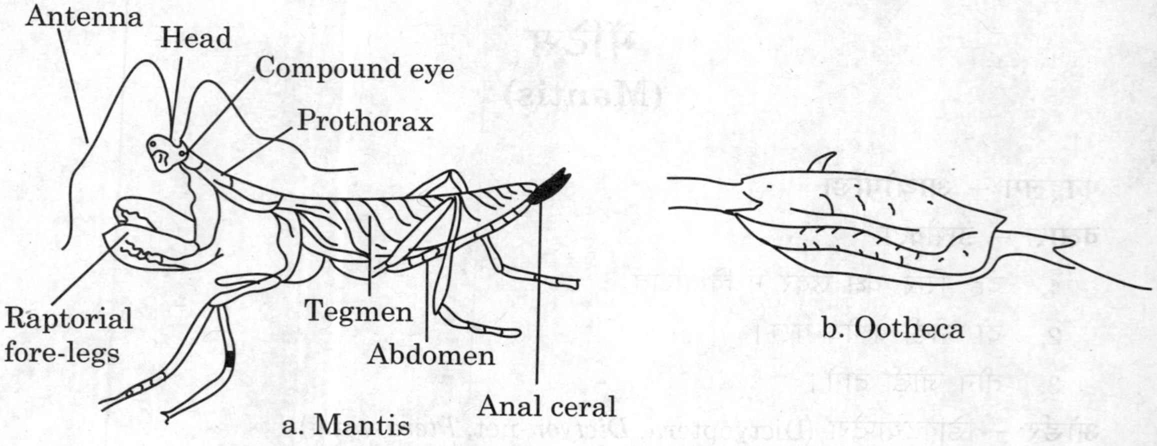

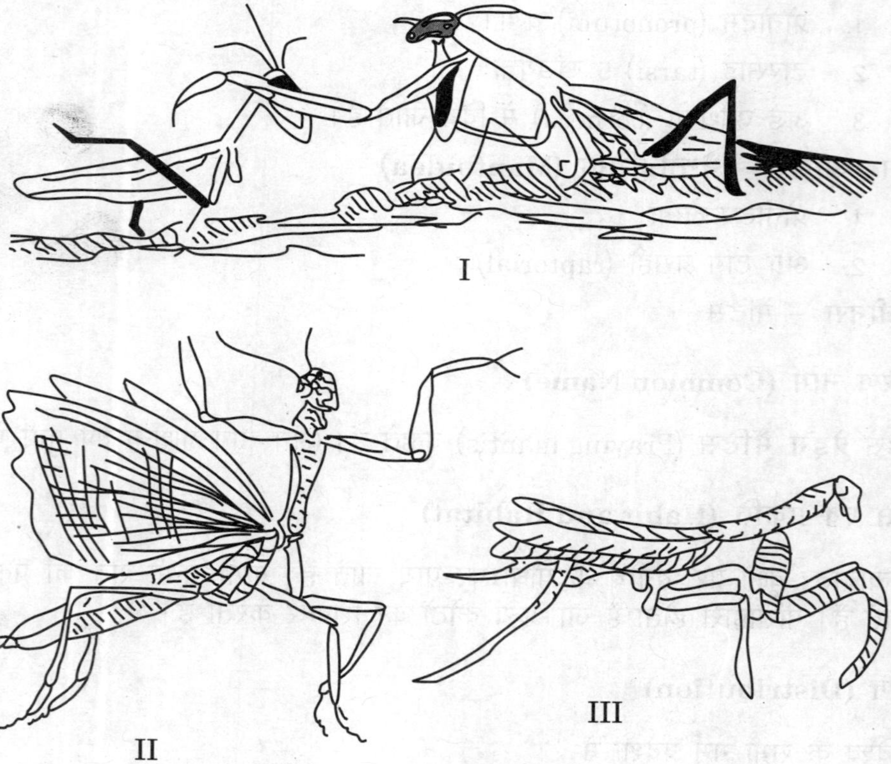

चित्र 1.12 : I, II, III मैंटिस कुश्ती के दृश्य

विशेष लक्षण (Special Characters)

1. अंडे ऊथिका मे दिये जाते हैं।
2. निम्फ में **स्वजाति भक्षण** (Cannibalism) पाया जाता है।
3. मादा जनन के पश्चात नर को ही खा जाती है।

4. वनस्पति के रंग रूप में घुल मिल जाती है। कैमोफलेज (camouflage)
5. सिर को पीछे घुमा सकता है।

जैविक महत्त्व (Biological Importance)

1. जन्तुशास्त्र प्रयोगशाला में प्रादर्श के रूप में अध्ययन किया जाता है।
2. कीटों के जैव नियन्त्रण (biological control) के प्राकृतिक अभिकर्ता (natural agents) है।
3. स्थल पारिस्थितिकीतंत्र (terrestrial ecosystem) की खाद्य श्रृंखला में एक घटक है।

आर्थिक महत्त्व (Economic Importance)

1. चीन में इसके नर को पिंजरे (cage) में रखा जाता है और मैंटिस कुश्ती (mantis fights) का प्रदर्शन किया जाता है।

मधुमक्खी
(Honey-Bee)

फाइलम – **आथ्रोपोडा**

क्लास – इन्सैक्टा

ऑर्डर – हाइमेनोप्टेरा (Hymenoptera)

1. झिल्लीयुक्त पंख
2. वक्ष व उदर के मध्य संकरा वृत (petiole)

जीनस – मधुमक्खी

साधारण नाम (Common Name)

मधुमक्खी कहते हैं।

आवास एवं प्रकृति (Habit and Habitat)

दिनचर (diurnal) फूलों पर मंडराती व मकरंद एकत्रित करती है। सामाजिक कीट है। रानी, नर व श्रमिक जातियाँ पायी जाती हैं, कॉलोनी बनाकर रहती हैं।

वितरण (Distribution)

सर्वव्यापी

पहचान के लक्षण (Characters of Identification)

1. श्रृंगिका जेनीकुलेट (geniculate)
2. मुखांग फूलों का रस चूसने के लिए अनुकूलित होते हैं।
3. अग्र पंख बड़े होते हैं। पश्च जोड़ी में हुक पाये जाते हैं जो अग्र पंख के पश्च किनारे की खाँच में फिट बैठ जाते हैं।
4. टांगे अत्यधिक रूपान्तरित होती हैं, जो परागकण एकत्रित करने में सक्षम होती हैं। श्रमिक (worker) की तीसरी जोड़ी टांगों पर पराग टोकरी (pollen basket) पायी जाती है जिसमें यह विभिन्न फूलों से पराग एकत्रित कर छत्ते पर लाती है।
5. उदर पर एक डंक पाया जाता है। उदर पर मोम ग्रन्थियाँ (wax-glands) भी पायी जाती है जिनसे मोम स्रावित होता है।

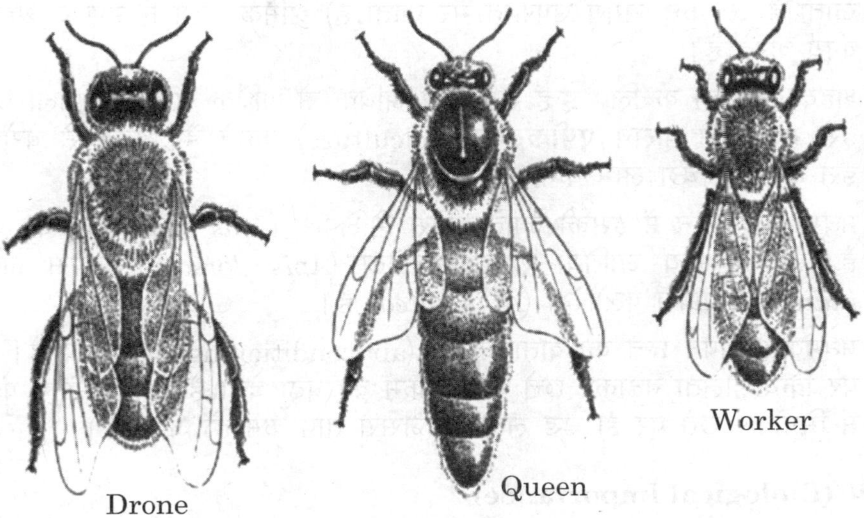

चित्र **1.13a** : Castes of Honey bee

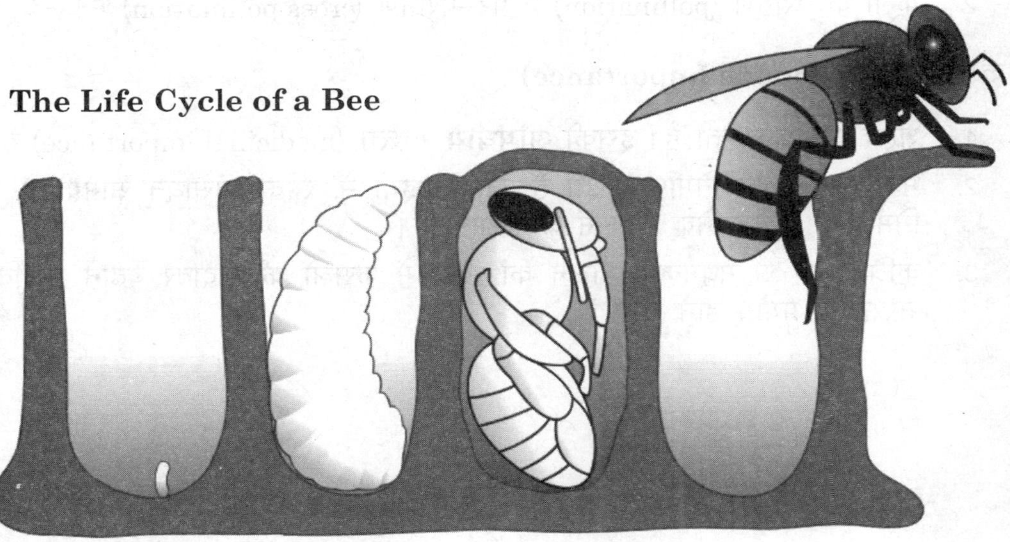

चित्र **1.13b** : Life cycle in Honey Comb Chambers

विशेष लक्षण (Special Characters)

1. सामाजिक कीट (social insect) है जो बड़ी कॉलोनी बनाकर रहती है। कॉलोनी में एक रानी, सैकड़ो नर (ड्रोन) व हजारो श्रमिक होते हैं। रानी केवल अंडे देने का कार्य करती है, नर रानी से संयोग करता है (इसके पश्चात् इसे छत्ते से बाहर कर दिया

जाता है जो कुछ समय उपरान्त मर जाता है) श्रमिक छत्ता निर्माण व शहद बनाने का कार्य करते हैं।

2. शहद उत्पादन के लिए इन्हें आजकल अधिक से अधिक संख्या में पाला जाने लगा है, इसे मधुमक्खी पालन **एपीकल्चर** (apiculture) कहते हैं। बहुत से बेरोजगार युवक इस धंधे में अच्छा लाभ कमा रहे हैं।
3. मधुमक्खी पालन में इसकी जाति एपिस मिलिफेरा (*Apis mellifera*) का उपयोग होता है। इसकी अन्य जातियाँ एपिस डॉरसैटा (*Apis dorsata*), एपिस इंडिका (*Apis indica*) व एपिस फ्लोरिया (*Apis florea*) है।
4. मधुमक्खी अपने छत्ते का वातानुकूलन (air conditioning) कर लेती है। सर्दी में छत्ते पर क्रियाशीलता बढ़ाकर छत्ते के तापक्रम को बढ़ा देती है तथा गर्मी में पंखों को जल में भिगोकर छते पर ही उड़ लेती है जिससे ताप कम हो जाता है।

जैविक महत्व (Biological Importance)

1. जन्तुशास्त्र प्रयोगशाला में प्रादर्श अध्ययन में।
2. फूलों के परागण (pollination) व पर–परागण (cross pollination) में।

आर्थिक महत्त्व (Economic Importance)

1. शहद निर्माण करती है। इसकी **औषधीय महत्ता** (medicinal importance) है।
2. मोम (wax) का निर्माण करती है, जो दवाइयों में, सौदर्य प्रसाधन सामग्री में, पॉलिश निर्माण में व वैज्ञानिक शोध में काम आता है।
3. कृत्रिम रूप से मधुमक्खी पालन का खेतों में फसलों की पैदावर बढ़ाने में (विशेषकर सरसों में) प्रयोग होने लगा है।

लोकस्ट
(Locust)

फाइलम – आथ्रोपोडा

क्लास – इन्सैक्टा

ऑर्डर – आर्थोप्टेरा (Orthoptera) (*ortho* - straight, *ptera*-wing)

1. मुखांग काटने व चबाने (biting and chewing) वाले।
2. दो जोड़ी पंख। प्रथम जोड़ी कठोर, पारभासी जिसे **टेगमिना** (tegmina) कहते हैं, दूसरी जोड़ी झिल्लीमय पारदर्शी।

जीनस – लोकस्ट

साधारण नाम (Common Name)

इसे टिड्डी (locust) कहते हैं।

आवास एवं प्रकृति (Habit and Habitat)

शाकाहारी होती है जो घास व अन्य वनस्पति खाती है।

वितरण (Distribution)

अफ्रीका, अरब देश, अफगानिस्तान, पाकिस्तान सिंध का रेगिस्तान एवं भारत।

पहचान के लक्षण (Characters of Identification)

1. देह, सिर, वक्ष, उदर में विभाजित।
2. पश्च टांगे उछलने के लिए अनुकूलित (saltatorial legs)
3. यह दो प्रावस्थाओं (phases) में पायी जाती है – **एकल** (solitary) व **यूथी** (gregarious)।

दोनों प्रावस्थाओं के निम्फ व वयस्क भिन्नता रखते हैं (एकल प्रावस्था में ग्रास हॉपर कहलाती है)।

विशेष लक्षण (Special Characters)

1. यह अफ्रीका के रेगिस्तान से सिन्ध बलूचिस्तान होते हुए भारत के थार रेगिस्तान तक आव्रजन (migration) करते हैं।

2. अन्तर्राष्ट्रीय महत्त्व (international importance) का कीट है क्योंकि रास्ते में जो भी हरियाली पड़ती है (विशेषकर फसलें) चट कर जाता है तथा कई देशों की सीमाओं से होकर गुजरता है। टिड्डी दल (locust swarm) में हजारों लाखों की संख्या में टिड्डियाँ होती हैं।
3. टिड्डी चेतावनी संगठन (Locust Warning Organisation) सम्पूर्ण विश्व में इसके आव्रजन पर निगरानी रखता है। उत्तरी भारत में यह फरीदाबाद व जोधपुर केन्द्रों से संचालित होता है।

जैविक महत्व (Biological Importance)

1. जन्तुशास्त्र प्रयोगशाला में प्रादर्श के रूप में अध्ययन किया जाता है।
2. स्थलीय पारिस्थितिकी तंत्र की खाद्य शृंखला में प्राथमिक उपभोक्ता (primary consumer) है।

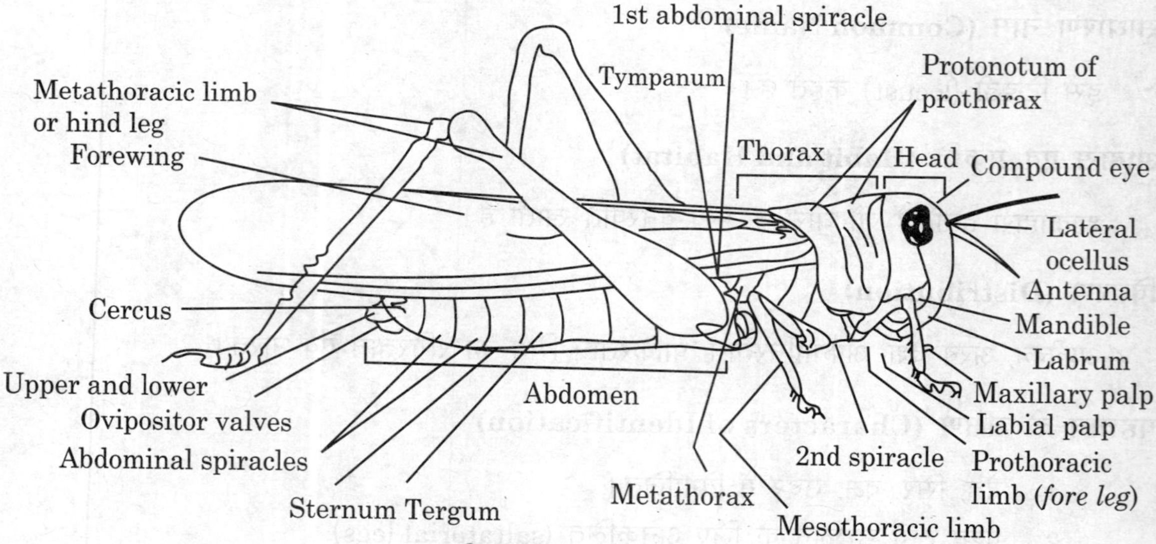

चित्र 1.14 : लोकस्ट

आर्थिक महत्त्व (Economic Importance)

1. मिस्र व अफ्रीका के आदिवासी (natives) भोजन के रूप में उपयोग करते है (इन्हें खाते हैं)
2. किसान का बहुत बड़ा शत्रु है। फसलों को चौपट कर देता है।

विशेष टिप्पणी (Special Comment)

1. भारत में इसकी केवल तीन जातियाँ पायी जाती हैं –

1. *Scistocerca gregaria* (Deset locust)
2. *Locusta migratoria* (Migratory locust)
3. *Patanga succincta* (Bombay locust)

2. टिड्डी दल बनने की प्रक्रिया को समझने हेतु **प्रावस्था सिद्धान्त** (phase theory) **उवेराव** (Uvarav) ने प्रतिपादित किया था उसके अनुसार यह एकल प्रावस्था (solitary phase) व यूथी प्रावस्था (gregarious phase) में जीवन पूर्ण करता है। यूथी प्रावस्था ही प्रवास (migration) करती है एकल नहीं।
3. भारत में **प्रधान** (Pradhan) ने टिड्डी दल के अस्तित्व व इसके बनने पर (locust swarm formation) **जैविक विभव सिद्धान्त** (Biotic potential theory) का प्रतिपादन किया।
4. टिड्डी दल इतना सघन व विशाल होता है कि जहाँ से यह गुजरता है, पृथ्वी पर सूर्य का प्रकाश ही नहीं आ पाता, अंधेरा हो जाता है।

सिल्क मॉथ
(Silk Moth)

फाइलम – आर्थ्रोपोडा

क्लास – इन्सैक्टा

ऑर्डर – लेपीडोप्टेरा (Lepidoptera, *Lepidos*-scale *ptera*-wing)

1. पंख, शल्क (scales) युक्त
2. मुखांग साइफनिंग (syphoning type)

जीनस – सिल्क मॉथ (Bombyx)

साधारण नाम (Common Name)

इसे **रेशम कीट** (silk moth) कहते हैं।

आवास एवं प्रकृति (Habit and Habitat)

रेशम उत्पादन हेतु पाले गये कीट को शहतूत की पत्तियाँ खिलाई जाती हैं। मॉथ सक्रिय (active) नहीं होता। यह सुस्त (sluggish) होता है।

वितरण (Distribution)

चीन, जापान, भारत

पहचान के लक्षण (Characters of Identification)

1. नर मादा से छोटा है। सफेद रंग का थोड़ा भारी (robust) होता है।
2. देह, सिर वक्ष व उदर में विभाजित रहती है।
3. सिर पर एक जोड़ी पंख समान श्रृंगिका (antennae pectinate) पायी जाती है, दो जोड़ी श्वेत पंख जो शल्कों से ढके रहते हैं।

विशेष लक्षण (Special Characters)

1. जीवन चक्र – अंडा, लारवा, प्यूपा व वयस्क अवस्थाओं में पूर्ण होता है।
2. कायांतरण – होलोमेटाबोला (holometabola)
3. लारवा, रेशम का कोकून बनाता है। जिसमें वह प्यूपा में परिवर्तित हो जाता है। वयस्क कोकून के सिरे को गलाकर बाहर निकल आता है। मादा से संयोग करता है मादा अंडे देती है तथा 3–4 दिन बाद दोनों ही मर जाते हैं।

जैविक महत्व (Biological Importance)

1. जन्तुशास्त्र प्रयोगशाला में प्रादर्श के रूप में इसका अध्ययन किया जाता है।

आर्थिक महत्त्व (Economic Importance)

रेशम उत्पादन किया जाता है। रेशक अत्यधिक महंगा बिकता है जिससे काफी आय होती है।

विशेष टिप्पणी (Special Comment)

1. रेशम उत्पादन के लिए कृत्रिम रूप से इन्हें पाला जाता है। इसे **सेरीकल्चर** (sericulture) कहते हैं। राजस्थान में उदयपुर जिले में बड़े पैमाने पर किया जाता है।
2. लार मे **सेरीसिन** प्रोटीन होती है। अंतिम अवस्था लारवा द्वारा कोकून निर्माण किया जाता है। कोकून से रेशम धागे प्राप्त किये जाते हैं।

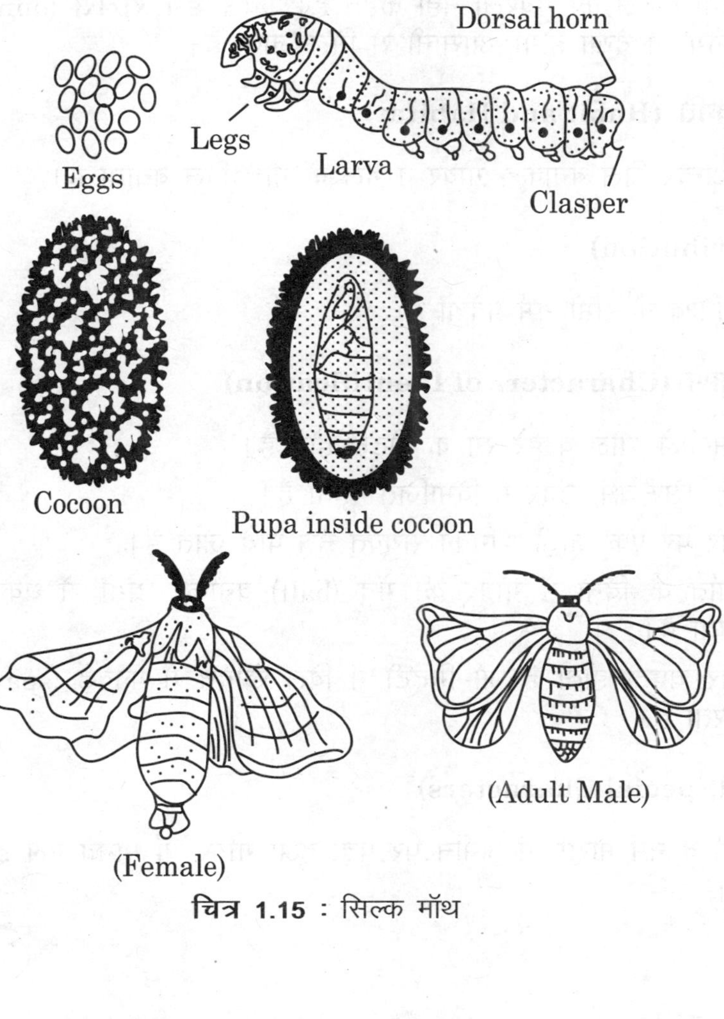

चित्र 1.15 : सिल्क मॉथ

बीटल
(Beetle)

फाइलम – **आथ्रोपोडा**

क्लास – इन्सैक्टा

ऑर्डर – कोलियोप्टेरा (coleoptera, *coleos*-sheath, *ptera*-wing)

1. अग्र पंख कठोर इलेट्रा (elytra) में रूपान्तरित होते हैं।

जीनस – बीटल

साधारण नाम (Common Name)

साधारणतया गुबरेला (जो गोबर में पाये जाते हैं) कहा जाता है।

नोट – सभी बीटल को गुबरेला नहीं कहते हैं। केवल **डंग रोलर्स** (dung rollers) को कहते हैं। इन्हें सभी लोगों ने देखा होगा, आसानी से मिल जाता है।

आवास एवं प्रकृति (Habit and Habitat)

जमीन के अन्दर बिल बनाकर, गोबर व मल के नीचे बिल बनाता है।

वितरण (Distribution)

सर्वव्यापी (विश्व के सभी गर्म प्रदेशों में)

पहचान के लक्षण (Characters of Identification)

1. चमकीले, नीले व हरे रंग के बीटल होते हैं।
2. देह, सिर वक्ष, उदर में विभाजित रहती है।
3. सिर पर एक जोड़ी श्रृंगिका संयुक्त नेत्र पाये जाते हैं।
4. वर्षात के दिनों में गोबर की गेंद (ball) बनाकर टांगों से धकेलता हुआ दिखाई दे जाता है।
5. सिर चपटा होता है जो मिट्टी में बिल खोदने में फावड़े (spade/shovel) का काम करता है।

विशेष लक्षण (Special Characters)

1. गर्म व नम मौसम में जमीन पर पड़ा हुआ गोबर या मानव मल इनकों आकर्षित करता है।

2. गोबर की एक छोटी गेंद बनाकर टागों से धकेलकर बिल में ले जाता है। दो नर बीटल में गोबर की गेंद के लिए लड़ाई देखने लायक होती है।
3. मादा गोबर में अंडे देती है, लारवा गोबर खाता है तथा वयस्क बनकर बाहर निकलता है।
4. कायान्तरण होलोमेटाबोला

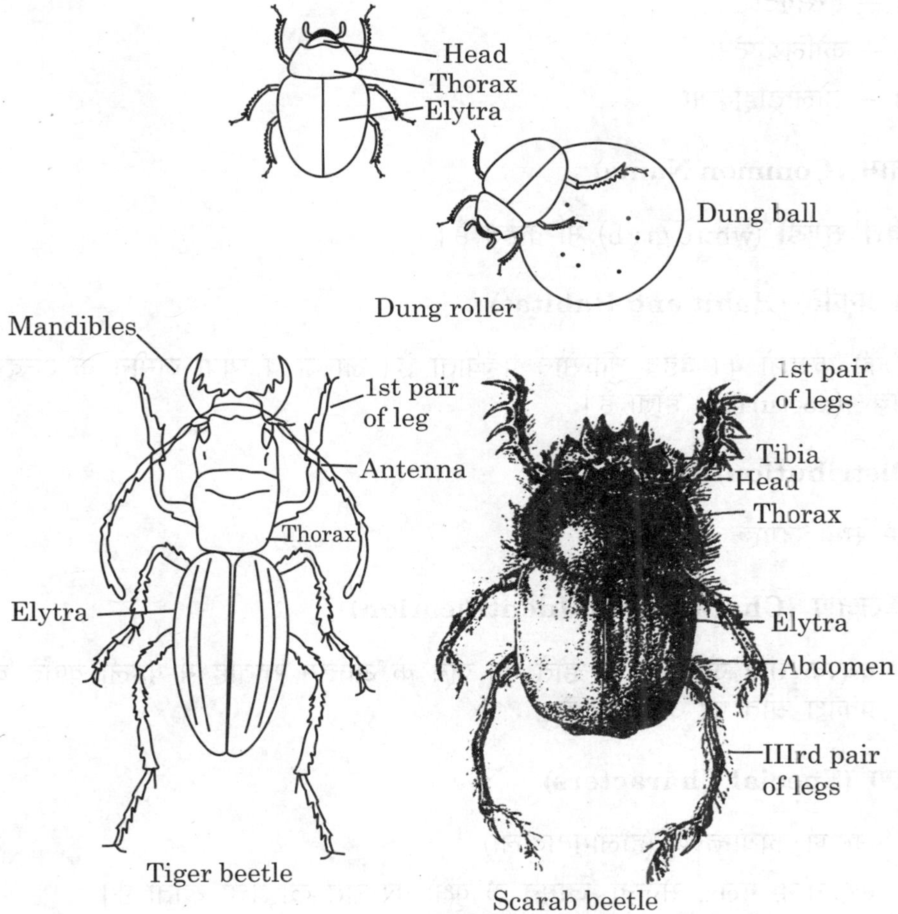

चित्र 1.16 : विभिन्न प्रकार के बीटल

जैविक महत्व (Biological Importance)

1. जन्तुशास्त्र प्रयोगशाला में प्रादर्श (spot) के रूप में अध्ययन किया जाता है।
2. स्थलीय खाद्य श्रृंखला में एक घटक है।
3. गोबर व मल को खाकर स्वच्छता रखता है (clean environment) इस प्रकार बनी खाद (manure) से मृदा का उपजाऊपन बढ़ता है।

होलोट्राइकिया (व्हाइट ग्रब)
(White Grub)

फाइलम – आथ्रोपोडा

क्लास – इन्सैक्टा

ऑर्डर – कोलियोप्टेरा

जीनस – होलोट्राइकिया

साधारण नाम (Common Name)

इसे **श्वेत सुण्डी** (white grub) भी कहते हैं।

आवास एवं प्रकृति (Habit and Habitat)

खरीफ की फसलों को बेहद नुकसान पहुँचाता है। लारवा व प्यूपा जमीन के अन्दर रहते हैं। वयस्क रात्रिचर (nocturnal) होता है।

वितरण (Distribution)

भारत में सभी जगह

पहचान के लक्षण (Characters of Identification)

1. वयस्क ताँबे जैसे रंग के होते हैं। जून के अन्तिम सप्ताह में पहली वर्षांत के साथ ही प्रकाश स्रोत पर आ जाते हैं।

विशेष लक्षण (Special Characters)

1. सम्पूर्ण कायान्तरण (होलोमेटाबोला)
2. बेर, नीम, गूलर, सेंजना, जामुन के वृक्षों पर रात को पत्ती खाता है।
3. बाजरा, मूँगफली, मक्का की फसलों को काफी नुकसान पहुँचाता है।
4. वयस्क व लारवा दोनों ही फसलों को नुकसान पहुँचाते हैं।
5. जनन के 2–3 दिन पश्चात् मादा अंडे देती है। 7–13 दिन में अंडे से लारवा निकल आता है। प्यूपा 11–18 दिन तक रहता है। जीवन चक्र 82–113 दिन में पूर्ण हो जाता है। जून से नवम्बर तक सक्रिय रहता है। जमीन के अन्दर प्यूपा अवस्था में लगभग 6 महीने पड़ा रहता है।

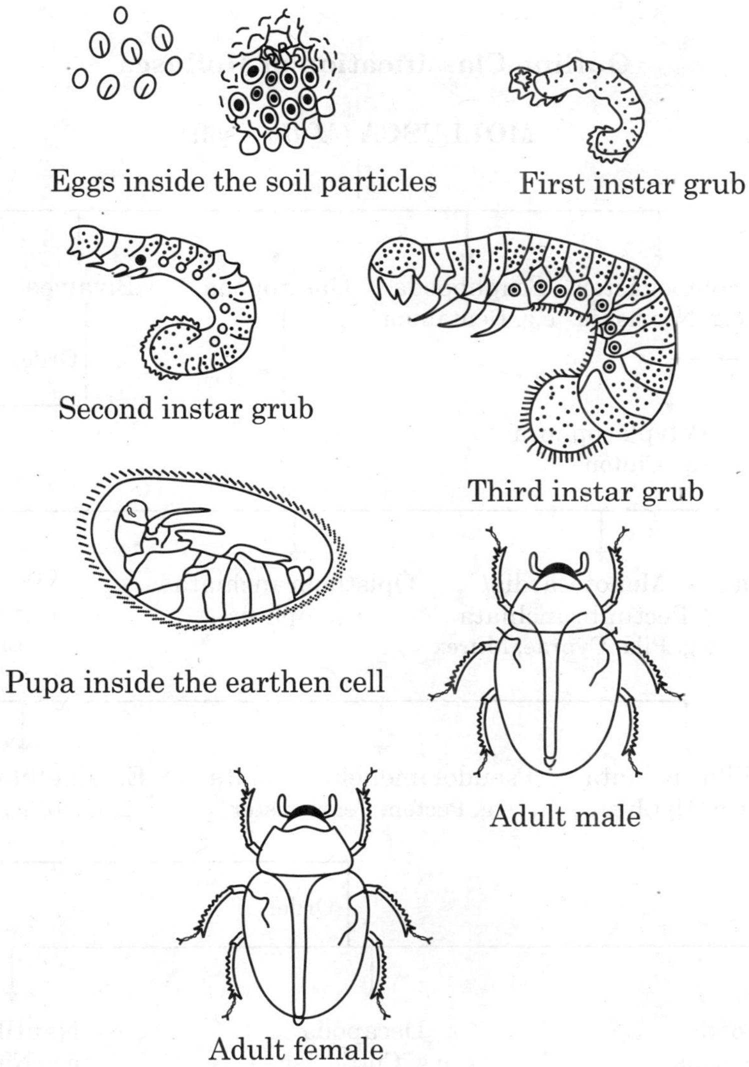

चित्र 1.17 : व्हाइट ग्रब

जैविक महत्व (Biological Importance)

1. जन्तुशास्त्र प्रयोगशाला में प्रादर्श के रूप में अध्ययन किया जाता है।

2. खाद्य शृंखला में घटक है।

आर्थिक महत्त्व (Economic Importance)

फसलों को अत्यधिक नुकसान पहुँचाता है जिससे किसान को भयंकर आर्थिक हानि उठानी पड़ती है।

Outline Classification of Mollusca

MOLLUSCA (*Mollis* - soft)

Class

- Amphineura
  - Order
    - Aplacophora e.g. Chaetoderma
    - Polyplacophora e.g. Chiton
- Solenogaster e.g. Neomania
- Scaphopoda e.g. Dentalium
- Gastropoda
  - Order
    - Diotocardia e.g. Patella
    - Monotocardia/ Pectinibranchiata e.g. Pila, Cyprae, Murex
    - Opisthobranchiata e.g. Aplysia
    - Pulmonata e.g. Planorbis, Limnaea
- Bivalvea
  - Order
    - Filibranchiata e.g. Mytilus
    - Pseudolamellebranchiata e.g. Pecten, Pearl-oyster
    - Eulamellibranchiata e.g. Unio, Teredo, Solen
- Cephalopoda
  - Order
    - Octopoda e.g. Octopus
    - Decapoda e.g. Cuttle fish
    - Nautiloidea e.g. Nautilus

काइटन
(Chiton)

फाइलम – मौलस्का (Mollusca, *Mollis-soft***)**

1. देह अखंडित (unsegmented), मुलायम, मेंटल (पैलियम) से ढकी हुई।
2. श्वसन गिल या टीनिडिया द्वारा।
3. कैल्शियम कार्बोनेट का कवच पाया जाता है।

क्लास – एम्फीन्यूरा

1. कैल्शियम कार्बोनेट की 8 प्लेट का कवच, अंडाकार देह (ovoid body) सिर ह्रासित (reduced)

ऑर्डर – पॉलीप्लेकोफोरा

1. पृष्ठ मध्य भाग में 8 प्लेट का कवच।
2. देह दीर्घवृत्ताकार (elliptical)

जीनस – काइटन

आवास एवं प्रकृति (Habit and Habitat)

यह समुद्र में छिछले जल में किसी चट्टान पर पाये जाते हैं। यह समुद्री खरपतवार, सूक्ष्मजीव (sea weed) चट्टानों से खुरचकर खाता है। (रेडुला (radula) की सहायता से)

वितरण (Distribution)

सर्वव्यापी, छिछले समुद्री जल में

पहचान के लक्षण (Characters of Identification)

1. देह लम्बी व पृष्ठ अधर से चपटी।
2. पृष्ठ सतह कैल्शियम कार्बोनेट की अध्यारोपित (overlap) 8 प्लेट से बनी होती है।
3. अधर सतह पर मांसल पैर (foot) पाया जाता है जो चिपकने व रेंगने में सहायक होता है।
4. स्पष्ट सिर का अभाव होता है। मुख व गुदा विपरीत सिरों पर पाये जाते हैं।

विशेष लक्षण (Special Characters)

1. परिवर्धन में ट्रोकोफोर (trochophore) लारवा पाया जाता है।

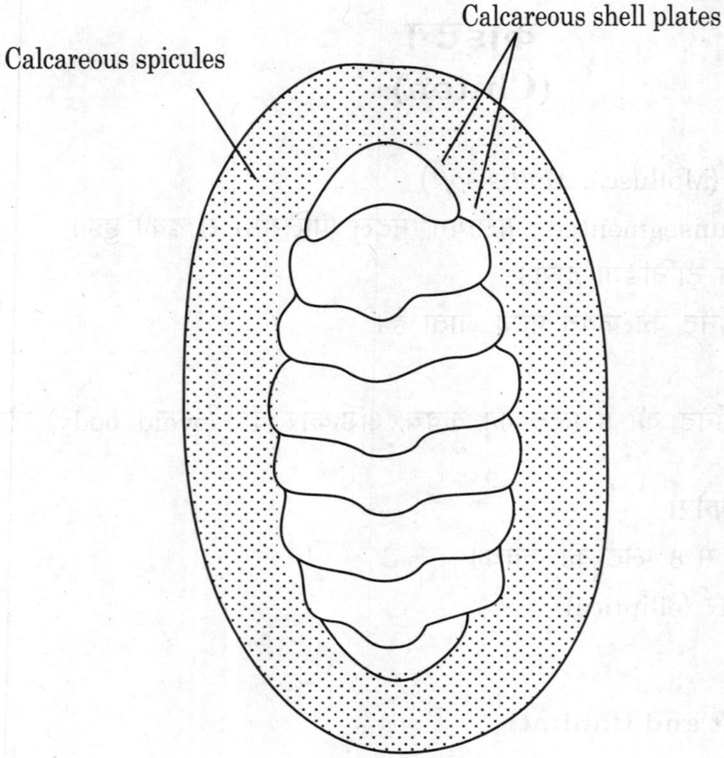

चित्र 1.18 : काइटन

जैविक महत्व (Biological Importance)

1. जन्तुशास्त्र प्रयोगशाला में प्रादर्श के रूप में अध्ययन किया जाता है।

एप्लाइसिया
(Aplysia)

फाइलम – मौलस्का

क्लास – गैस्ट्रोपोडा (Gastropoda, *Gaster-belly, podos-foot*)

1. कवच एक वाल्वीय
2. सिर पर नेत्र व स्पर्शक (tentacles) पाये जाते है
3. पैर चपटा

ऑर्डर – ओपिस्थोब्रेंकिएटा (opisthbranchiata)

1. कवच ह्रासित
2. अन आनमन (detorsion)

जीनस – एप्लाइसिया

साधारण नाम (Common Name)

इसे **समुद्री खरगोश** (sea hare) भी कहते हैं।

आवास एवं प्रकृति (Habit and Habitat)

यह समुद्र के छिछले जल में पाया जाता है जहाँ समुद्री खरपतवार ज्यादा पायी जाती है। यह शाकाहारी होता है।

वितरण (Distribution)

यह प्रशान्त महासागर, हिन्द महासागर व अटलांटिक सागर के जल में पाया जाता है।

पहचान के लक्षण (Characters of Identification)

1. देह चिकनी व मुलायम
2. सिर पर दो जोड़ी स्पर्शक पाये जाते हैं। अग्र स्पर्शक लम्बे (खरगोश के कान जैसे) होते हैं। पश्च स्पर्शक छोटे होते हैं (राइनोफोर) इनके आधार मे एक जोड़ी नेत्र पाये जाते हैं।
3. देह का मध्य भाग पृष्ठ सतह पर उठा हुआ होता है जिसे विसरल हम्प (visceral hump) कहते हैं।

4. अधर सतह पर चपटा व चौड़ा पैर पाया जाता है। पश्च सिरे की ओर यह छोटी पुच्छ (tail) का रूप लेता है। पार्श्व में ऊपर की ओर निकले हुए पैरापोडिया होते हैं जो तैरने में सहायक होते हैं।
5. कवच आन्तरिक होता है।

विशेष लक्षण (Special Characters)

1. छेड़ने पर एक गुलाबी रंग का द्रव छोड़ता है और शत्रु से ओझल हो जाता है।
2. छोटे स्पर्शक (राइनोफोर), घ्राण अंग (olfactory-organ) का कार्य करते हैं।

जैविक महत्व (Biological Importance)

1. जन्तुशास्त्र प्रयोगशाला में प्रादर्श के रूप में अध्ययन किया जाता है।

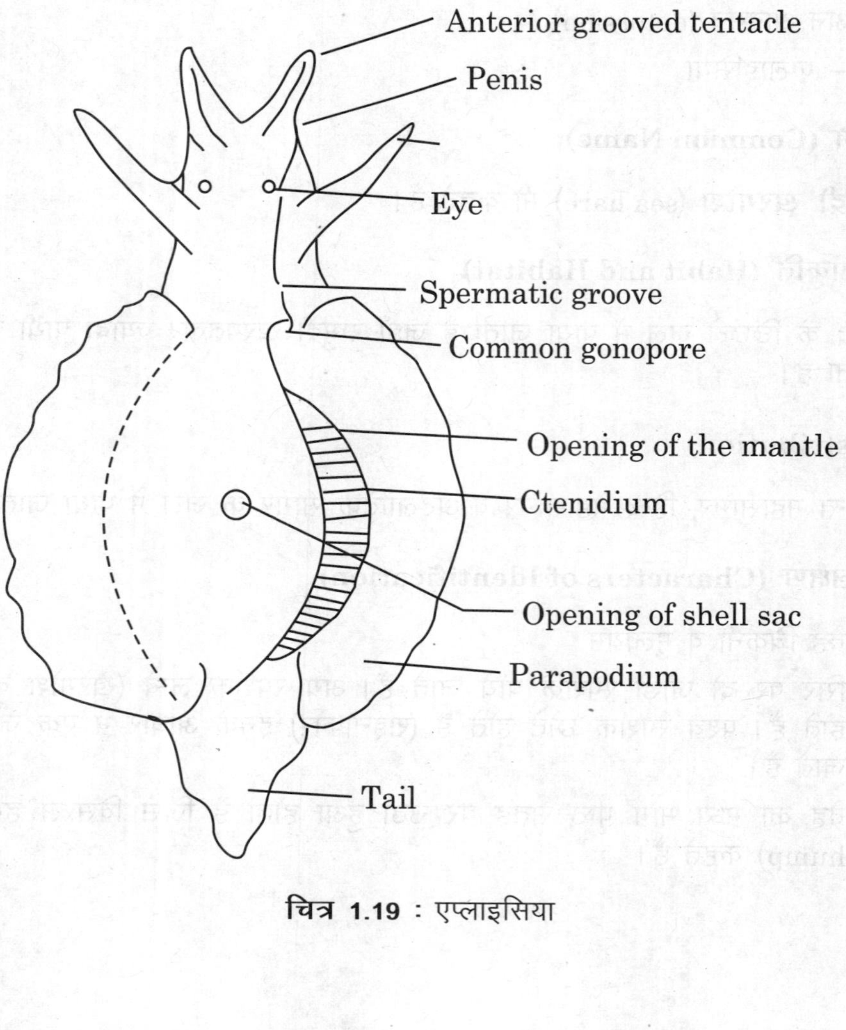

चित्र 1.19 : एप्लाइसिया

साइप्रिया
(Cypraea)

फाइलम – मोलस्का

क्लास – गैस्ट्रोपोडा

ऑर्डर – पैक्टीनिब्रेंकिएटा/मोनोटोकॉर्डिया

1. टीनिडियम पेक्टीनीब्रेंक (pectinibranch) प्रकार का

जीनस – साइप्रिया

साधारण नाम (Common Name)

इसे कौड़ी (cowrie) कहते हैं।

आवास एवं प्रकृति (Habit and Habitat)

छिछले समुद्री जल में चट्टानी सतह पर, कोरल रीफ (coral reefs) के चारों तरफ पायी जाती है।

वितरण (Distribution)

हिन्द महासागर, प्रशान्त महासागर, अफ्रीका व अमेरिका।

पहचान के लक्षण (Characters of Identification)

1. कवच अंडाकार (oval) तथा चिकनी सतह वाला (polished) होता है। कवच का द्वार नलिका के रूप में संकरा व लम्बा होता है इसके पार्श्व में खांच (furrow) होती है।
2. वयस्क जन्तु में मेंटल के दोनों और के परदे (mantle flap) कवच की पृष्ठ सतह पर पड़े रहते हैं जिन पर स्पर्शक होते हैं।
3. सिर पर एक जोड़ी स्पर्शक व नेत्र होते हैं।
4. पैर रेंगने में सहायक होता है तथा चपटा होता है।

जैविक महत्व (Biological Importance)

जन्तुशास्त्र प्रयोगशाला में प्रादर्श के रूप में अध्ययन किया जाता है।

जैविक महत्व (Biological Importance)

1. प्रशान्त महासागर के कुछ द्वीपों अफ्रीका में कबिलाई लोग (natives of pacific islands) में इसे मुद्रा (currency) के रूप में काम लेते हैं (species *Cypraea moneta*)

2. इसके कवच आभूषण तथा सजावटी सामान बनाने में काम आते हैं।

आर्थिक महत्व (Economic Importance)

1. सजावट में, कई प्रकार के शो–पीस (show piece) बनाये जाते हैं।
2. चीनी वास्तुशास्त्र (फेंगशुई) में खिड़की व दरवाजों पर परदे रूपी झालर (lace) में काम में लेते हैं।
3. प्राचीनकाल में चोपड़ के खेल में इन्हें गोटियों (dice) के रूप में काम में लाया जाता था।

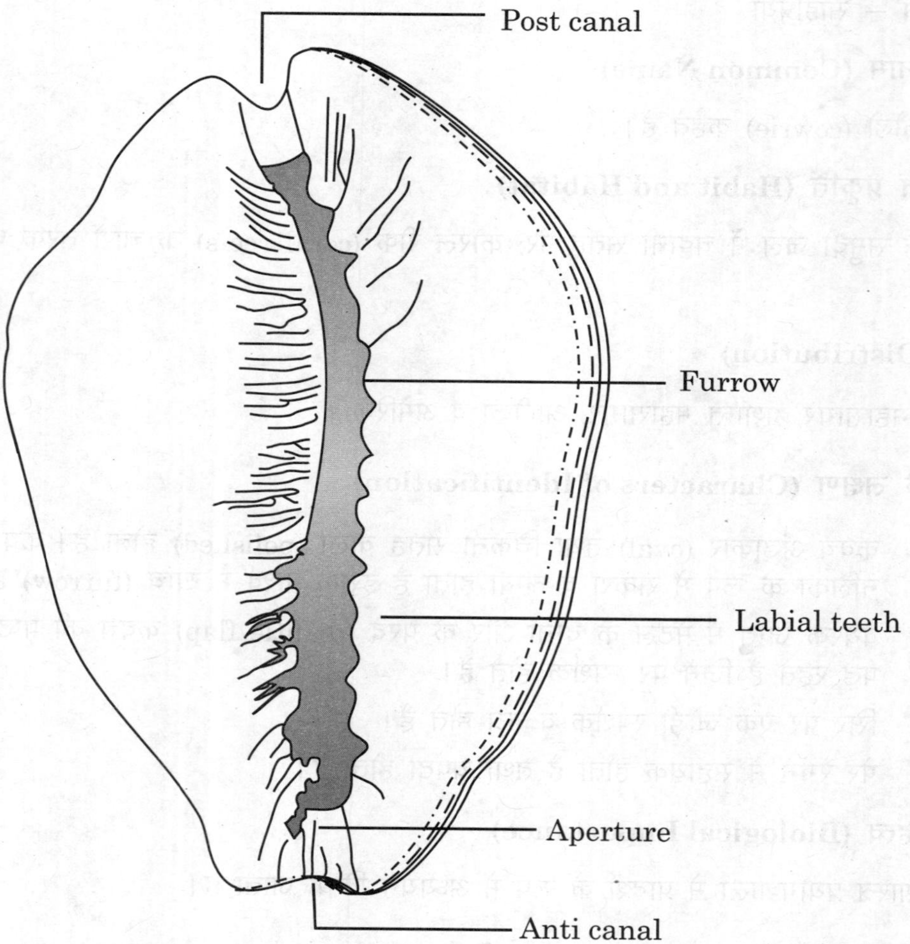

चित्र 1.20 : साइप्रिया

माइटिलस
(Mytilus)

फाइलम – मौलस्का

क्लास – पेलीसिपोडा/बाइवाल्विया (Pelycepoda/Bivalvia)

1. कवच द्विपाट (Bivalve) वाला द्विपार्श्व सममित देह।

ऑर्डर – फिलीब्रेंकिएटा (Filibranchiata)

1. गिल एक जोड़ा प्लेट समान।

जीनस – माइटिलस

साधारण नाम (Common Name)

इसे **सी मसेल** (Sea mussel) कहते हैं।

आवास एवं प्रकृति (Habit and Habitat)

यह समुद्र में किसी चट्टान या लकड़ी की सतह से चिपकी हुई पायी जाती है। यह प्लवक खाती है तथा **छनित्र भक्षी** (filter feeder) है। जल की धारा के साथ आये प्लवक छान लिये जाते हैं। यह स्थायी प्रकृति (sedentary) की होती है।

वितरण (Distribution)

सर्वव्यापि (Cosmpolitan)

पहचान के लक्षण (Characters of Identification)

1. कवच के दोनों कपाट समान होते हैं (equivalved)
2. दोनों कपाट हरे रंग के होते हैं। एक संधि तंतुओं (hinge ligaments) से चिपके रहते हैं। अम्बो (umbo) अग्र सिरे पर पाया जाता है। कवच पर वृद्धि रेखाएँ (growth lines) पायी जाती हैं।
3. पैर बेलनाकार (cylindrical) होता है जिसके पीछे बाइसस तंतु (byssus threads) पाये जाते हैं जो चिपकने में मदद करते हैं। यह बाइसस ग्रन्थि (byssus gland) द्वारा स्त्रावित होते हैं।
4. अग्र सिरे की एडक्टर माँसपेशी (anterior adductor muscles) बहुत छोटी व ह्रासित होती है।

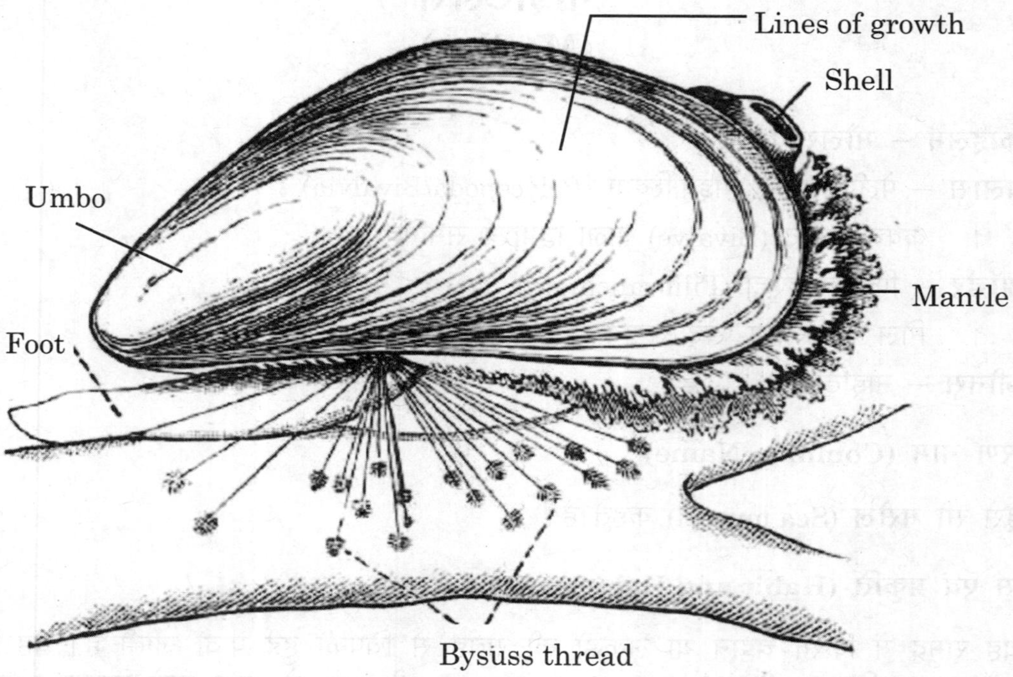

चित्र 1.21 : माइटिलस

जैविक महत्व (Biological Importance)

1. जन्तुशास्त्र प्रयोगशाला में प्रादर्श के रूप में अध्ययन किया जाता है।

आर्थिक महत्व (Economic Importance)

1. खाने के काम आती है।

पिंकटेडा
(Pinctada)

फाइलम – मौलस्का

क्लास – पेलीसिपोडा

ऑर्डर – स्यूडोलेमेलीब्रेंकिएटा (*Pseudolamelibranchiata*)

1. साइफन अनुपस्थित

जीनस – पिंकटेडा (पर्ल ओयस्टर) (*Pinctata vulgaris*)

साधारण नाम (Common Name)

इसे **पर्ल ओयस्टर** (Pearl oyster) कहते हैं।

आवास एवं प्रकृति (Habit and Habitat)

यह समुद्र में पायी जाती है। किसी चट्टान पत्थर आदि से चिपकी रहती है। कच्छ की खाड़ी, मनार की खाड़ी, हिन्द महासागर, जापान, अटलांटिक महासागर, श्रीलंका, अमेरिका, ऑस्ट्रेलिया, फारस की खाड़ी में पायी जाती है।

पहचान के लक्षण (Characters of Identification)

1. कवच असमान पाट (unequal valve) वाला होता है। बाईं ओर का पाट बड़ा तथा दाईं ओर का छोटा होता है।
2. पैर (foot) का अभाव होता है।
3. कवच की सतह खुरदरी व अनियमित (irregular) होती है।

विशेष लक्षण (Special Characters)

1. जब कोई बाहरी कण, कीट, परजीवी, मेंटल व नेक्रियस परत के बीच आ जाता है तो रक्षात्मक उपाय के तौर पर यह स्राव से इसे घेर लेती है जो मोती (pearl) कहा जाता है इसमें कई वर्ष लग जाते हैं।

जैविक महत्व (Biological Importance)

1. जन्तुशास्त्र प्रयोगशाला में प्रादर्श के रूप में अध्ययन किया जाता है।

आर्थिक महत्त्व (Economic Importance)

1. यह मोती (pearls) बनाती है जो बहुत महंगे होते है।

विशेष टिप्पणी (Special Comment)

1. सबसे अच्छे मोती *Magaritifera* बनाती है। विश्व में कृत्रिम तरीके से मोती बनाये जाते हैं और ओयस्टर कल्चर (oyster culture) किया जाता है। मोती मूल्यवान होते है और आभूषणों में प्रयुक्त होते हैं। मोती से बटन (pearl button) भी बनाये जाते हैं।
2. भारत में *Pinctada vulgaris* से मोती बनाये जाते हैं। यह मनार व कच्छ की खाड़ी में पायी जाती है।
3. राजस्थान में बाँसवाड़ा जिले में माही बजाज सागर में पिंकटेडा को पालने हेतु प्रयास किया गया था।

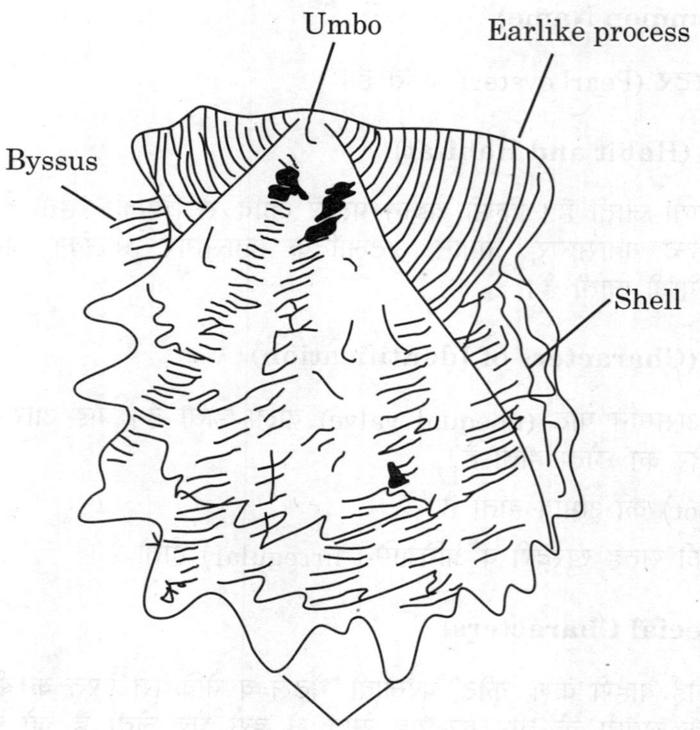

चित्र 1.22 : पिंकटेडा

डेन्टेलियम
(Dentalium)

फाइलम – मौलस्का

क्लास – स्केफोपोडा (Scaphopoda, *Skeph-boat, podos-foot***)**

1. कवच बेलनाकार (cylindrical) द्विपार्श्व सममित देह।
2. कवच की पृष्ट सतह अवतल (concave) होती है।
3. पैर लम्बा व नुकीला।

जीनस – डेन्टेलियम

साधारण नाम (Common Name)

इसे **हाथी दाँत कवच** (elephant's tusk shell) कहते हैं (हाथी दाँत के समान प्रतीत होता है)

आवास एवं प्रकृति (Habit and Habitat)

बिलकारी होती है जो समुद्र में पाया जाता है। प्रोटोजोआ, डायटम आदि खाते हैं।

वितरण (Distribution)

अमेरिका, यूरोप, प्रशान्त महासागर।

पहचान के लक्षण (Characters of Identification)

1. कवच हल्का मुड़ा हुआ तथा बेलनाकार होता है।
2. पैर लम्बा होता है, फावड़े (spade) जैसा जो मिट्टी या कीचड़ में धँसने मे सहायक होता है।
3. कवच दोनों सिरों पर खुला होता है। मुख कैप्टेकुला (captacula) से घिरा रहता है (तन्तु सदृश संरचनाएँ)।
4. गिल्स नहीं पाये जाते, श्वसन मेंटल में पाये जाने वाले वलन (folds) से होता है।

विशेष लक्षण (Special Characters)

1. नेत्र अनुपस्थित होते हैं।
2. लारवा **वेलीजर** (veliger) से मिलता–जुलता है।

जैविक महत्व (Biological Importance)

1. जन्तुशास्त्र प्रयोगशाला में प्रादर्श के रूप में अध्ययन किया जाता है।

आर्थिक महत्त्व (Economic Importance)

प्रशान्त महासागरीय तट के रेड इण्डियन्स (Red Indians) इसे मुद्रा (currency) के रूप में काम लेते थे। ज्यादा लम्बे डेंटेलियम कवच के ज्यादा डालर मिलते थे।

विशेष टिप्पणी (Special Comment)

प्रारम्भ में इसे ट्यूबीकोलस एनीलिड समझा गया था लेकिन बाद में मौलस्का में रखा गया।

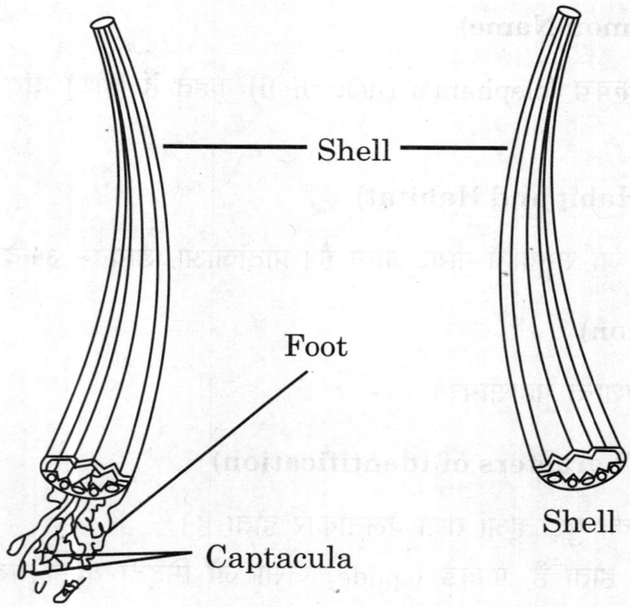

चित्र 1.23 : डेन्टेलियम

लोलाइगो
(Loligo)

फाइलम – मौलस्का

क्लास – सिफेलोपोडा (Cephalopoda, *cephalic-head, podos - foot***)**

1. पैर ओरल आर्म व फनल में रूपान्तरित
2. स्याही/मसि ग्रन्थि (ink gland) उपस्थित

ऑर्डर – डेकापोडा (Decapoda**)**

1. दस भुजाएँ
2. कवच आन्तरिक

जीनस – लोलाइगो (Loligo or squid**)**

साधारण नाम (Common Name)

इसे **सी एरो** (sea arrow) कहते हैं (देह की आकृति तीर के समान नुकीली होती है)।

आवास एवं प्रकृति (Habit and Habitat)

यह समुद्र में पाया जाने वाला बहुत ही सक्रिय व तेज तैरने वाला मौलस्क है, शिकारी प्रवृत्ति का माँसाहारी जन्तु है।

वितरण (Distribution)

सर्वव्यापी (cosmopolitan) प्रशान्त महासागर, अटलांटिक, हिन्द महासागर के तटीय जलों में चीन, भारत एवं अमेरिका।

पहचान के लक्षण (Characters of Identification)

1. देह क्रमशः सिर (head) ट्रंक (trunk) में विभाजित।
2. सिर पर एक जोड़ी विकसित नेत्र, 8 भुजाएँ व दो अत्यधिक लम्बी स्पर्शक भुजाएँ पायी जाती हैं। छोटी भुजाओं पर चूषक की दो कतारें (rows) पायी जाती हैं जो शिकार को पकड़ने में सहायक होती है। लम्बी भुजाओं में चूषक अन्तिम किनारे पर फूले हुए (swollen) होते है जो दूर से शिकार का पकड़ लेते हैं।
3. सिर के आधार में तिकोना, माँसल साइफन होता है जो जेट प्रोपल्सन (jet propulsion) आधार पर कार्य करता है जिससे विभिन्न दिशाओं में गति करता है।

विशेष लक्षण (Special Characters)

1. स्याही ग्रन्थि (ink gland) पायी जाती है। खतरे के समय यह तेजी से काला पदार्थ (सीपिया) बाहर निकालता है जिससे जल में काला बादल सा बन जाता है और शत्रु से ओझल हो जाता है।
2. यह रंग बदलने की क्षमता भी रखता है।
3. बाई ओर की चौथी भुजा जनन के लिए रूपान्तरित रहती है। (**हेक्टोकॉटीलाइज्ड–आर्म** hectocotylsed arm)

जैविक महत्व (Biological Importance)

1. जन्तुशास्त्र प्रयोगशाला में प्रादर्श के रूप में अध्ययन किया जाता है।
2. समुद्र के पारिस्थितिकी तंत्र (marine ecosystem) खाद्य शृंखला में एक घटक है।

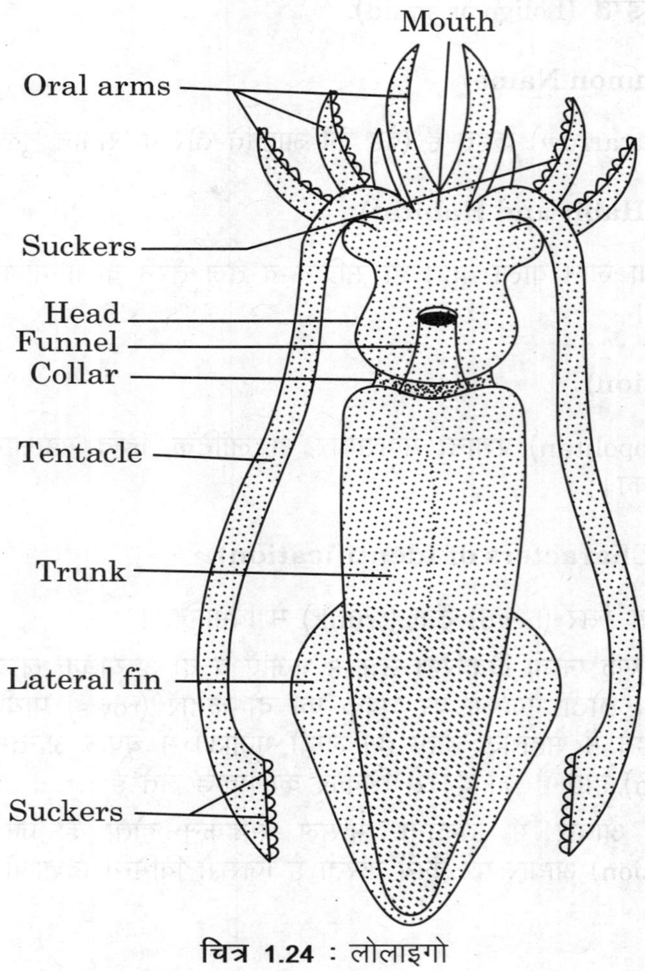

चित्र 1.24 : लोलाइगो

नॉटिलस
(Nautilus)

फाइलम – मौलस्का

क्लास – सिफेलोपोड़ा

ऑर्डर – नॉटिलोइडिया (Nautiloidea)

1. स्याही ग्रन्थि अनुपस्थित
2. कवच बाहरी

जीनस – नॉटिलस

साधारण नाम (Common Name)

इसे **पर्ली नॉटिलस** (pearly nautilus) भी कहते हैं। (मोती के समान चमकदार होने के कारण)

आवास एवं प्रकृति (Habit and Habitat)

यह समुद्र तल पर रेंगने वाला रात्रिचर सिफेलोपोड है।

वितरण (Distribution)

हिन्द महासागर व प्रशान्त महासागर

पहचान के लक्षण (Characters of Identification)

1. कवच चक्रिक (discoidal) तथा सर्पिलाकार, कुंडलित अंदर से यह सेप्टा (septa) द्वारा भागों में बँटा रहता है, अन्तिम चैम्बर खुला रहता है।
2. कवच की आन्तरिक सतह मोती के समान चिकनी व चमकदार होती है।
3. देह सिर पर थैले सदृश (sac like) ट्रंक में विभाजित रहती है।
4. सिर पर नेत्र तथा स्पर्शक पाये जाते हैं। स्पर्शक परिग्राही (prehensile) होते हैं।

विशेष लक्षण (Special Characters)

1. स्पर्शकों पर चूषक नहीं होते (suckerless)

जैविक महत्व (Biological Importance)

1. जन्तुशास्त्र प्रयोगशाला में प्रादर्श के रूप में अध्ययन किया जाता है।
2. आद्य (primitive) जन्तु है।

आर्थिक महत्व (Economic Importance)

1. सर्पिलाकार कवच सजावट के काम आता है।

विशेष टिप्पणी (Special comment)

ऑर्डर नॉटिलाइडिया का केवल नॉटिलस ही जीवित है, शेष सभी विलुप्त हो चुके है। कैम्ब्रियन समय से अब तक जीवित है।

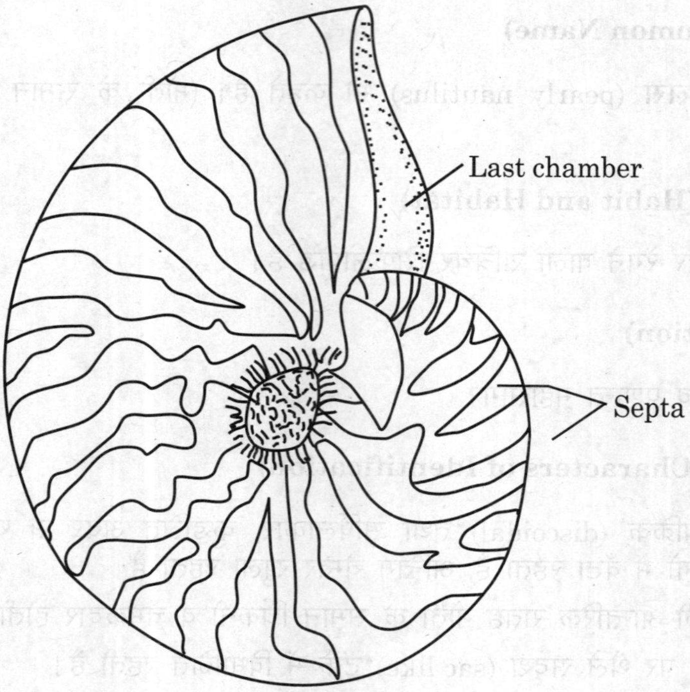

चित्र 1.25 : नॉटिलस

Outline Classificationof Echinodermata

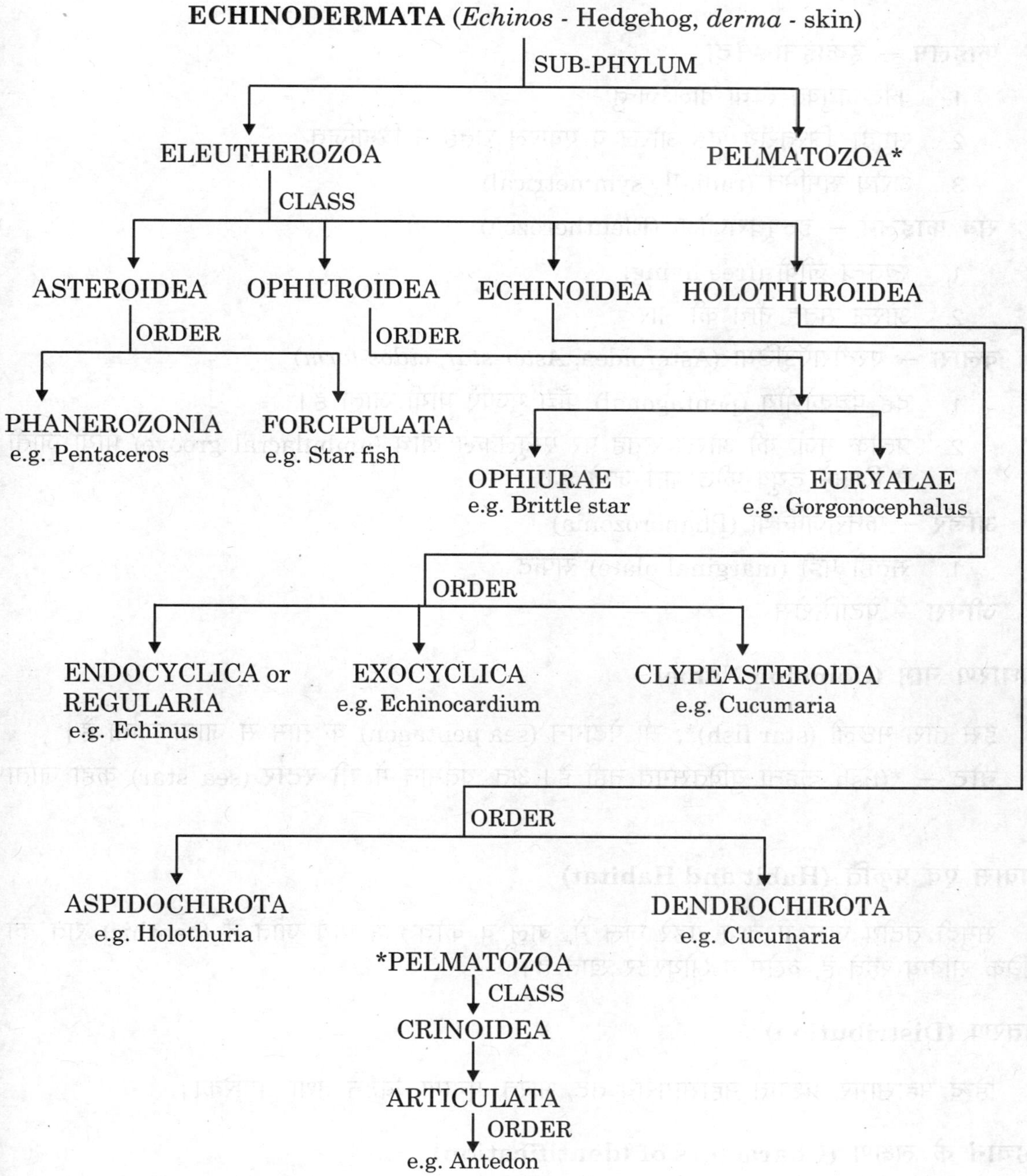

पेंटासिरोस
(Pentaceros)

फाइलम – इकाइनोडर्मेटा

1. कंटिकायुक्त त्वचा वाले जन्तु
2. समुद्री, त्रिस्तरीय, देह ओरल व एबोरल सतह में विभाजित
3. अरीय सममित (radially symmetrical)

सब फाइलम – इल्यूथ्रेरोजोआ (Eleutherozoa)

1. स्वतन्त्र जीवी (free living)
2. ओरल सतह नीचे की ओर

क्लास – एस्टीराएंइडिया (Asteroidea, *Aster-star, eidos-form*)

1. देह पंचकोणीय (pentagonal) पाँच भुजाएँ पायी जाती है।
2. प्रत्येक भुजा की ओरल सतह पर एम्बूलेक्रल खाँच (ambulacral groove) पायी जाती है जिसमें ट्यूब फीट पाये जाते हैं।

ऑर्डर – फेनेरोजोनिया (Phanerozonia)

1. सतही पट्टी (marginal plate) सपाट

जीनस – पेंटासिरोस

साधारण नाम (Common Name)

इसे तारा मछली (star fish)*, सी पेंटागन (sea pentagon) के नाम से जाना जाता है।

नोट – *(fish कहना युक्तिसंगत नहीं है। अतः वर्तमान में **सी स्टार** (sea star) कहा जाता है)

आवास एवं प्रकृति (Habit and Habitat)

समुद्री तटीय जल में तथा गहरे जल में, बालू व कीचड़ में पाये जाते हैं (benthic) रात को अधिक सक्रिय रहते हैं, क्लेम व ओयस्टर खाते हैं।

वितरण (Distribution)

हिन्द महासागर, प्रशान्त महासागरीय तट, भारत, पनामा, ब्रिटेन तथा अमेरिका।

पहचान के लक्षण (Characters of Identification)

1. मध्य डिस्क (central disc) तथा भुजाएँ समेकित (fused) रहती है।

2. सतही पट्टी (marginal plate) चौड़ी व स्पष्ट होती है।
3. देह ओरल व एबोरल सतह में विभाजित रहती है। ओरल सतह पर मुख व एम्बूलेक्रल खाँच पायी जाती है जिसमें चलन हेतु दो कतारों में नाल पाद (tube feet) पाये जाते हैं। एबोरल सतह पर गुदा स्थित होती है।
4. दो भुजाओं (वाइवियम, bivium) के मध्यवर्ती भाग में मेड्रीपोराइट (madreporite) पाया जाता है। यह जल संवहन तंत्र (water vascular system) का सबसे पहला भाग है।
5. एबोरल सतह उत्तल (convex) तथा ओरल, अवतल (concave) होती है।

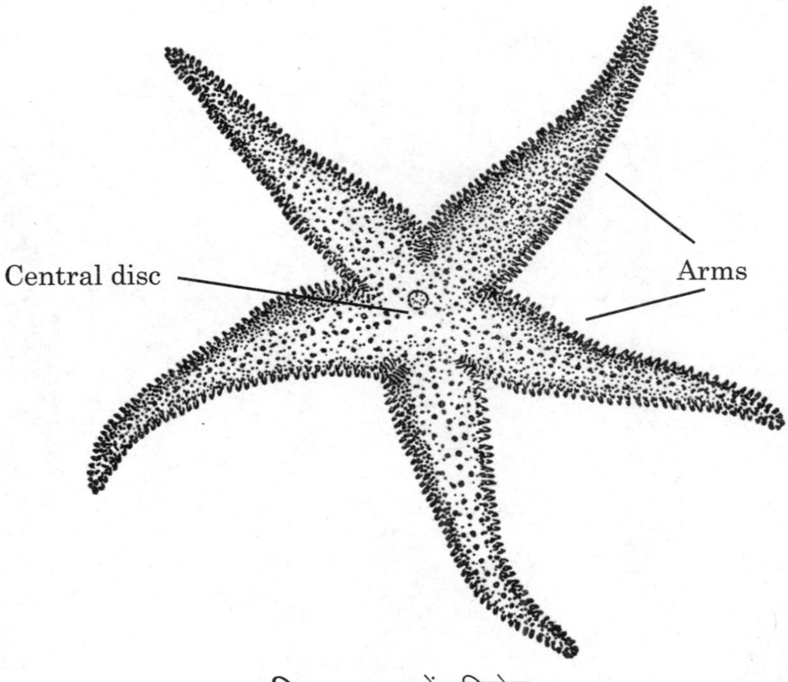

चित्र 1.26 : पेंटासिरोस

विशेष लक्षण (Special Characters)

1. लारवा **बाइपिन्नेरिया** (bipinnaria) जो कुछ सप्ताह के मुक्त जीवन पश्चात् **ब्रेकियोलेरिया** (brachiolaria) में बदल जाता है।
2. पुनरुद्ध भवन (regeneration) की अभूतपूर्व क्षमता पायी जाती है। सेंट्रल डिस्क जन्तु की सम्पूर्ण क्षतिग्रस्त व खोये हुए भाग को पुनः निर्मित कर लेती है।
3. ऑटोटोमी (autotomy, self mutilation) की क्षमता पायी जाती है। शत्रु यदि कोई भुजा पकड़ लेता है तो जहाँ वह सेंट्रल डिस्क से जुड़ी रहती है, वहाँ से स्वयं तोड़ देती है। यह भाग पुनः विकसित हो जाता है।

जैविक महत्व (Biological Importance)

1. जन्तुशास्त्र प्रयोगशाला में प्रादर्श के रूप में अध्ययन।
2. समुद्री खाद्य श्रृंखला में एक घटक है।

आर्थिक महत्व (Economic Importance)

यह पर्ल ओयस्टर को खा जाती है। अतः मुक्ता उद्योग (pearl industry) को हानि होती है।

ओफियोथ्रिक्स
(Ophiothrix)

फाइलम – इकाइनोडर्मेटा

सब फाइलम – इल्यूथेरोजोआ

क्लास – ओफियूरॉइडिया (Ophiuroidea, *ophis-snake, oura-tail, eidos-form*)

1. सेंट्रल डिस्क व भुजाएँ स्पष्टतः पृथक् दिखाई देती है।

ऑर्डर – ओफियूरी (ophiurae)

1. 5 छोटी साँप के समान भुजाएँ जो केवल अनुप्रस्थ गति/चयन कर सकती है।

जीनस – ओफियोथ्रिक्स

साधारण नाम (Common Name)

इन्हें **ब्रिटिल स्टार** (brittle star), या **सरपेंट स्टार** (serpent star) कहते हैं (भुजाओं की आकृति साँप से मिलती जुलती है।

आवास एवं प्रकृति (Habit and Habitat)

यह छिछले व गहरे समुद्री जल में दिन के समय बालू व मिट्टी में रहते हैं या पत्थर व समुद्री खरपतवार में छुपे रहते हैं। रात को सक्रिय जीवन व्यतीत करते हैं, भुजाओं की सहायता से मुक्त रूप से तैरते भी है।

वितरण (Distribution)

प्रशान्त महासागर, अटलांटिक, मेडिटेरानियन (Mediterranean sea) समुद्र के वेलांचल (littoral) क्षेत्र में पायी जाती है।

पहचान के लक्षण (Characters of Identification)

1. देह सेंटल डिस्क व 5 भुजाओं में विभक्त रहती है। भुजाएँ सर्प के समान डिस्क के नीचे की ओर लगी रहती है।
2. मेड्रिपोराइट ओरल सतह पर पाया जाता है।
3. नाल पाद छोटे जिन पर चूषक या एम्पूला नहीं पाये जाते। ये चलन का कार्य नहीं करते बल्कि श्वसन का करते हैं।
4. एम्बूलैक्रल खाँच ऑसिकिल (ossicles) से ढ़की रहती है।
5. भुजाएँ व सेंट्रलडिस्क केल्शियम कार्बोनेट से बनी प्लेट व कंटिकाओं से ढकी रहती है।

विशेष लक्षण (Special Characters)

1. भुजा को पकड़ने पर बिखर जाती है (brittle) इसलिए **ब्रिटिल स्टार** कहते हैं। बाद में ये पुनरुद्धभवन द्वारा पुनः विकसित हो जाती है।

जैविक महत्व (Biological Importance)

1. जन्तुशास्त्र प्रयोगशाला में प्रादर्श के रूप में अध्ययन किया जाता है।

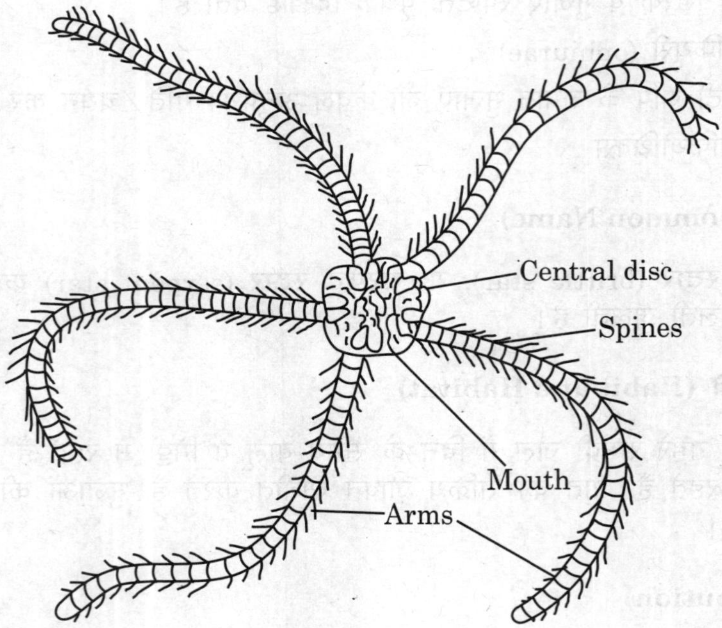

चित्र 1.27 : ओफियोथ्रिक्स

इकाइनस
(Echinus)

फाइलम – इकाइनोडर्मेटा

सब फाइलम – इल्यूथेरोजोआ

क्लास – इकाइनोइडिया (Echinoidea, *Echinus-spiny, eidos-form*)

1. देह डिस्क के समान या हृदय के समान कवच से ढ़की हुई। इस पर गतिमान कंटिकाएँ (movable spines) पायी जाती हैं।
2. एम्बूलैक्रल खाँच अनुपस्थित
3. लारवा–**प्लूटियस** (pluteus)

ऑर्डर – एन्डोसाइक्लिका / रेगुलेरिया (Endocyclica / Regularia)

जीनस – इकाइनस

साधारण नाम (Common Name)

इन्हें **समुद्री अर्चिन** (sea urchin) कहते हैं।

आवास एवं प्रकृति (Habit and Habitat)

समुद्र में चट्टानों पर, जल में बालू व कीचड़ में पाये जाते हैं।

वितरण (Distribution)

प्रशान्त महासागर, अटलांटिक महासागर व मैडिटेरानियन सागर।

पहचान के लक्षण (Characters of Identification)

1. देह गोल ग्लोब के समान जो कैल्शियम कार्बोनेट के कोरोना (corona) से ढ़की रहती है। कवच पर चलायमान कंटिकाएँ (movable spines) पायी जाती हैं।
2. मुख ओरल ध्रुव के बीच में स्थित। मुख पेरिस्टोम से घिरा रहता है।
3. पेरीप्रोक्ट (prioproct) एबोरल ध्रुव के मध्य स्थित। मेड्रिपोराइट एबोरल सतह पर पाया जाता है।
4. पेरिस्टोम के चारों ओर 5 जोड़ी डर्मल ब्रेंकिआई (dermal branchiae) या गिल पाये जाते हैं।
5. नाल पाद में चूषक पाये जाते हैं तथा 5 याम्योत्तरीय (रेखांशिक) कतारों (meridional rows) में पाये जाते हैं।

विशेष लक्षण (Special Characters)

1. पाचन तंत्र में **अरस्तू की लालटेन** (Artistotle's lantern) नामक matiscatory apparatus पाया जाता है। इसके 5 भाग होते हैं – एलवियोलस (alveolus), एपीफाइसिस (epiphysis), रेटुला (ratula), रेडियस (radius) तथा टूथ (tooth)।

जैविक महत्व (Biological Importance)

1. जन्तुशास्त्र प्रयोगशाला में प्रादर्श के रूप में अध्ययन किया जाता है।
2. भ्रूण विज्ञान (embryology) के क्षेत्र में शोध कार्यों के लिए इसके अंडे काम में लिये जाते हैं।

आर्थिक महत्व (Economic Importance)

1. वेस्टइंडीज व भूमध्यसागरीय कुछ देशों में इनके कुछ अंगों को शौक से खाते हैं।

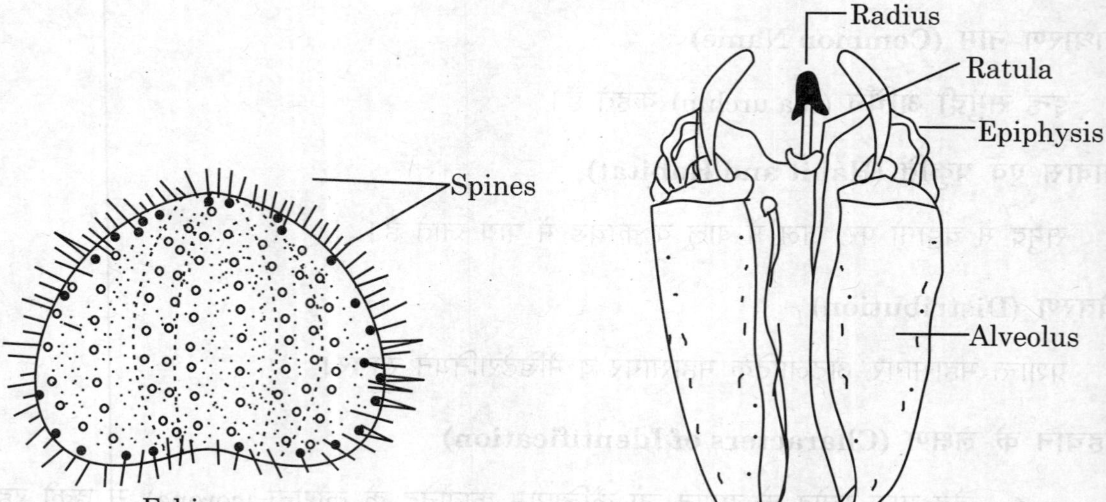

Artistotle's lantern

चित्र 1.28

कुकुमेरिया
(Cucumaria)

फाइलम – इकाइनोडर्मेटा

सब फाइलम – इल्यूथेरोजोआ

क्लास – होलोथूरॉइडिया (Holothuroidea)

1. देह लम्बी ओरल व एबोरल सतह के सापेक्ष

ऑर्डर – ड्रेन्ड्रोकाइरोटा (Dendochirota)

1. नाल पाद, श्वसन वृक्ष (respiratory tree) उपस्थित
2. मेड्रीपोराइट आन्तरिक

साधारण नाम (Common Name)

इसे **समुद्री खीरा** (sea cucumber) कहते हैं।

आवास एवं प्रकृति (Habit and Habitat)

समुद्र के जल में बालू या कीचड़ में पाये जाते हैं। प्लवक (planktons) व अपरद (detritus) खाते हैं।

वितरण (Distribution)

सर्वव्यापी (भारत, अमेरिका, यूरोप)

पहचान के लक्षण (Characters of Identification)

1. देह लम्बी बेलनाकार, भुजाएँ नहीं पायी जाती हैं। कंटिकाओं तथा पेडिसिलेरिआई का अभाव, 10 स्पर्शक मुख के चारों और पाये जाते हैं।
2. नाल पाद दो कतारों में व्यवस्थित रहते हैं। अधर सतह की एम्बूलैक्रल खांच पर पाये जाने वाले नाल पाद पर चूषक पाये जाते हैं तथा चलन का कार्य करते हैं। पृष्ठ सतह पर पाये जाने वाले नालपाद संवेदी होते हैं।
3. देहभिति चर्म पेशीय (dermomuscular) होती है जिस पर बहुत से छोटे ऑसिकल्स (ossicles) या कंटिकाएँ (spines) पाये जाते हैं।

विशेष लक्षण (Special Characters)

1. **श्वसन वृक्ष** (respiration tree) पाया जाता है।

2. लारवा **ऑरीकुलेरिया** (auricularia) जो बाद में **डोलियोलेरिया** (doliolaria) में परिवर्तित हो जाता है।

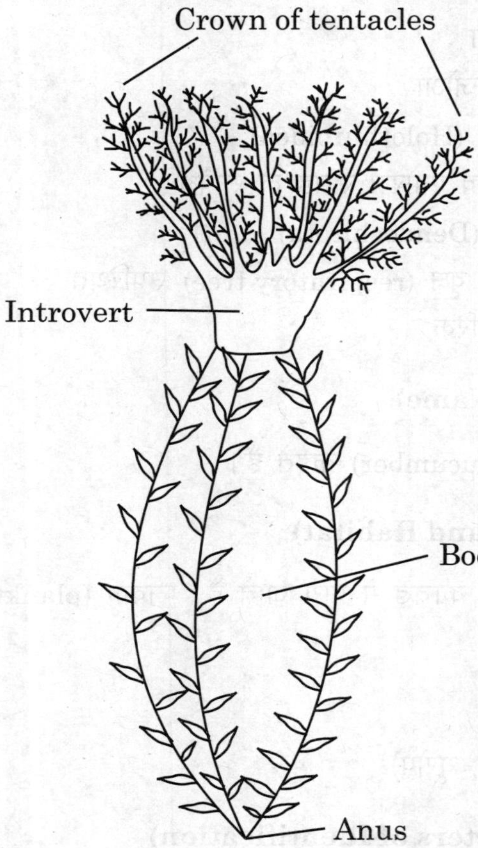

चित्र 1.29 : कुकुमेरिया

जैविक महत्व (Biological Importance)

1. जन्तुशास्त्र प्रयोगशाला में प्रादर्श के रूप में अध्ययन किया जाता है।

एंटेडॉन
(Antedon)

फाइलम – इकाइनोडर्मेटा

क्लास – क्रिनोइडिया (Crinoidea, *krinon-lily, eidos-form*)

1. एबोरल सतह से आधार से चिपकता है।

ऑर्डर – ऑर्टीकुलेटा (Articulata)

जीनस – एंटेडॉन

साधारण नाम (Common Name)

इसे **फेदर स्टार** (feather star) या **सी लिलि** (sea lily) भी कहते हैं।

आवास एवं प्रकृति (Habit and Habitat)

यह समुद्र में थोड़ी गहराई पर चट्टानों से चिपका हुआ पाया जाता है। ये सूक्ष्मजीवों को खाते हैं।

वितरण (Distribution)

सर्वव्यापी।

पहचान के लक्षण (Characters of Identification)

1. देह सेंट्रल डिस्क **केलिक्स** (calyx) व उससे निकलने वाली 10 भुजाओं में विभाजित रहता है।
2. केलिक्स पर ऊपर की ओर (ओरल सतह पर) मुख व गुदा होते हैं, जबकि एबोरल पर चिपकने के लिए सिराई (cirri)
3. प्रत्येक भुजा में एम्बूलैक्रच खांच होती है। नालपाद इसके दोनों और कतारों में पाये जाते हैं। नालपाद पर चूषक नहीं पाये जाते हैं।

विशेष लक्षण (Special Characters)

1. लारवा **डोलियोलेरिया** व **पेंटाक्राइनस** (pentacrinus)
2. ये काफी आद्य (primitive) समूह है। सिल्यूरिन समय (silurin period) के इनके सम्बन्धी जीवाश्म बन चुके हैं।
3. परिपक्व एंटेडॉन वृंतहीन (sessile) होता है जबकि नवोदित संवृती (stalked)

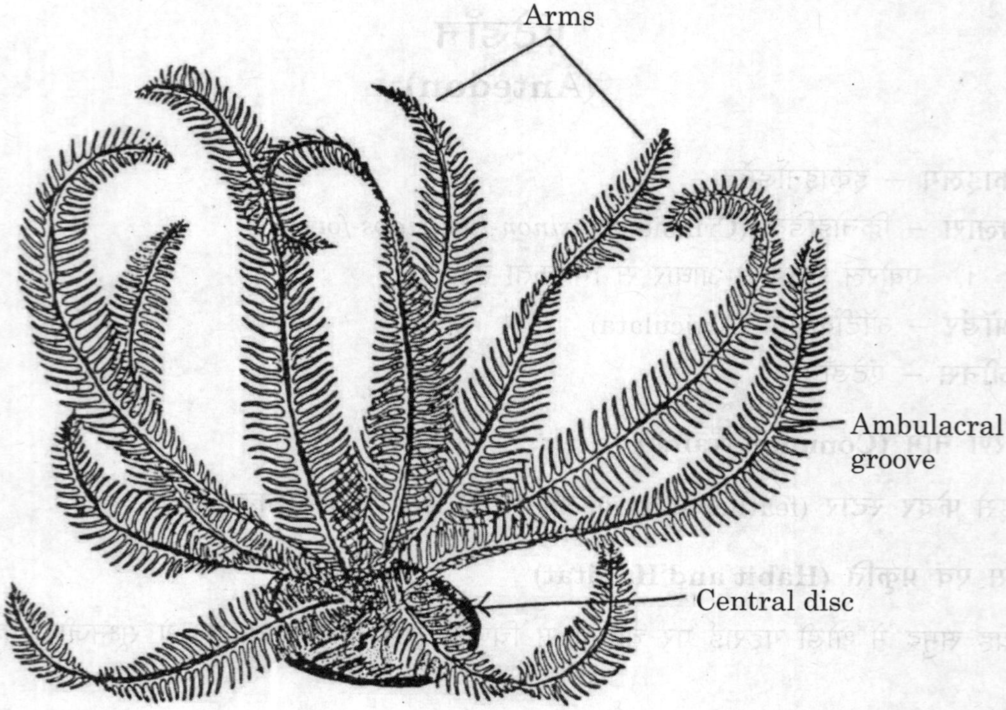

चित्र 1.30 : एंटेडॉन

जैविक महत्व (Biological Importance)

1. जन्तुशास्त्र प्रयोगशाला में प्रादर्श के रूप में अध्ययन किया जाता है।

हेमीकॉर्डेटा
(Hemichordata)

1. देह कृमि समान (worm like), बेलनाकार
2. देह तीन भागों में विभक्त
   अ. प्रोबोसिस
   ब. कॉलर
   स. ट्रंक
3. नोटोकॉर्ड मुख अंधवर्ध (buccal diverticula) द्वारा निरूपित

क्लास

- इन्टेरोपन्यूस्टा (Enteropneusta)
  - (1) आहार नाल सीधी
  - (2) गिलस्लिट उपस्थित
    उदाहरण – बैलेनोग्लोसस
- टैरोब्रेंक्रिया (Pterobranchia)
  - (1) आहार नाल `U' आकार की
  - (2) गिलस्लिट अनुपस्थित या केवल एक जोड़ा

ऑर्डर

- रैहब्डोप्लूरा
  (1) गिलस्लिट अनुपस्थित
  (2) भुजाएँ – दो
  उदाहरण – रैहब्डोप्लूरा
- सिफेलोडिस्का
  (1) गिलस्लिट एक जोड़ा
  (2) भुजाएँ – कई
  उदाहरण – सिफेलोडिस्कस

बैलेनोग्लोसस
(Balanoglossus)

वर्गीकरण (Classification)

फाइलम – हेमीकॉर्डेटा

1. नोटोकॉर्ड मुख अंधवर्ध (buccal diverticula) द्वारा निरूपित जो केवल प्रोबोसिस में पायी जाती है।

क्लास – इन्टेरोपन्यूस्टा

जीनस – बैलेनोग्लोसस

1. देह तीन भागों में विभक्त
2. भुजा अनुपस्थित

साधारण नाम (Common Name)

एकोर्न कृमि (acorn worm) व **जिह्वा कृमि** (tongue worm)

आवास एवं प्रकृति (Habit and Habitat)

1. समुद्र के पैंदे में रहता है तथा छिछले जल में भी पाया जाता है।
2. `U' आकार की सुरंग (tunnel) में रहता है।

वितरण (Distribution)

सर्वव्यापि (cosmopolitan)

पहचान के लक्षण (Characters of Identification)

1. बेलनाकार कृमि रूप देह
2. देह क्रमशः प्रोबोसिस (proboscis), कॉलर (collar) व ट्रंक (trunk) में विभाजित।
3. प्रोबोसिस देह का अनुभाग बनाता है जिसमें मुख अंधवर्ध (buccal diverticula) तथा हृदय वेश्म (heart vesicle) पाये जाते हैं।
4. कॉलर मध्य भाग होता है जिसमें मुख तथा सीलोम पाये जाते हैं।
5. ट्रंक देह का पश्च भाग बनाता है जिसमें देह के अन्य अंग पाये जाते हैं।
6. ट्रंक पुनः तीन भागों में विभक्त रहता है –

अग्रभाग – **ब्रेकियोजेनिटल** क्षेत्र, मध्यभाग – **हिपैटिक सीका** (hepatic caeca) तथा पश्च भाग – **उदर क्षेत्र** (abdominal region)

7. ब्रेकियोजेनिटल क्षेत्र में ब्रेंकियल गिल तथा जनद (gonads) पाये जाते हैं।

विशेष लक्षण (Special Characters)

1. निषेचन–बाह्य
2. विकास में **टॉरनेरिया** लारवा (tornaria larva) पाया जाता है।

जैविक महत्व (Biological Importance)

1. जीव विकास की दृष्टि से इसका बहुत महत्व है। मुख्य अंधवर्ध (buccal diverticula) को नोटोकोर्ड के समान माना जाता था, अतः पूर्व में इसे कॉर्डेटा में ही रखा गया था, लेकिन अब यह ज्ञात है कि मुख अंधवर्ध (buccal diverticula) नोटोकॉर्ड के समान नहीं है अतः इसे हेमीकॉर्डेटा में रखा गया है।
2. जीव विज्ञान के अध्ययन के लिए प्रयोगशाला में एक निम्न कॉर्डेट (lower chordate) प्रादर्श के रूप में इसका अध्ययन किया जाता है।

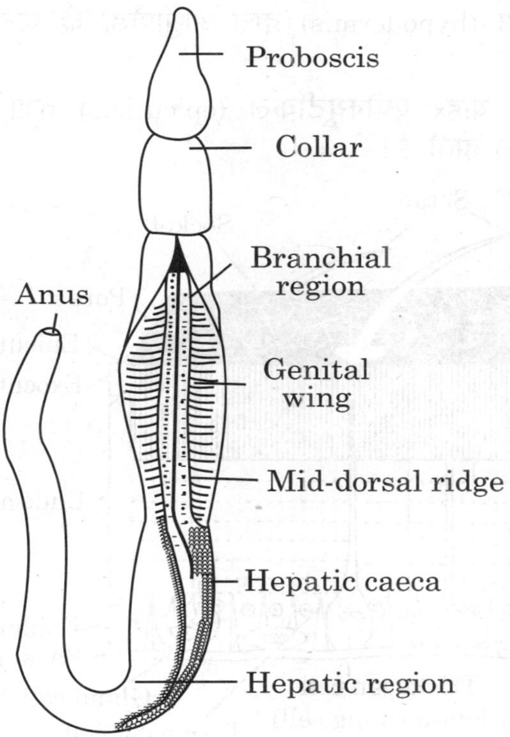

चित्र 1.31 : बैलेनोग्लोसस

■■■■

यूनिट - 2

माइक्रोस्कोपिक स्लाइड्स का अध्ययन
(Study of Microscopic Slides)

आथ्रोपोड अध्यावरण का लम्ब काट
(V.S. of Arthropod Integument)

1. **हाइपोडर्मिस** (hypodermis) द्वारा आथ्रोपोडा के जन्तुओं का कंकाल स्रावित होता है।
2. इसमें सबसे बाहर **एपीक्यूटीकल** (epicuticle) तथा अंदर की ओर **प्रोक्यूटीकल** (procuticle) होती है।

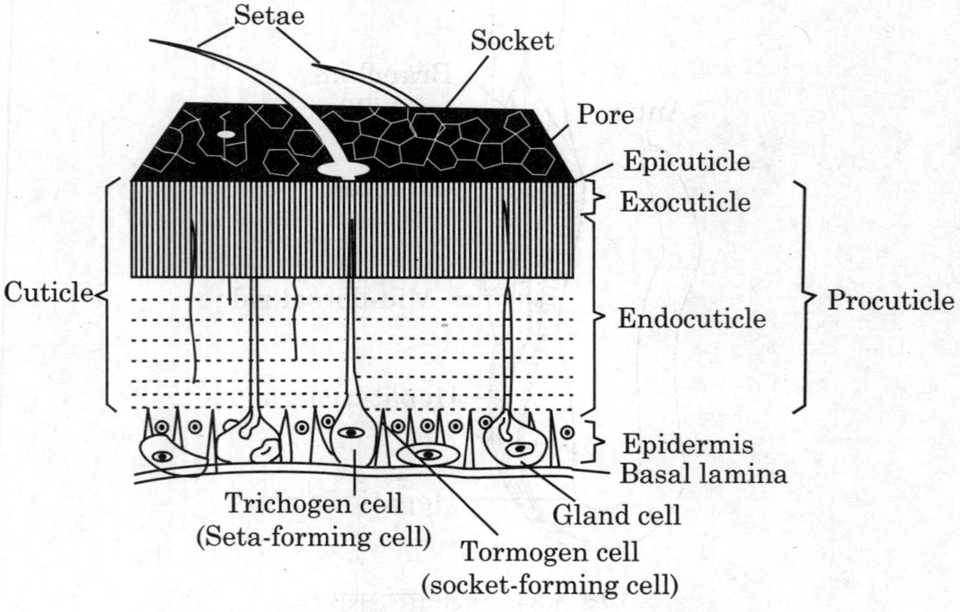

चित्र 2.1 : अध्यावरण का लम्बवत काट

3. एपीक्यूटीकल प्रोटीन की बनी होती है (कुछ में मोम की)
4. प्रोक्यूटीकल में बाहर की ओर **एक्सोक्यूटीकल** (exocuticle) व अन्दर की ओर **एन्डोक्यूटीकल** (endocuticle) पायी जाती है। दोनों ही परत **काइटिन** (chitin) की बनी होती है।
5. क्यूटीकल में **पोर कैनाल** (pore canal) पायी जाती है जो ग्रन्थियों के स्राव को सतह तक लाती है।
6. पुराने अध्यावरण को त्यागने से पहले हाइपोडर्मिस पृथक् होकर नई एपीक्यूटीकल स्रावित करती है।
7. एपीडर्मिस में **ट्राइकोजन** (trichogen) व **टोरमोजन** (tormogen) कोशिकाएँ पायी जाती हैं।

पेडीक्युलस
(Pediculus)

फाइलम – आथ्रोपोडा
क्लास – इन्सैक्टा
ऑर्डर – एनोप्लूरा (Anoplura) / साइफनकुलेटा (Siphunculata)

1. मुखांग भेदने व चूसने (piercing & sucking) के लिए अनुकूलित

जीनस –पेडीक्युलस (*Pediculus humanus*)

साधारण नाम (Common Name)

इसे जूँ (louse) कहते हैं।

आवास एवं प्रकृति (Habit & Habitat)

यह मनुष्य के ऊपर बाह्य परजीवी (ectoparasite) होता है जो रक्त चूसती है। अन्य स्तनधारियों पर भी पायी जाती है।

वितरण (Distribution)

सर्वव्यापी (cosmopolitan) शुष्क प्रदेशों (tropical regions) में।

पहचान के लक्षण (Characters of Identification)

1. मुखांग भेदने व चूसने के लिए अनुकूलित, रक्त चूसती है।
2. टांग स्कैनसोरियल (scansorial), पंजा (claw) पाया जाता है जो बालों में चिपकने में सहायक होता है।
3. देह पृष्ठ अधर सतह से चपटा होता है (dorso ventrally flattened)
4. देह सिर, वृक्ष व उदर में विभाजित। सिर पर एक जोड़ी श्रृंगिका, एक जोड़ी नेत्र पाये जाते है। वक्ष पर तीन जोड़ी टांगे पायी जाती हैं। श्रृंगिका 5 खण्ड युक्त।

विशेष लक्षण (Special Characters)

1. हेमीमेटाबोलस (hemimetabolous), अंडे से निम्फ बनता है व निम्फ वयस्क में कायान्तरित होता है।
2. **मृत्यु स्वांग** (death feigning) पाया जाता है। छेड़ने पर कुछ समय के लिए मरे समान (dead) प्रतीत होती है।

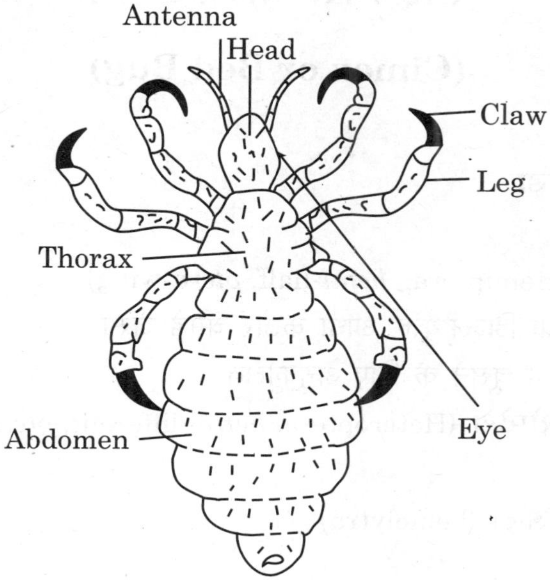

चित्र 2.2 : जूँ

जैविक महत्त्व (Biological Importance)

1. जन्तुशास्त्र प्रयोगशाला में स्लाइड के रूप में (सम्पूर्ण जन्तु की) अध्ययन की जाती है।

आर्थिक महत्त्व (Economic Importance)

1. यह मनुष्य का रक्त चूसती है व रिलेप्सिंग बुखार (relapsing fever) पीत ज्वर (yellow fever), व टाइफस व ट्रेंच फीवर (trench fever) फैलाने में सहायक होती है।
2. मनुष्य की कार्यक्षमता प्रभावित होती है, बालों में खुजली चलती है।

विशेष टिप्पणी (Spercial Comment)

इसकी तीन जातियाँ *Pediculus humanus capitis* (head), *P. humanus humanus* (body) *Phthirus pubis* (crab louse) मनुष्य पर बाह्य परजीवी के रूप में पायी जाती है।

साइमैक्स या बैड बग

(Cimex or Bed Bug)

फाइलम – **आर्थ्रोपोडा**

क्लास – इन्सैक्टा

ऑर्डर – हेमीप्टेरा (Hemiptera, *hemi*-half, *ptera*-wing)

1. अग्र पंख आधा झिल्लीयुक्त, आधा कठोर चमड़े जैसा
2. मुखांग भेदने व चूसने के लिए अनुकूलित

सब–ऑर्डर – **हिटेरोप्टेरा** (Heteroptera, *hetro*-different, *ptera*-wing)

जीनस – साइमैक्स

1. अग्रपंख हेमएलीट्रा (hemelytra)

साधारण नाम (Common Name)

इसे खटमल (Bed bug) कहते हैं।

आवास एवं प्रकृति (Habit & Habitat)

यह बाह्य परजीवी मनुष्य के आवास क्षेत्रों में फर्नीचर, चारपाई (cots) आदि स्थानों पर पाया जाता है। रात्रिचर (nocturnal) होता है तथा मनुष्य का रक्त चूसता है। झुग्गी झोपडियों जहाँ प्रकाश का अभाव व नम व गर्म स्थान होता है, स्वच्छता के अभाव वाले सिनेमा हाल के फर्नीचर में भी पाये जाते है। रेल्वे कोच बस की सीटों में भी कभी–कभी पाये गये हैं।

पहचान के लक्षण (Characters of Identification)

1. मुखांग में लंबा लेब्रम जो रॉस्ट्रम (rostrum) कहलाता है तथा सुई जैसे पैने जबड़े व मैक्सिला होते हैं।
2. प्रोनोटम अग्र सिरे पर खांच युक्त (notched) होता है जिसमें सिर तथा अधर तल पर रॉस्ट्रम (rostrum) पाया जाता है।
3. टारसाई (tarsi) 3 खंड युक्त

विशेष लक्षण (Special Characters)

1. देह पर गंधवाही ग्रन्थि (odoriferous gland) पायी जाती है जिसकी गंध प्रतिकर्षित करने वाली होती है (repulsive odour)

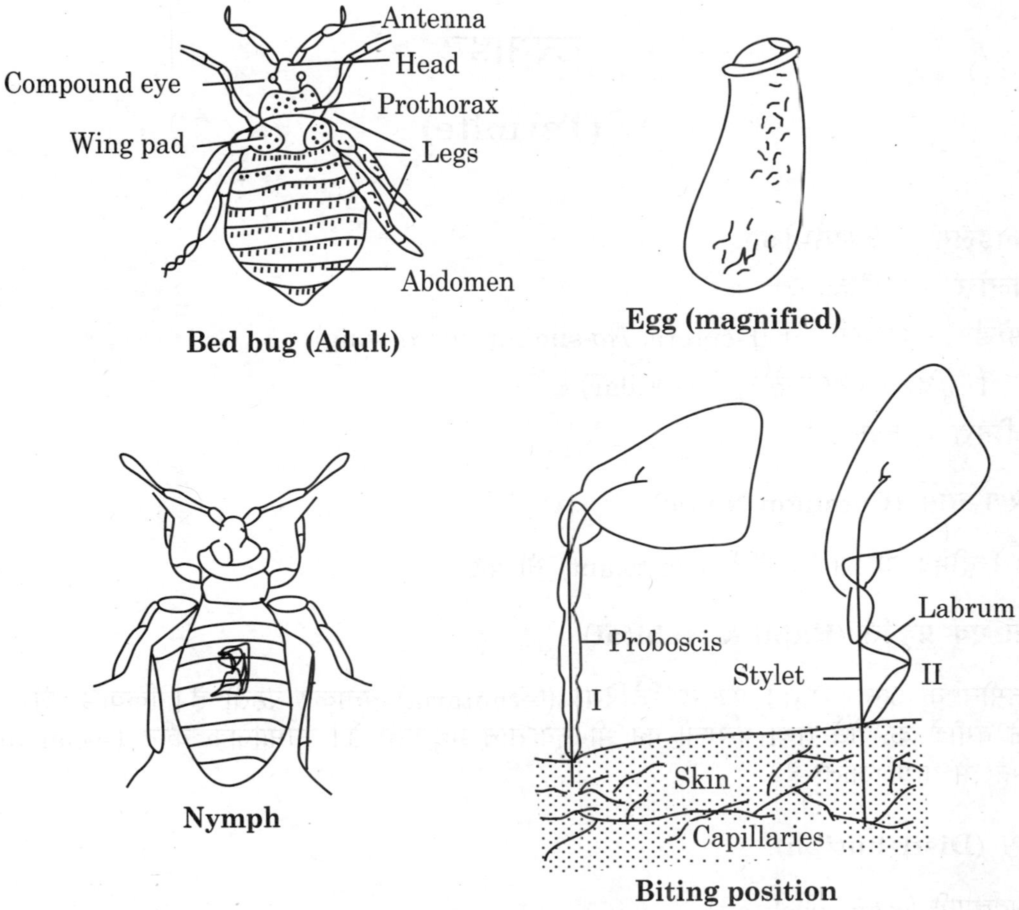

चित्र 2.3 : साइमैक्स या बैड बग

जैविक महत्त्व (Biological Importance)

1. जन्तुशास्त्र प्रयोगशाला व कीटविज्ञान में इसे स्लाइड के रूप में अध्ययन किया जाता है।
2. कीट कायिकी (Insect physiology) के क्षेत्र में इसे शोध कीट (research insect) के रूप में काम लिया गया।

आर्थिक महत्त्व (Economic Importance)

1. यह जब काटती है तो भयंकर खुजली चलती है (itching sensations), त्वचा लाल हो जाती है। आदमी ढंग से सो भी नहीं पाता। उसकी कार्यक्षमता प्रभावित होती है।
2. मनुष्य का रक्त चूसती है तथा बहुत सी बीमारियों को फैलाने में मदद करती है जैसे पीत ज्वर (yellow fever)

टरमाइट

(Termite)

फाइलम – **आथ्रोपोडा**

क्लास – इन्सैक्टा

ऑर्डर – आइसोप्टेरा (Isoptera, *Iso*-similar, *ptera*-wing)

1. दोनों पंख एक जैसे (similar)

जीनस – टरमाइट

साधारण नाम (Common Name)

इसे दीमक या सफेद चींटी (white ant) भी कहते हैं

आवास एवं प्रकृति (Habit & Habitat)

जमीन के अन्दर सतह पर **टर्मीटेरिया** (termitaria) बनाकर रहती है। किवाड की चौखट, दरवाजे बगीचे के पौधे तथा फसलों को भी नुकसान पहुंचाती है। सामाजिक कीट (social insect) है। समूह में पायी जाती है।

वितरण (Distribution)

सर्वव्यापी (cosmopoolitan)

पहचान के लक्षण (Characters of Identification)

1. दो जोड़ी समान (similar) आकार के पंख पाये जाते है (लैंगिक परिपक्व नर व मादा में) जो पाती (deciduous) होते हैं।
2. पंख में क्रास वेन्स (cross veins) या तो अनुपस्थित होती है या फिर कुछ
3. मुखांग काटने व चबाने (biting and chewing type)
4. श्रंगिका मोनीलिफोर्म (moniliform)

विशेष लक्षण (Special Characters)

1. आहारनाल में **कोलोनिम्फा** व **ट्राइकोनिम्फा** सहजीवी फ्लेजिलेट (प्रोटोजोआ) पाये जाते हैं जो सैलूलोज पाचन में सहायक होते हैं।

2. यह सामाजिक कीट है जिसमें दो प्रकार के सदस्य पाये जाते हैं – लैंगिक (reproductive caste) तथा बन्ध्य (sterile caste)। लैंगिक में राजा व रानी तथा वन्ध्य में श्रमिक व सैनिक (workers and soldiers) होते हैं।
3. ये पोषक पदाथों की कमी पूरी करने के लिए अपने टर्मीटेरिया में कवक के बगीचे (fungal gardens) उगाते हैं। **एम्ब्रोसिया** (ambrosia) जाति का कवक उगाया जाता है।

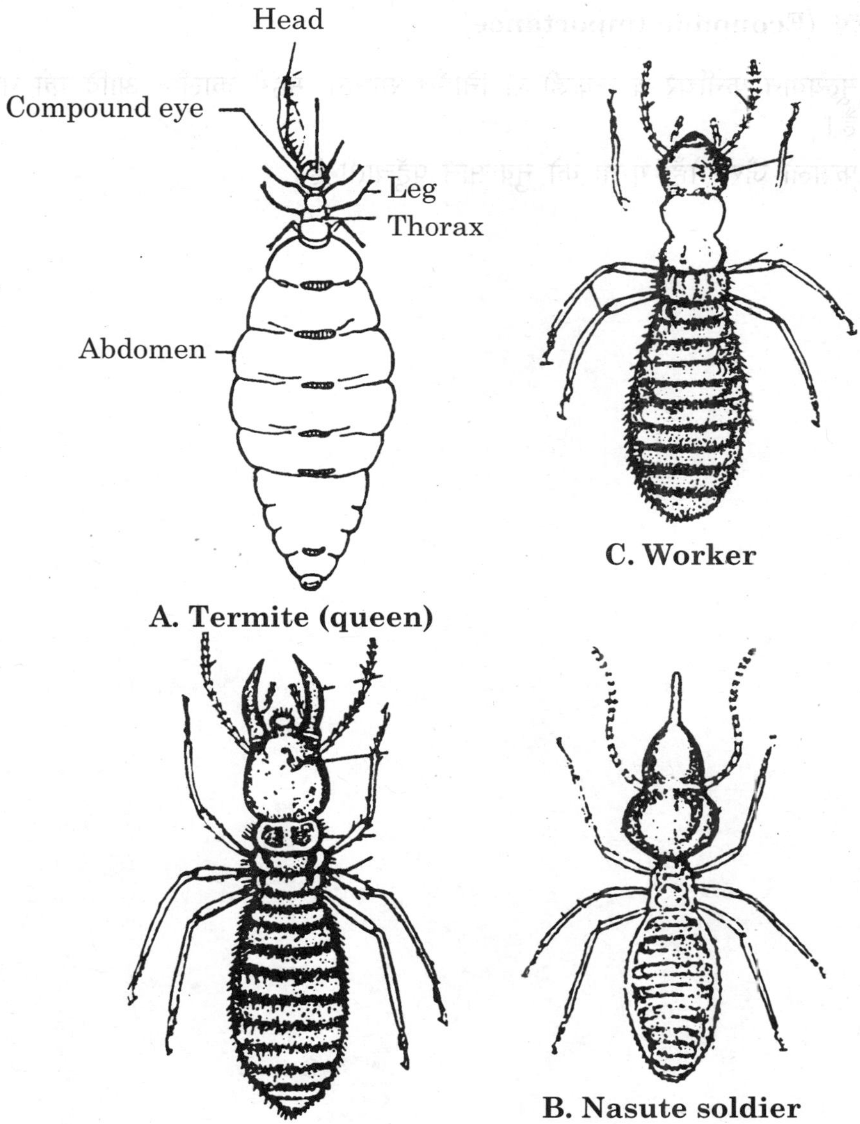

चित्र 2.4 : दीमक

जैविक महत्त्व (Biological Importance)

1. जन्तुशास्त्र प्रयोगशाला में वयस्क तथा जीवन चक्र की विभिन्न अवस्थाएँ स्लाइड के रूप में तथा प्रादर्श के रूप में अध्ययन करते हैं।
2. जैविक घटना (biological phenomenon) नियोटेनी (neoteny) पायी जाती है। इसके सामाजिक जीवन (social life) का अध्ययन किया जाता है।

आर्थिक महत्त्व (Economic Importance)

1. मूल्यवान फर्नीचर व लकड़ी से निर्मित सामान, महंगे कालीन आदि को नष्ट कर देती हैं।
2. फसलों जैसे गेहूँ, गन्ना को नुकसान पहुँचाती है।

साइक्लोप

(Cyclops)

फाइलम – **आथ्रोपोडा**

क्लास – क्रस्टेशिया

ऑर्डर – साइक्लोपोइडा (cyclopoida)

जीनस – साइक्लोप

साधारण नाम (Common Name)

इसको **जल पिस्सू** (water flea) कहते हैं।

आवास एवं प्रकृति (Habit & Habitat)

मीठे जल के तालाब, झील, बावड़ी में पाया जाता है।

वितरण (Distribution)

सर्वव्यापी

पहचान के लक्षण (Characters of Identification)

1. देह सिफलोथोरेक्स व उदर में विभाजित रहती है।
2. सिर पर मध्यवर्ती नेत्र, एक जोड़ी एंटीन्यूल व एक जोड़ी श्रंगिका पायी जाती है।
3. टेलसन पाया जाता है जो कॉडल स्टाइल (caudal style) में परिवर्तित हो जाता है।
4. मादा परिवर्तित हो जाती है। अंडकोष (egg sac) पाये जाते हैं।

विशेष लक्षण (Special Characters)

1. यह **ड्रेकनकुलस** (नारु) का वाहक (vector) है।
2. नवजात ड्रेकनकुलस जल में इसके द्वारा खा लिया जाता है और जब इस जल को बिना छाने कोई व्यक्ति पी जाता है साइक्लोप उसके उदर में पहुँच जाता है।

जैविक महत्त्व (Biological Importance)

जन्तुशास्त्र प्रयोगशाला में स्लाइड के रूप में अध्ययन किया जाता है।

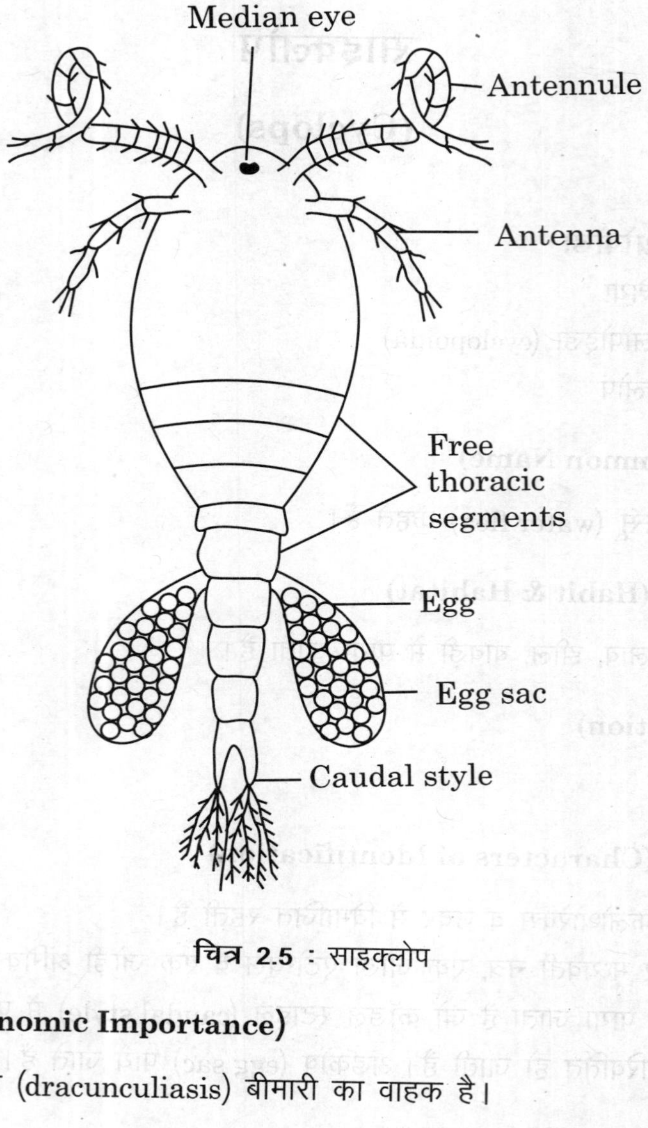

चित्र 2.5 : साइक्लोप

आर्थिक महत्त्व (Economic Importance)

- यह नारू या बाला (dracunculiasis) बीमारी का वाहक है।

डैफ्नीया

(Daphnia)

फाइलम – **आथ्रोपोडा**
क्लास – क्रस्टेशिया
ऑर्डर – क्लेडोसीरा
जीनस – डैफ्नीया

साधारण नाम (Common Name)

इसे **जल पिस्सू** (water flea) कहते हैं।

आवास एवं प्रकृति (Habit & Habitat)

मीठे जल में, तालाबों झीलों की सतह पर पाया जाता है।

वितरण (Distribution)

भारत, एशिया, यूरोप व अमेरिका

पहचान के लक्षण (Characters of Identification)

1. देह पार्श्व से चपटी द्विकपाटी (bivalved) कैरापेस एवं ढकी हुई रहती है जिसके एक सिरे पर कॉडल स्पाइन (caudal spine) पाया जाता है।
2. देह सिर व ट्रंक में विभाजित।
3. सिर छोटी चोंच (beak) के रूप में जिस पर एक जोड़ी नेत्र तथा एक जोड़ी श्रंगिका (biramous-antenna) पायी जाती है।
4. वक्ष पर 5 जोड़ी उपांग होते हैं।
5. मादा में भ्रूणधानी (brood pouch) पाई जाती है।

विशेष लक्षण (Special Characters)

1. प्राणी प्लवक जो **साइक्लोमोरफोसिस** (cyclomorphosis) दर्शाते हैं। (अलग अलग मौसम में इसका आकृति अलग–अलग होती है)
2. दिन आवर्तितता (diel periodicity) दर्शाते हैं।

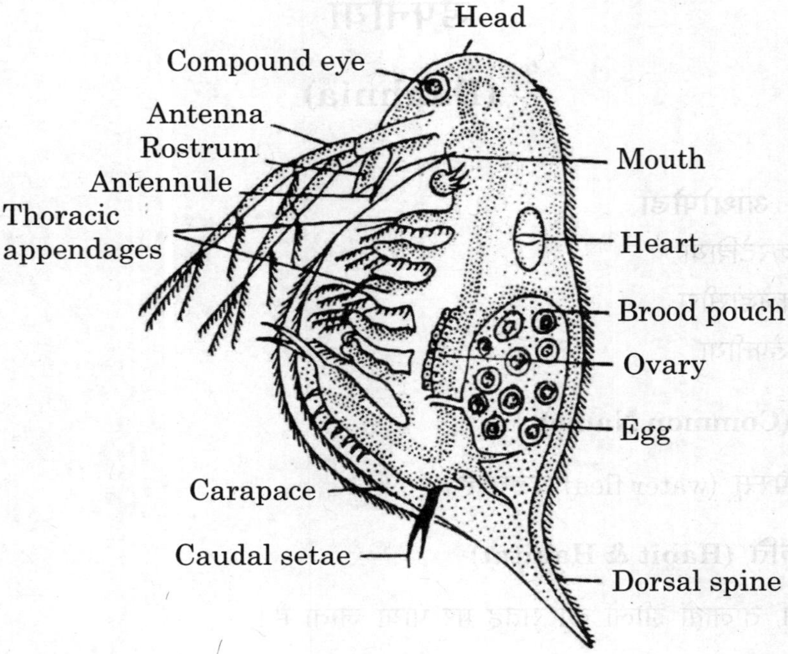

चित्र 2.6 : डैफ्नीया

जैविक महत्त्व (Biological Importance)

1. जन्तुशास्त्र प्रयोगशाला में क्लेडोसीरा के प्रादर्श के रूप में अध्ययन किये जाते हैं।
2.. मत्स्य पालन (pisciculture) में भोजन के रूप में काम आते हैं।
3. जल पारिस्थितिकीतंत्र की खाद्य शृंखला में घटक हैं।

क्रस्टेशिया के लारवा
(Crustacean Larva)

NAUPLIUS LARVA	(Penaeus)
(Metanauplius)	
Protozoea	
ZOEA LARVA	(crab)
MEGALOPA	(crab)
MYSIS (SCHIZOPOD)	(Penaeus)
CYPRIS	
PHYLLOSOMA	(Palinurus)
ALIMA	(Squilla)

Nauplius larva

1. क्रस्टेशिया वर्ग के विकास में यह सबसे पहली लारवा अवस्था है।
2. देह अखंडित, अग्र सिरे पर चौड़ी तथा सूक्ष्म, अंडाकार।
3. तीन जोड़ी उपांग पाये जाते हैं, (एक जोड़ी श्रंगिका, एक जोड़ी एंटीन्यूल व एक जोड़ी मैंडीबल)
4. अग्र सिरे पर मध्यवर्ती नेत्र पाया जाता है।
5. मुक्त रूप से तैरने वाला होता है।
6. यह **मेटा नॉप्लियस** (metanauplius) में बदल जाता है (इसमें उपांग चौथा जोड़ा (प्रथम मैक्सिला) भी पाया जाता है। इसमें खंड भी पाये जाते हैं।
7. मेटानॉप्लियस अगली लारवा अवस्था **प्रोटोजोइया** (protozoea) में बदल जाता है। इसमें टांगे (limbs) पायी जाती हैं तथा एंटीना चलन अंग का कार्य करती है।

   एंटीन्यूल 4 खंड युक्त होता है, द्वितीय श्रंगिका 3 खंड युक्त एंडोपोडाइट व 4 खंडयुक्त एक्सोपोडाइट वाली, ऊपरी ओष्ठ (upper lip) हैल्मेट समान, मैडीबल्स बिना पैल्प के, दंती (toothed) चबाने वाले, ब्लेड सदृश होते हैं। मैक्सिलीपीड के अग्र दो जोड़े तैरने के लिए अनुकूलित उदर अपूर्ण खंडयुक्त।

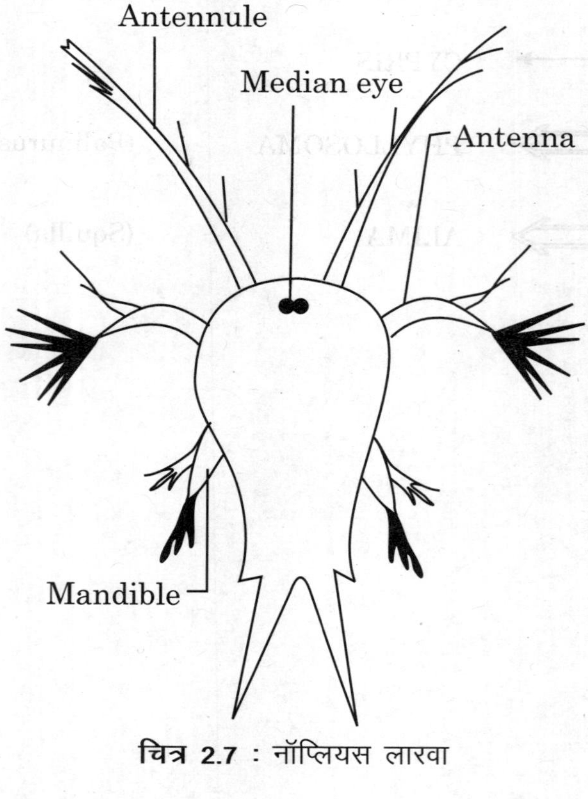

चित्र 2.7 : नॉप्लियस लारवा

जोइया लारवा (Zoea larva)

(**क्रैब** के विकास में पहली अवस्था है)

1. इसमें सिफेलोथोरेक्स व उदर स्पष्ट होते हैं।
2. सिर व वक्ष के उपांग पूर्ण विकसित।
3. नेत्र चलायमान संवृत्ति (stalked)
4. पृष्ठ स्पाइन तथा एक जोड़ा पार्श्व स्पाइन पाये जाते हैं।
5. उदर 5 खंडों का बना होता है, चलायमान (movable) तथा 6वाँ खंड टेलसन से समेकित रहता है।
6. 7 जोड़े उपांग पाये जाते हैं। नेत्र बड़ा
7. यह अगली लारवा अवस्था साइजोपोड (माइसिस) में बदल जाता है।

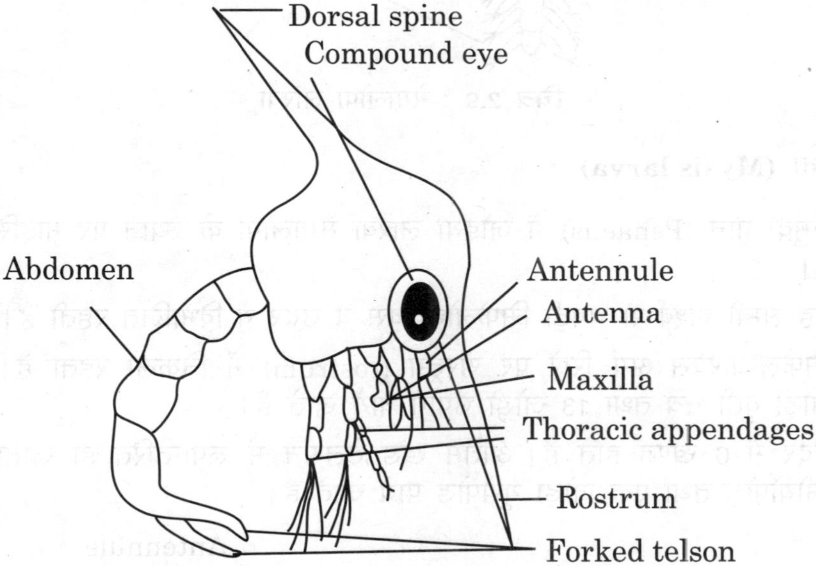

चित्र 2.8 : जोइया लारवा

मेगालोपा लारवा (Megalopa larva)

1. क्रैब के विकास में जोइया के बाद दूसरी लारवा अवस्था मैगालोपा (megalopa) आती है। देह सिफेलोथोरेक्स व उदर में विभाजित।
2. सिफेलोथोरेक्स थोड़ा चौड़ा केकड़े के समान ही होता है आगों की ओर मध्यवर्ती स्पाइन के रूप में निकला रहता है। एक जोड़ी श्रृंगिका व वृन्ती नेत्र पाये जाते हैं।
3. वक्ष पर 5 जोड़ी टांगे पायी जाती है। पहला जोड़ा मजबूत कीलेट होता है।
4. उदर 6 खंडों का बना होता है।

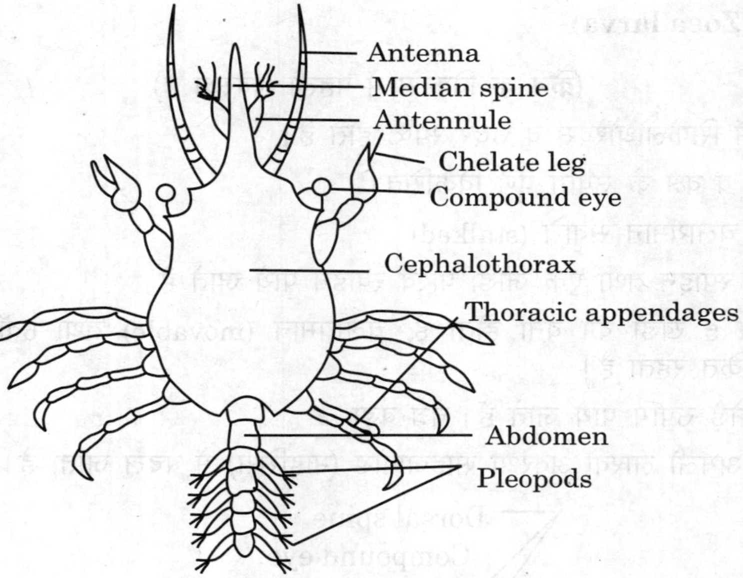

चित्र 2.9 : मेगालोपा लारवा

माइसिस लारवा (Mysis larva)

1. समुद्री प्रॉन (Penaeus) में जोइया लारवा मैगालोपा के स्थान पर माइसिस में बदलती है।
2. देह लम्बी पार्श्व से चपटी सिफेलोथोरेक्स व उदर में विभाजित रहती है।
3. सिफेलोथोरेक्स अग्र सिरे पर रॉस्ट्रम (rostrum) में निकला रहता है। इस पर एक जोड़ी वृंती नेत्र तथा 13 जोड़ी उपांग पाये जाते हैं।
4. उदर में 6 खण्ड होते हैं। अंतिम खंड टेलसन में रूपान्तरित हो जाता है। 5 जोड़ी प्लीयोपोड़ तथा एक जोड़ा यूरोपोड पाये जाते हैं।

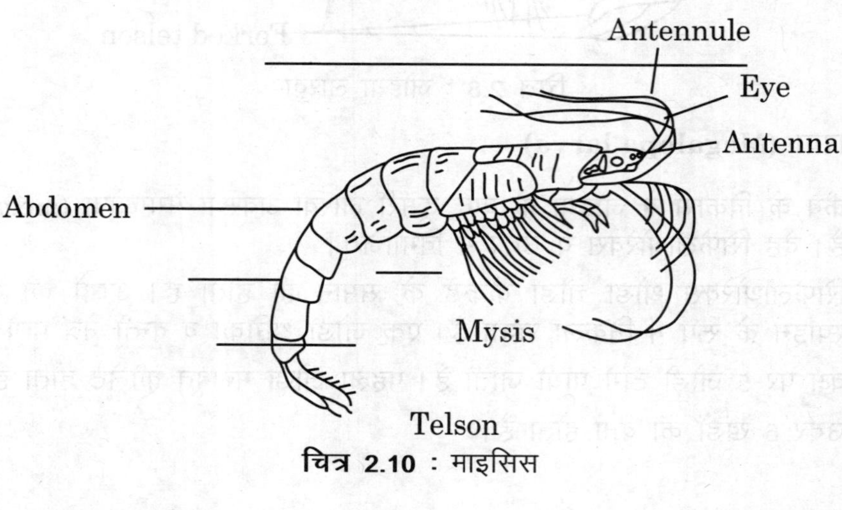

चित्र 2.10 : माइसिस

साइप्रिस लारवा (Cypris larva)

1. ओस्ट्रेकोडा (ostracoda) में नॉप्लियस **साइप्रिस** में बदल जाता है।
2. इसमें द्विकपाटी (bivalved) **कैरापेस** पाया जाता है।
3. मध्यवर्ती नेत्र के साथ एक जोड़ी संयुक्त नेत्र पाया जाता है।
4. अग्र श्रृंगिका 4 खंड युक्त होती है। दूसरे खंड में एक डिस्क (disc) पायी जाती है।
5. वक्ष पर 6 जोड़ी उपांग पाये जाते हैं। उदर छोटा होता है।
6. 4 दिन से 10 दिन तक रहती है।

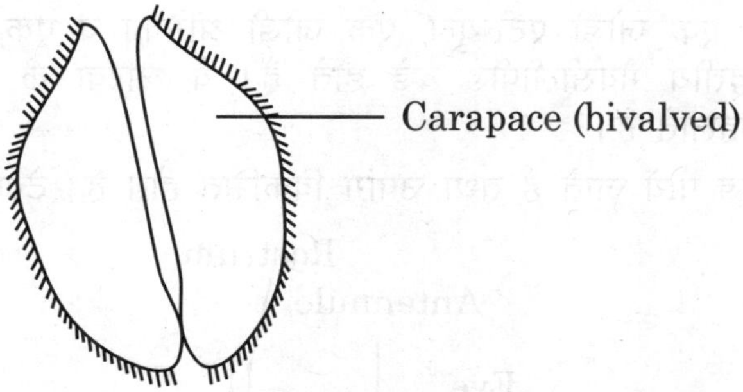

चित्र 2.11 : साइप्रिस

फिल्मोसोमा लारवा (Phyllosoma larva)

1. **चट्टानी लॉब्स्टर** (rock lobster) के जीवन चक्र में पाया जाता है।
2. देह, सिर, वक्ष व उदर में विभाजित होती है। लम्बी, चपटी पत्ती सदृश तथा पारभासी होती है।

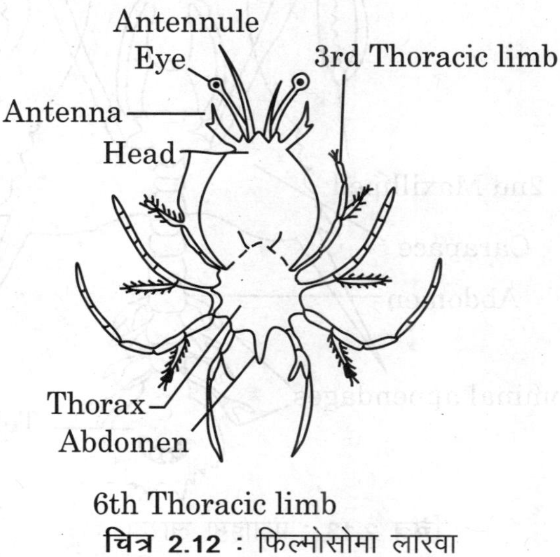

चित्र 2.12 : फिल्मोसोमा लारवा

3. सिर पर एक जोड़ी एंटीन्यूल, एक जोड़ी श्रृंगिका तथा एक जोड़ी संवृत्त नेत्र होते हैं।
4. वक्ष पर 6 जोड़ी उपांग पाये जाते हैं। उदर लम्बा होता है।

एलाइमा लारवा (Alima larva)

1. **स्क्विला** (squilla) का लारवा रूपान्तरित जोइया (modified zoea) है जिसे **एलाइमा** कहते हैं।
2. देह पारदर्शी सिरोवक्ष व उदर में विभाजित रहती है।
3. सिरोवक्ष पर बड़ा कैरापेस होता है जो रॉस्ट्रम (rostrum) में रूपान्तरित रहता है।
4. सिरोवक्ष पर एक जोड़ी एंटीन्यूल, एक जोड़ी श्रृंगिका व एक जोड़ी सवृन्ती नेत्र पाये जाते हैं। द्वितीय मैक्सीलीपीड़ बड़े होते हैं। ये लारवा के प्रसही अंग (raptorial organs) कहलाते हैं।
5. उदर पर खंड पाये जाते हैं तथा उपांग विकसित होते हैं। टेलसन पाया जाता है।

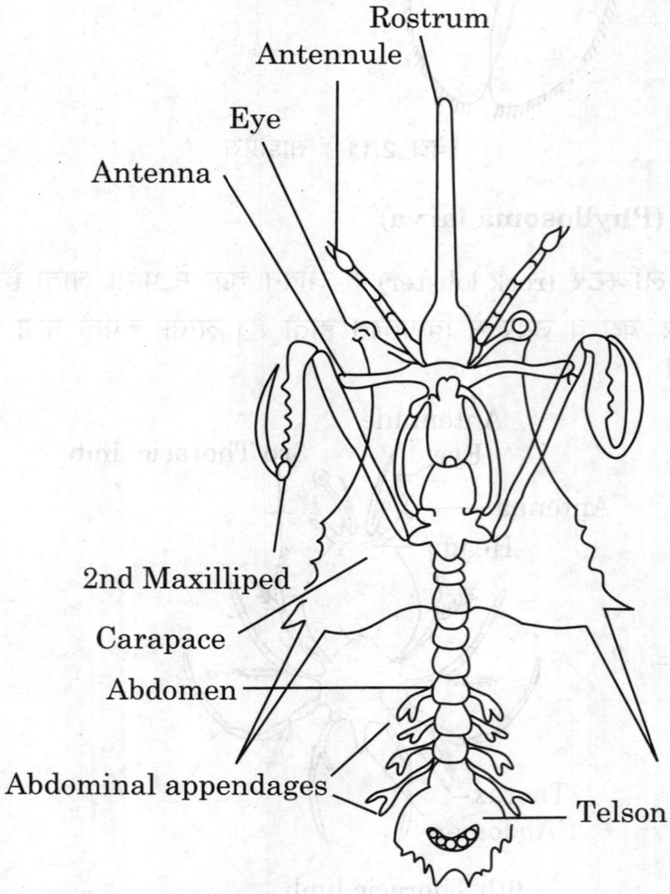

चित्र 2.13 : एलाइमा लारवा

Larval forms of Echinodermata

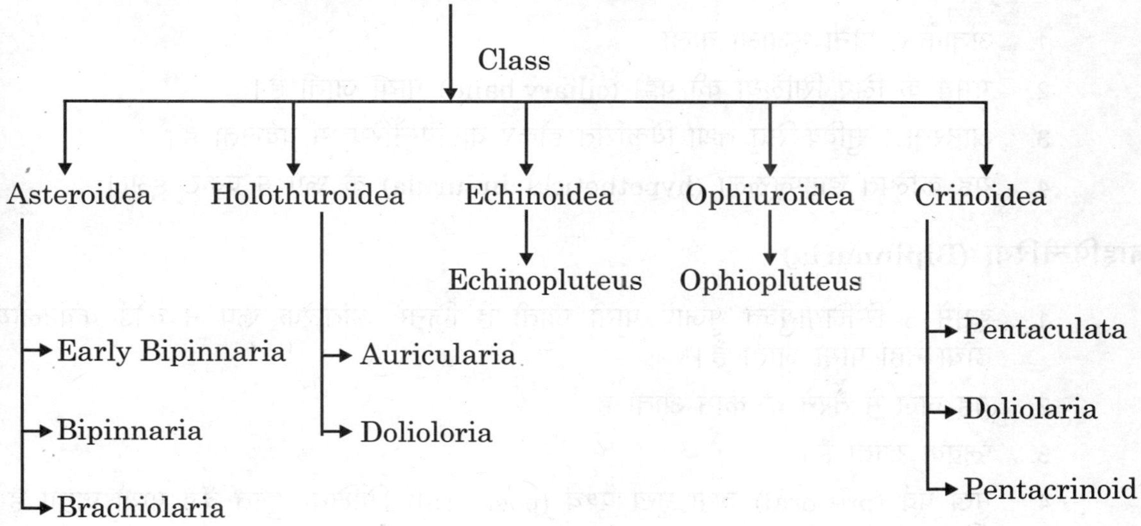

इकाइनोडर्मेटा के लारवा (Larvae of Echinodermata)

वर्ग – एस्टीरॉइडिया (Class - Asteroidea)

1. बाइपिन्नेरिया (Bipinnaria)
2. ब्रेकियोलेरिया (Brachiolaria)

वर्ग – होलोथूराइडिया (Class - Holothuriodea)

1. ऑरीकुलेरिया (Auricularia)
2. डॉलीयोलेरिया (Doliolaria)

वर्ग – इकाइनोइडिया (Class - Echinoidea)

1. इकाइनोप्लूटियस (Echinopluteus)

वर्ग – ऑफियूरोइडिया (Class - Ophiuroidea)

1. ऑफियोप्लूटियस

वर्ग – क्रिनोइडिया (Class - Crinoidea)

1. पेंटाकुलेटा (Pentaculata)
2. डॉलीयोलेरिया (Doliolaria/Vitellaria)
3. पैटाक्रिनोइड (Pentacrinoid)

पूर्व बाइपिन्नेरिया (Early Bipinnaria)

1. अंडाकार, बिना भुजाओं वाला
2. गमन के लिए सिलिया की पट्टी (ciliary band) पायी जाती है।
3. आहरनाल सुविकसित तथा विकसित होकर बाइपिन्नेरिया में बदलता है।
4. यह कल्पित डाइप्लूरूला (hypothetical diplurula) के रूप में प्रकट हुआ।

बाइपिन्नेरिया (Bipinnaria)

1. इसमें 5 सिलियायुक्त भुजाएँ पायी जाती है जिनमें आंतरिक रूप में कोई कंकालीय ढांचा नहीं पाया जाता है।
2. यह जल में तैरने के काम आती है।
3. प्लवक खाता है।
4. मुख पूर्व (pre oral) तथा मुख पश्च (post oral) सिलिया युक्त बैंड पायी जाती है। (चित्र 2.14)
5. यह होलोथूरिया के ऑरीकुलेरिया से मिलता है।

ब्रेकियोलेरिया (Brachiolaria)

1. बाइपिन्नेरिया जीवन के लगभग 7 सप्ताह पश्चात् यह बनता है।
2. यह तीन भुजाओं वाला जिन पर चिपकने वाली डिस्क पायी जाती है।
3. सिलियायुक्त भुजाएँ ह्रासित होती है।
4. तारामीन (starfish) का परिवर्द्धन स्थानबद्ध ब्रेकियोलेरिया के अन्तगर्त ही होता है जो बाद में जल में मुक्त हो जाती है। (चित्र 2.15)

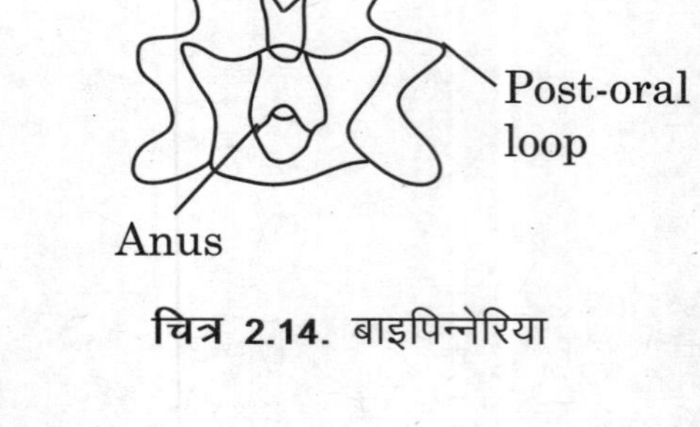

चित्र 2.14. बाइपिन्नेरिया

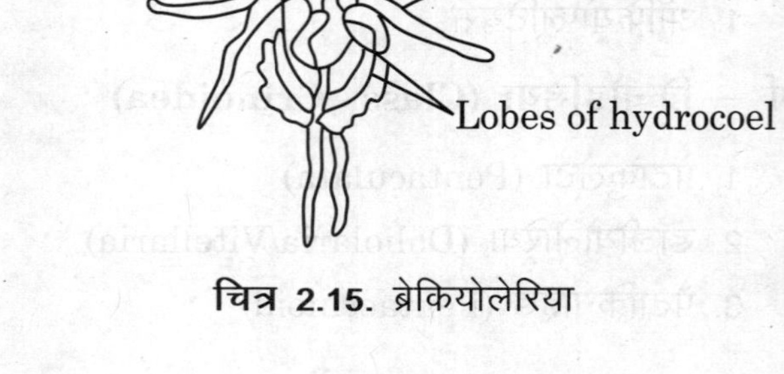

चित्र 2.15. ब्रेकियोलेरिया

ऑरीकुलेरिया

1. 4 या 5 जोड़ा सिलियायुक्त भुजाएँ पायी जाती है।
2. मुख, आंत व गुदा विकसित होती है।

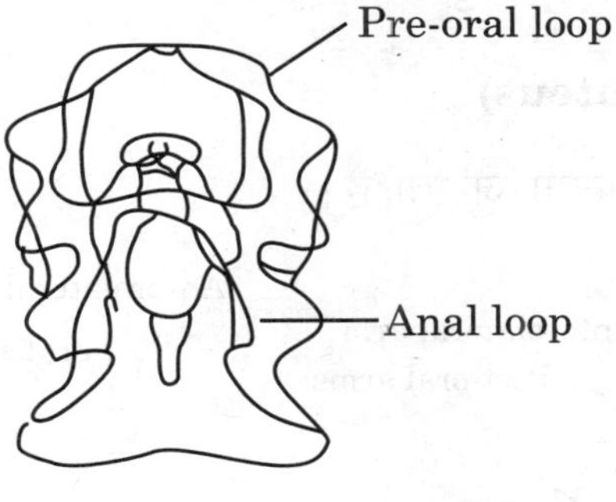

चित्र 2.16. Auricularia

डॉलीयोलेरिया (Doliolaria)

1. ऑरीकुलेरिया से अगली अवस्था है।
2. देह बैरल आकार की जो 5 सिलिया युक्त बैंड से घिरी रहती।
3. मुख अधर सतह पर
4. तंत्रिकीय संवेदी प्लेट अग्र सिरे पर पायी जाती है तथा सिलिया का गुच्छा (Apical tuft) पाया जाता है जो तैरते समय सन्तुलन का कार्य करते हैं।

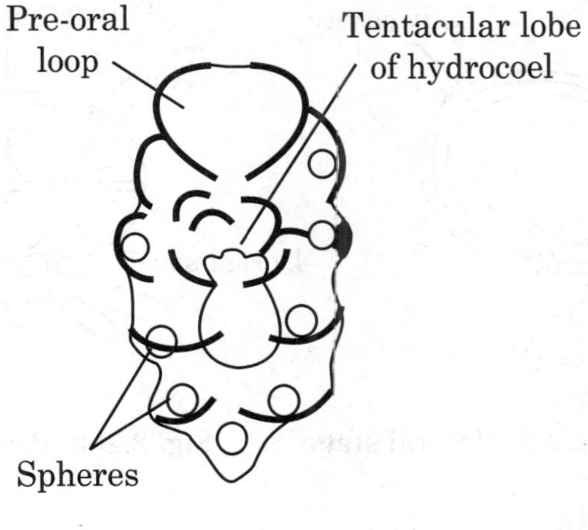

चित्र 2.17. Doliolaria

इकाइनोप्लूटियस (Echinopluteus)

1. द्विपार्श्व सममित होती है।
2 अंडाकार देह, सिलियायुक्त भुजा जो कैल्शियम युक्त कंकाल की बनी होती है।
3. मुख पूर्व (Pre-oral arm) भुजा उपास्थित।

ऑफियोप्लूटियस (Ophiopleuteus)

यह इकाइनो प्लूटियस से मिलता जुलता है।

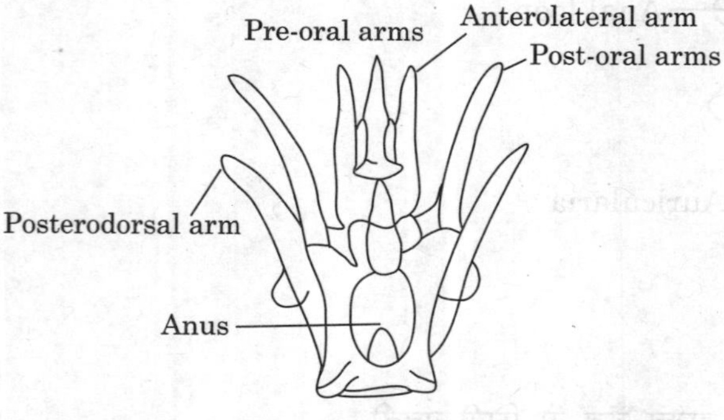

चित्र 2.18. Echniopluteus

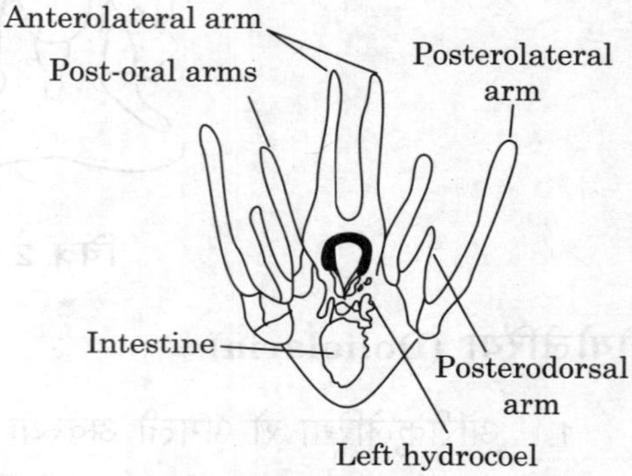

चित्र 2.19. Ophiopluteus

पेंटाक्टुला (Pentactula)

1. यह अंडे के अन्तर्गत ही पूर्ण हो जाती है।

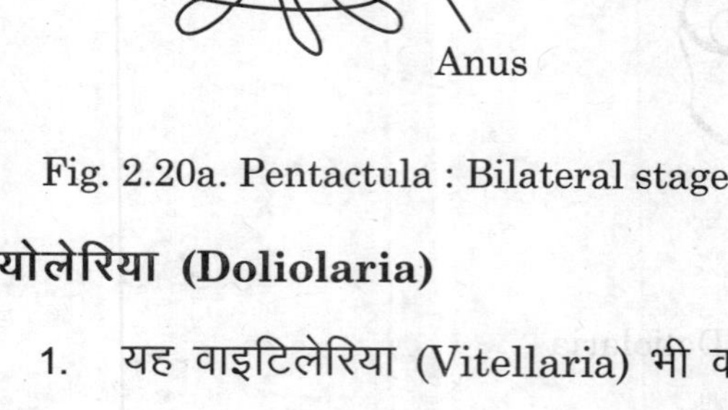

Fig. 2.20a. Pentactula : Bilateral stage

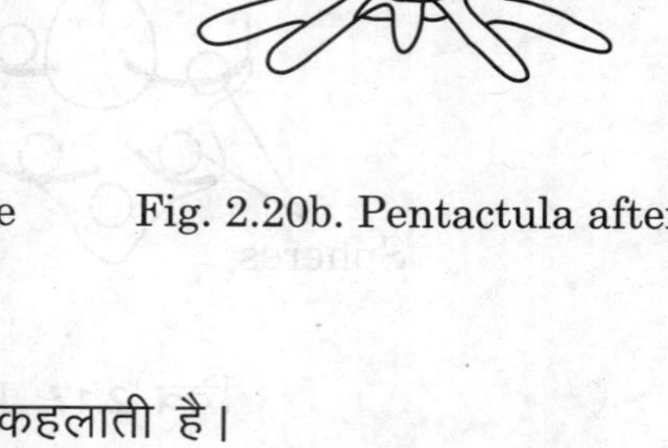

Fig. 2.20b. Pentactula after torsion.

डॉलीयोलेरिया (Doliolaria)

1. यह वाइटिलेरिया (Vitellaria) भी कहलाती है।

2. यह होलोथूरिया की डॉलीयोलेरिया से मिलती जुलती है।

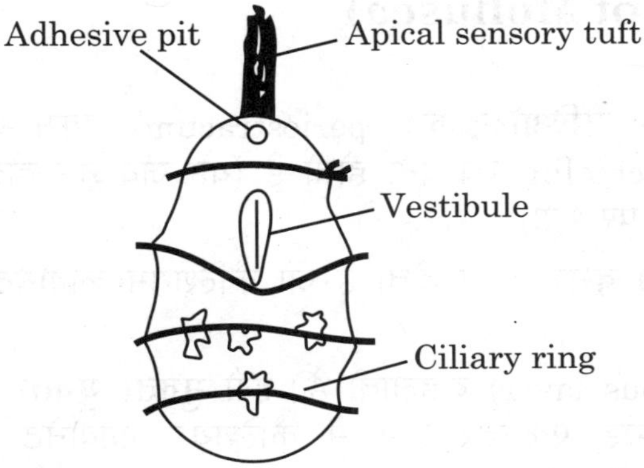

a. Doliolaria

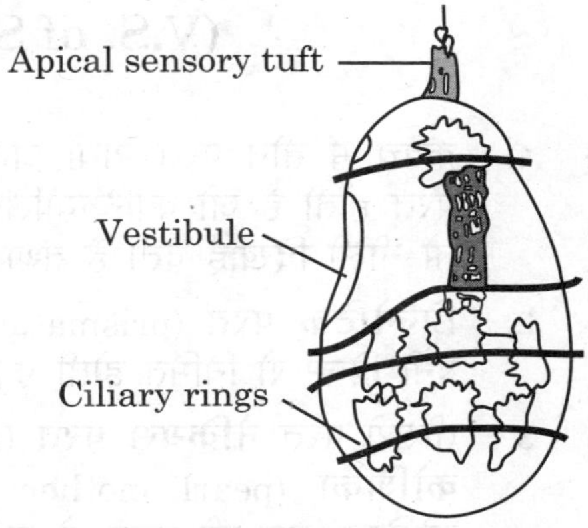

b. Late Doliolaria

चित्र 2.22 a & b

लेकिन अधर सतह पर एक चिपकने वाला गर्त (adhesive pit) पाया जाता है जिसकी सहायता से यह आधार से स्थानबद्ध होता है।

यह क्रिनोइडिया व होलोथूराइडिया के मध्य विकास सम्बन्ध दर्शाता है।

पैंटाक्रिनोइड (Pentacrinoid)

यह स्थानबद्ध होता है। 10 सिलिया युक्त स्पर्शक (tentecles) पाये जाते हैं जो भोजन पकड़ने का कार्य करते हैं।

इकाइनोडर्मेटा की लारवा समानताएँ आपस में विकास सम्बन्ध दर्शाती है।

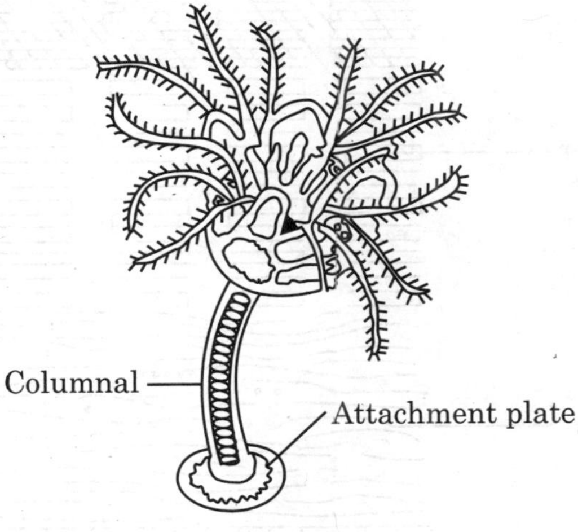

चित्र 2.23. Pentacrinoid

मौलस्का कवच का लम्बवत् काट
(V.S. of Shell of Mollusca)

1. कवच में तीन परत पायी जाती है – **पेरिओस्ट्रेकम** (periostracum) सबसे बाहरी परत होती है जो कोन्कियोलिन (conchiolin) की बनी होती है (यह जब नम होती है तो नीली दिखाई देती है तथा सूखने पर भूरी)
2. **प्रिज्मेटिक परत** (prismatic layer) दूसरी परत होती है जो कैल्शियम कार्बोनेट की बनी प्रिज्म से निर्मित होती है।
3. तीसरी परत **नेक्रियस परत** (nacreous layer) कहलाती है। इसे **मुक्ता युक्ता मातृ कोशिका** (pearl mother cell) यह एकान्तर क्रम में कैल्शियम कार्बोनेट तथा कोन्कियोलिन की परतों से बनी होती है।
4. प्रथम दो परतों को मैंटल (mantle) स्रावित करता है। ये चिकनी तथा चमकदार होती है। जब मैंटल में कोई परजीवी प्रवेश कर जाता है तो मैंटल की उपकला परत एक एक पदार्थ स्रावित कर इसे चारों ओर से ढंक लेती है और अंत में वह मोती कहलाता है।
5. नेक्रियस परत के नीचे क्रमशः बाहरी उपकला तथा आन्तरिक उपकला की परत पायी जाती है जिसके मध्य संयोजी ऊतक भरा रहता है।

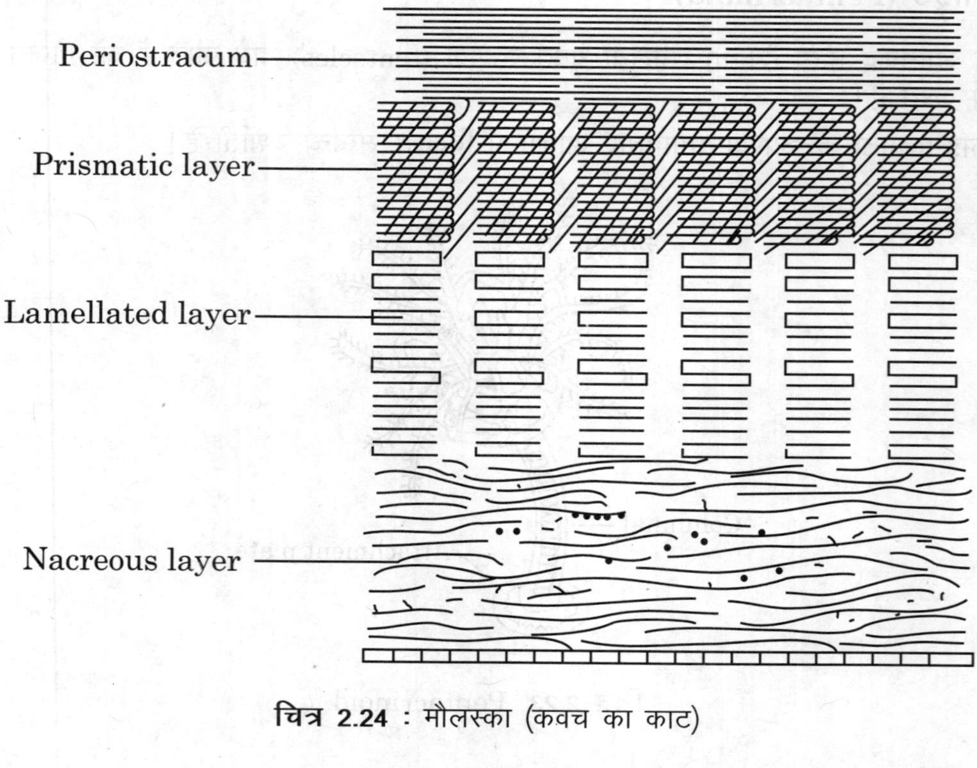

चित्र 2.24 : मौलस्का (कवच का काट)

पाइला के गिल का अनुप्रस्थ काट
(T.S. Gill of Pila)

1. पाइला में **श्वसन टीनिडियम** (ctenidium (जब वह जल में होता है) तथा **पल्मोनरी सैक** (pulmonary sac) जब वह स्थल पर होता है) द्वारा होता है।
2. टीनिडियम मैंटल गुहा (Mantle cavity) में स्थित होता है जो बहुत सी **लैमिला** (lamillae) से मिलकर बना होता है।
3. ये एक अक्ष (axis) से जुड़े रहते हैं।
4. टीनिडियम के मध्य की लैमिला बड़ी होती है। प्रत्येक लैमिला उपकला ऊतक की दोहरी परत की बनी होती है जो अन्दर की तरफ संयोजी ऊतक व पेशी से आस्तारित रहती है।
5. उपकला ऊतक में क्रमशः अपक्ष्माभी स्तम्भी कोशिकाएँ (non ciliated columnar cells), पक्ष्माभी स्तम्भी कोशिकाएँ (cliated columnar cells), ग्रन्थियाँ कोशिकाएँ (glandular cells) पायी जाती है। उपकला के नीचे संयोजी ऊतक की परत होती है। जिसमें बिखरे हुए केन्द्रक व तिरछी पेशियाँ पायी जाती है।

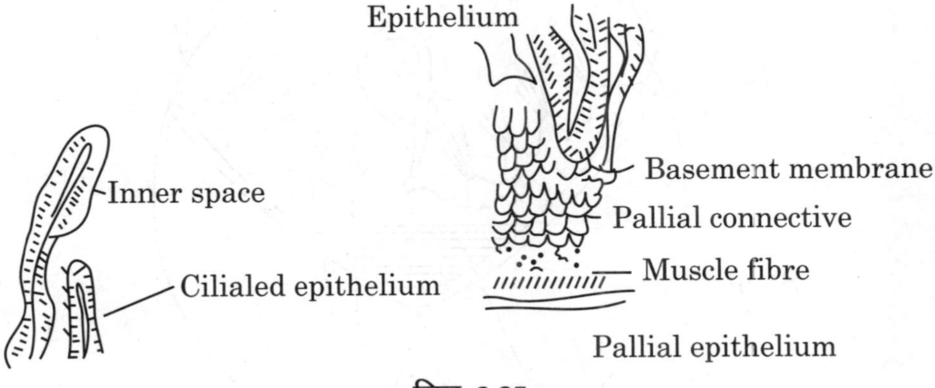

चित्र 2.25

ग्लोकीडियम लारवा
(Glochidium Larva)

1. यह **यूनियो** का लारवा होता है जिसका शाब्दिक अर्थ तीर जैसा पैना (point of an arrow) होता है।
2. यह मछली के गिल्स के **बाह्य परजीवी** (ectoparasite) के रूप में चिपका रहता है।

3. कवच द्विकपाती (bivalved) होता है जो पृष्ठ सतह पर जुड़ा रहता है तथा अधर सतह से मुक्त रहता है।
4. प्रत्येक कपाट तिकोना होता है जिस पर मुड़े हुए दंत समान संरचनाएँ (incurved tooth like spines) पायी जाती है।
5. दोनों कपाट अभिवर्तनी पेशी (adductor muscle) द्वारा बंद होते हैं।
6. प्रवार पालि (mantle lobe) छोटे होते हैं जिनके किनारे 3–4 ग्रन्थिल कोशिकाओं के समूह होते हैं जिनसे लम्बा धागे समान सूत्रगुच्छ (byssus) स्रावित होता है।
7. मैंटल लोब पर ब्रुश के समान संवेदी अंग पाये जाते हैं।
8. ग्लोकीडिया काफी संख्या में मुक्त होते हैं जहाँ वे जल में पैंदे में स्थिर हो जाते हैं और मर जाते हैं जो मछली के गिल या फिन के सम्पर्क में आ जाते हैं, आगे विकसित होकर यूनियों में बदल जाते हैं।
9. यूनियों के ग्लोकीडियम में हुक नहीं होते एनोडेन्टा के ग्लोकीडियम में हुक होते हैं।

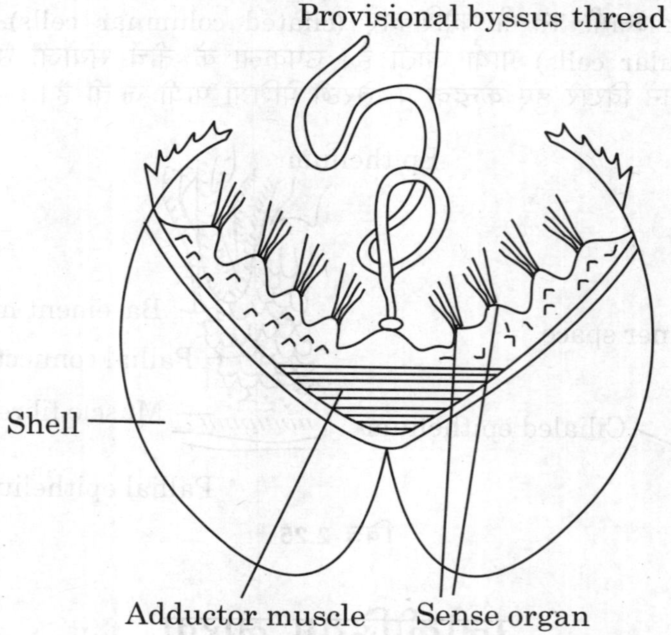

चित्र 2.26 : ग्लोकीडियम लारवा

यूनिट – 3

स्थायी स्लाइड तैयार करना व उनका अध्ययन
(Permanent Preparation of Slides & their Study)

छात्रों को जो सामग्री स्थायी स्लाइड तैयार करने के लिए दी जाती है वह पहले से ही या तो फॉर्मेलिन में या फिर एल्कोहल में फिक्स रहती है अतः इसका निर्जलीकरण (dehydration) किया जाता है। निर्जलीकरण का उद्देश्य सामग्री को जल रहित करना है क्योंकि यदि उसमें थोड़ा बहुत भी जल रह जायेगा तो स्थायी स्लाइड में बैक्टीरिया, फफूंद आदि उत्पन्न हो जायेगी और वह खराब हो जायेगी। इसे एल्कोहल श्रेणी के इस क्रम में किया जाता है –

30% एल्कोहल → 50% एल्कोहल → 70% एल्कोहल

इओसिन से रंगना (यदि जरूरत हो तो) → पुनः 70% एल्कोहल →

90% एल्कोहल → 100% एल्कोहल (परिशुद्ध सुषव) → जायलीन → DPX

1. निर्जलीकरण इसी क्रम में किया जाता है क्योंकि ऊतक से जल को धीरे–धीरे करके ही बाहर निकाला जाता है। यदि एक साथ ही 90% या 100% एल्कोहल में डाल दें तो अतिपरासरी (hypertonic) होने के कारण जल एक साथ बाहर निकल जायेगा और ऊतक का साधारण आकार व आकृति विकृत हो जायेगी और हमारा स्थायी स्लाइड बनाने का उद्देश्य विफल हो जायेगा।
2. साधारणतया 70% एल्कोहल के बाद ही हम इओसिन से रंगते (stain) हैं, क्योंकि आपको प्रयोगशाला में जो इओसिन दिया जायेगा वह एल्कोहोलिक इओसिन (alcoholic eosin) है जो 70% एल्कोहल के साथ बनाया जाता है अतः आप सामग्री को 70% एल्कोहल में पहुँचने पर ही स्टेन (stain) करेंगे। जब जलीय इओसिन (aquous eosin) प्रयोग में लाया जाता है तब इसे हम पहले ही रंग सकते हैं।
3. ऊतक को जायलीन में बहुत कम समय के लिए रखा जाता है अन्यथा आपकी सामग्री बहुत देर जायलीन में रखने पर कठोर व भंगुर (hard and brittle) हो जायेगी।
4. DPX या कनाडा बालसम में ही माउंट (mount) किया जाता है क्योंकि इसका अपवर्तनांक (refractive index) कांच के अपवर्तनांक (जिसकी स्लाइड बनी होती है) के लगभग बराबर होता है जिससे हम इसे आसानी से सूक्ष्मदर्शी से देख पाते हैं।

प्रॉन की हैस्टेट प्लेट
(Hastate Plate of Prawn)

1. पृष्ठ सतह से प्रॉन को विच्छेन करें तथा आहारनाल निकालें।
2. अमाशय तक ट्रैस करें तथा इसके कार्डियक भाग के आधार में एक तिकोनी क्यूटीकल की कठोर प्लेट जिसे हैस्टेट प्लेट कहते हैं, को निकालें तथा एक भाग निर्जलीकरण कर स्थायी स्लाइड बनावें।

स्थिति (Location)

कार्डियक आमाशय में।

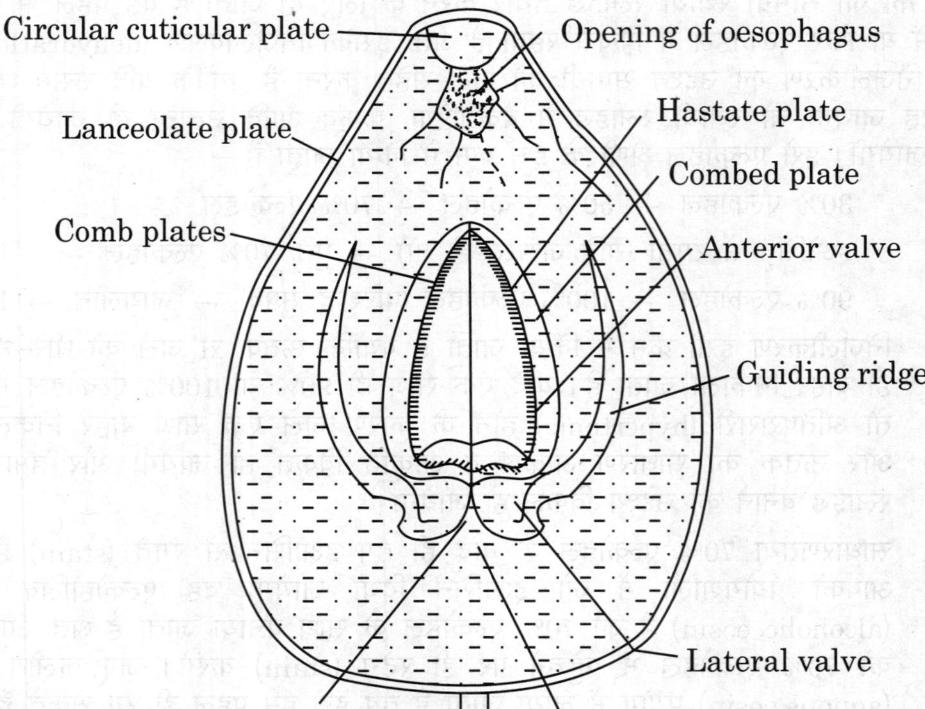

चित्र 3.1 : हैस्टेट प्लेट

संरचना (Structure)

1. कार्डियक आमाशय के फर्श के मध्य भी त्रिभुजाकार प्लेट समान संरचना जो भाले के आकार भी होती है, **हैस्टेट प्लेट** कहलाती है।

2. ऊपरी सतह पर कोमल शूक, मध्यवर्ती कटक (median ridge) तथा पिछला भाग अवनमित (depressed) होता है। इसके किनारे शूकों की झालर से ढके रहते हैं।
3. इसकी प्रत्येक पार्श्व भुजा के नीचे एक अनुदैर्ध्य क्यूटिकली आधारी छड पायी जाती है, साथ में पार्श्व खांच जिसके फर्श पर खुले पादप के समान खांच प्लेट होती है। कटक प्लेट में कंघी के समान शूकों की कतार पायी जाती है जो गतिशील होते हैं।

कार्य (Function)

भोजन के पाचन में। इसके गतिशील शूक छोटे–छोटे कणों में विभक्त कर देते हैं।

प्रॉन की स्टेटोसिस्ट
(Statocyst of Prawn)

1. एंटीन्यूल को पृथक करें तथा इसके आधार से स्टेटोसिस्ट को निकालें व निर्जलीकरण कर बतायी गई विधि द्वारा स्थायी स्लाइड बनावें।

स्थिति (Location)

एंटीन्यूल के आधार पर पायी जाती है (प्रीकोक्सा में)

संरचना (Structure)

छोटी श्वेत क्यूटीकल की बनी गोलाकार संरचना है।

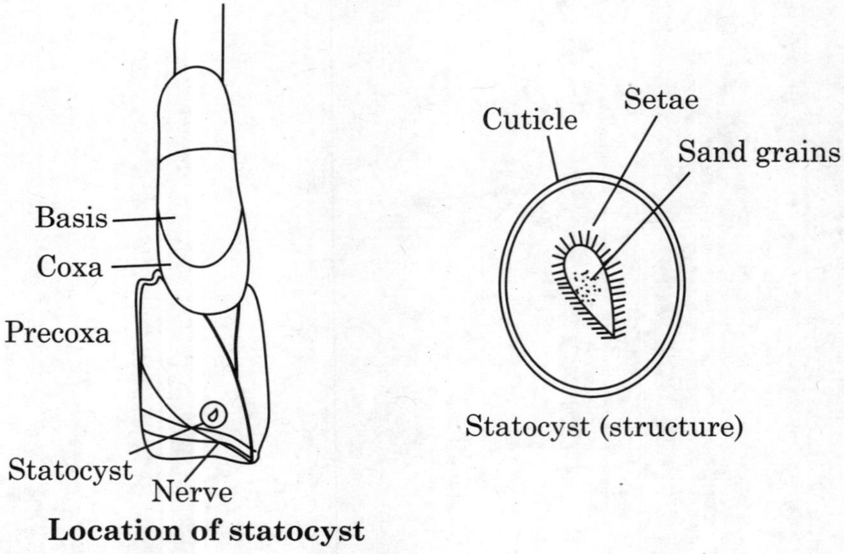

चित्र 3.2

लक्षण (Characters)

1. क्यूटीकल युक्त खोखली संरचना।
2. संवेदी सीटी पाये जाते हैं।
3. मिट्टी के कण भरे रहते है जो कर्णाश्म (otolith) का कार्य करते हैं।
4. जब तैरते समय प्रॉन की स्थिति बदलती है तो मृदा कण संवेदी सीटी को स्पर्श करते हैं। मस्तिष्क तक यह संदेश पहुँचता है तथा जन्तु अपने आपको जल के सापेक्ष सन्तुलित कर लेता है।

पाइला की गिल लैमिला

1. कवच को तोड़कर पैलियल अंगों को एक्सपोज करें। टीनिडियम का एक भाग लेकर निर्जलीकरण कर स्थायी स्लाइड बनावें।

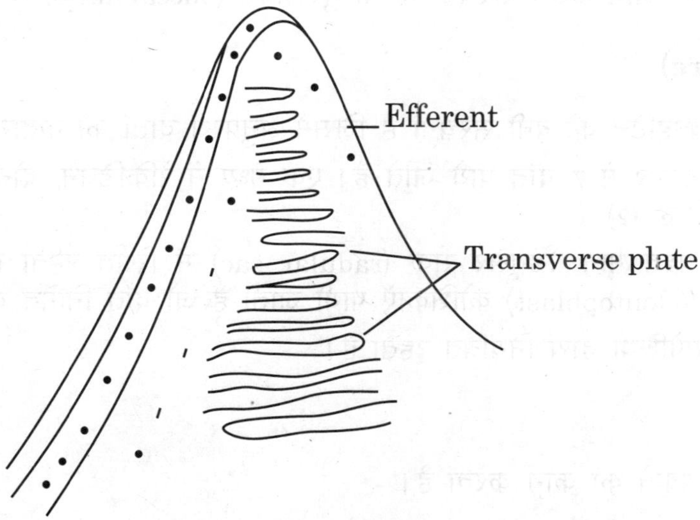

चित्र 3.3 : गिल लैमिला

संरचना (Structure)

1. पतली लैमिला से निर्मित जो प्रवार गुहा (mantle cavity) से चिपकी रहती है।
2. पाइला में श्वसन टीनिडियम (ctenidium) (जब वह जल में होता है) तथा पल्मोनरी सैक (pulmonary sac) जब वह स्थल पर होता है) द्वारा होता है।
3. टीनिडियम प्रवार गुहा (mantle cavity) में स्थित होता है जो बहुत सी लैमिला (lamillae) से मिलकर बना होता है।
4. ये एक अक्ष (axis) से जुड़े रहते हैं।
5. टीनिडियम के मध्य की लैमिला बड़ी होती है। प्रत्येक लैमिला ऊतक दोहरी परत होती है जो अन्दर की तरफ संयोजी ऊतक व पेशी ऊतक से आस्तारित रहता है।
6. उपकला ऊतक में क्रमशः अपक्ष्माभी स्तम्भी कोशिकाएँ (nonciliated columnar cells), पक्ष्माभी स्तम्भी कोशिकाएँ (ciliated columnar cells), ग्रन्थि कोशिकाएँ (glandular cells) पायी जाती हैं। उपकला के नीचे संयोजी ऊतक की परत होती है जिसमें बिखरे हुए केन्द्रक व तिरछी पेशियाँ पायी जाती हैं।

पाइला का रैडयूला
(Radula of Pila)

स्थिति (Location)

1. फीता के समान कठोर संरचना है जो मुख पिंड (buccal mass) में पायी जाती है।

संरचना (Structure)

1. कठोर काइटिन की बनी संरचना है जिसमें अनुप्रस्थ दांतों की कतार पायी जाती हैं।
2. प्रत्येक कतार में 7 दाँत पाये जाते हैं। एक मध्य में रेकिडियन, दोनों ओर लेटरल (1) व मार्जिनल (2)
3. इसका पश्च भाग रेडयूलर सैक (radular sac) में स्थित रहता है जिसमें ओडोन्टोब्लास्ट (odontopblast) कोशिकाएँ पायी जाती हैं जो दाँत निर्मित करती है।
4. यह माँसपेशियों द्वारा नियंत्रित रहता है।

कार्य (Function)

यह भोजन को चबाने का कार्य करता है।

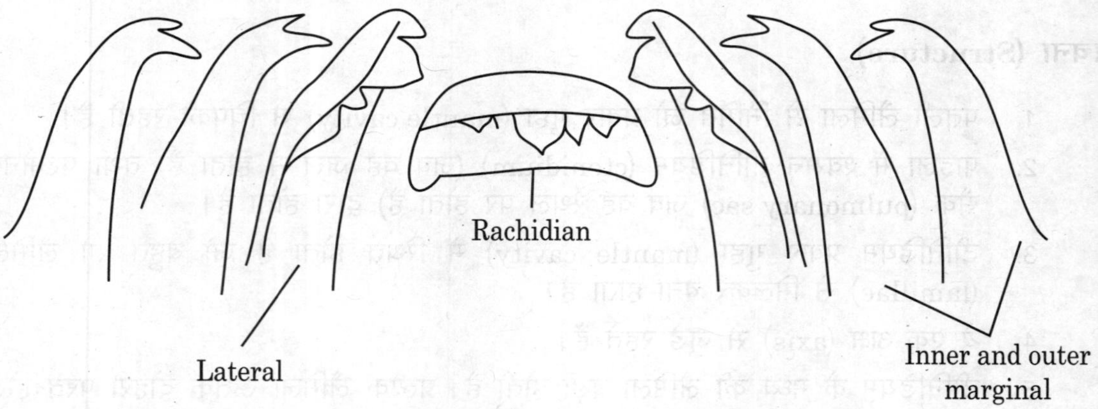

चित्र 3.4

पाइला का ऑस्फ्रेडियम
(Osphradium of Pila)

स्थिति (Location)

बाई (left) न्यूकल लोब के पास मेंटल से चिपका हुआ पाया जाता है।

संरचना (Structure)

1. यह पत्ती के समान एक छोटी सी संरचना है जिसमें एक मध्य अक्ष (central axis) होती है जिसके दोनों ओर पत्ती जैसी संरचनाएँ (22 से 28 तक) व्यवस्थित रहती है। ये पत्तियाँ तिकोनी तथा माँसल होती है जो मध्य में बड़ी तथा सिरों की ओर छोटी होती है। यह चौडे सिरे की तरफ से मेंटल से चिपका रहता है तथा नुकीला सिरा मुक्त रहता है।
2. यह तंत्रिका से सम्बद्ध रहता है।

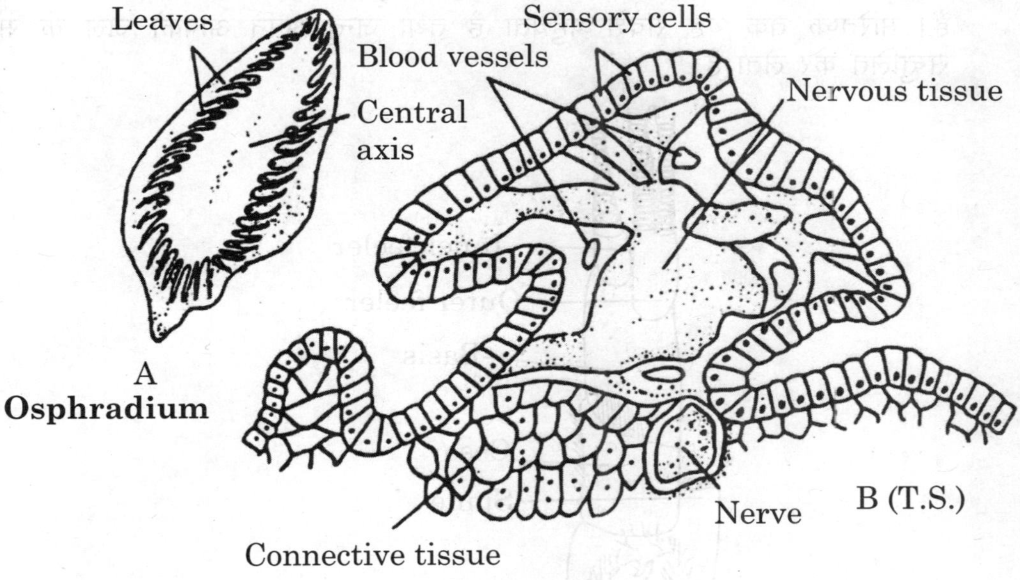

चित्र 3.5

कार्य (Function)

1. यह जल की प्रकृति की जाँच करता है। घ्राण अंग (olfactory organ) के रूप में कार्य करता है।

स्टैटोसिस्ट (सन्तुलन पुटी)
(Statocyst)

स्थिति (Location)

यह एंटीन्यूल के आधार में पायी जाती है (प्रीकोक्सा में)।

संरचना (Structure)

यह छोटी श्वेत क्यूटीकल की गोलाकार संरचना है।

लक्षण (Characters)

1. क्यूटीकल युक्त खोखली संरचना।
2. संवेदी सीटी पाये जाते हैं।
3. मिट्टी के कण भरे रहते हैं जो कर्णाश्म (otolith) का कार्य करते हैं।
4. जब तैरते समय प्रॉन की स्थिति बदलती है तो मृदा कण संवेदी सीटी को स्पर्श करते हैं। मस्तिष्क तक यह संदेश पहुँचता है तथा जन्तु अपने आपको जल के सापेक्ष सन्तुलित कर लेता है।

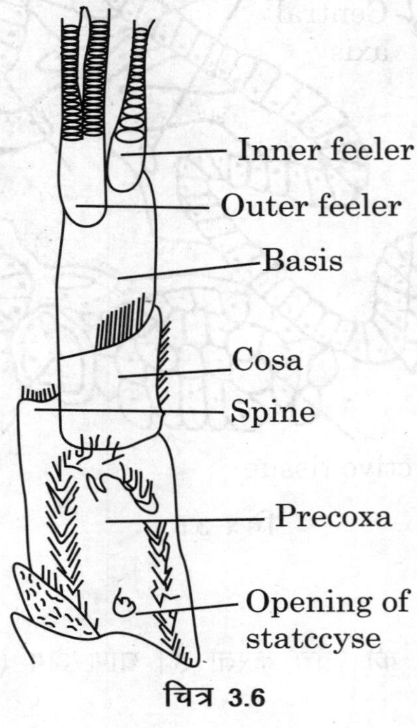

चित्र 3.6

स्तनधारी के रक्त की फिल्म बनाना
(Preparation of Blood film of mammal)

पाठ्यक्रम में किसी भी कशेरूकी जंतु (vertebrate) के रक्त की स्लाइड बनाना सम्मिलित है अतः छात्र चाहें तो मेंढक के रक्त की या चूहे की या फिर स्वयं के रक्त की स्लाइड बना सकते हैं। यहाँ स्वयं के रक्त की आलेप (smear) विधि दी जा रही है।

महत्वपूर्ण निर्देश

स्वयं का रक्त प्रतिदर्श (sample) लेते समय इस बात का विशेष ध्यान रखें कि प्रयोग में ली जाने वाली सुई को आपने अच्छी तरह से विसंक्रमित (sterilze) कर लिया है। सुई को बर्नर या स्प्रिट लैम्प की ज्वाला में 4–5 बार लाल होने तक गर्म करें तथा अंगुली को एल्कोहल से अच्छी तरह से साफ कर लें।

विधि

बायें हाथ की तर्जनी से एक बूंद रक्त स्वच्छ स्लाइड पर लें। किसी अन्य स्लाइड से 45° का कोण बनाते हुए इस रक्त बूंद को सम्पूर्ण स्लाइड पर फैला दें (आलेपन (samear) करें)। हवा में सूखने दें। **लीश्मान रंजक** (Leishman stain) से रंगे। 2–3 मिनट पश्चात् रंजक को कुछ आसुत जल की बूंद डालकर तनु कर लें और 5–10 मिनट तक रहने दें। इसके बाद रंजक को धो दे और हवा में सूखने दें। DPX से स्थायी स्लाइड बनायें और माइक्रोस्कोप से अध्ययन करें। विभिन्न आकार व प्रकाश की कणिकाएँ (corpuscles) दृष्टिगोचर होती हैं। **ओरेंज पिंक रंग में** (RBC) **केन्द्रक विहीन** (non nucleated) गोलाकार रूप में दिखाई देती हैं।

श्वेत रुधिर कणका (WBC) केन्द्रक युक्त अपेक्षाकृत बड़ी कणिकाएँ है, ये तीन प्रकार की होती हैं –

1. **लिम्फोसाइटस** (lymphocytes) छोटी, बड़े केन्द्रक वाली तथा कम कोशिका द्रव्य वाली कणिकाएँ होती हैं।
2. **मैक्रोसाइटस** (macrocytes) बड़ी तथा घोडे के नाल के समान केन्द्रक (horse shoe shaped nucleus) वाली होती हैं। इनका कोशिका द्रव्य कणिकामय (granular) नहीं होता है।
3. **पॉली मारफोन्यूक्लीयर ल्यूकोसाइटस** (polymorphonuclear leucocytes) इनका केन्द्रक कई भागों (segments) में विभाजित रहता है जो एक दूसरे से पतले तंतुक से जुड़े रहते हैं। इनका कोशिकाद्रव्य कणिकामय (granular) होता है।

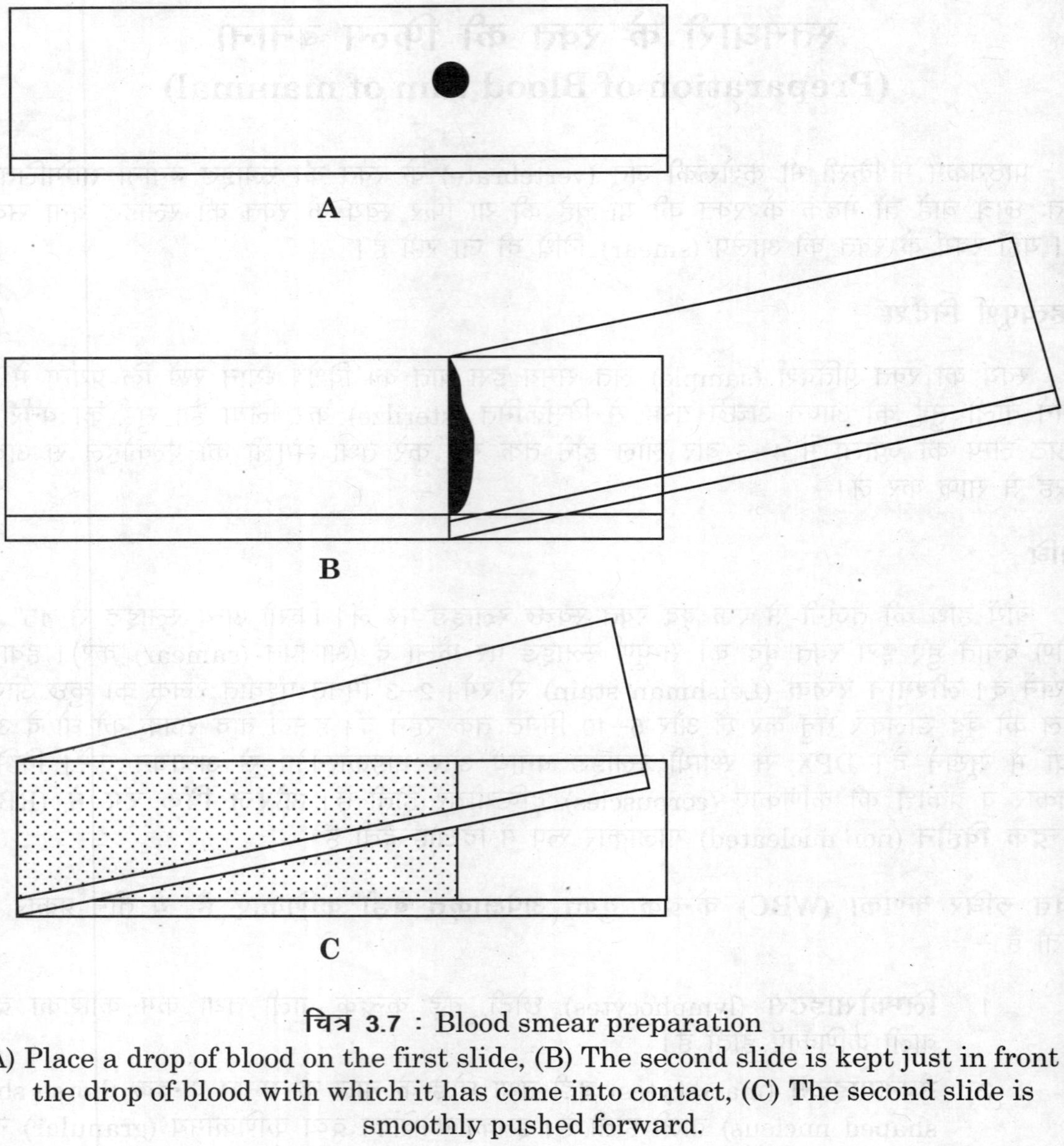

A

B

C

चित्र **3.7** : Blood smear preparation

(A) Place a drop of blood on the first slide, (B) The second slide is kept just in front of the drop of blood with which it has come into contact, (C) The second slide is smoothly pushed forward.

विशेष टिप्पणी (Special Comment)

विभिन्न रोग निदान (Clinical diagnosis) में इसका बहुत महत्व है। रक्त की जांच यथा **DLC** (differential leucocyte count) तथा **TLC** (total leucocyte count) विभिन्न रोगों के निदान में सहायक होती है। स्वस्थ मनुष्य के रक्त में **RBC** 55,00,000 mm^3 तथा **WBC** 6000–10,000 mm^3 होती है। स्तनधारियों में केवल ऊँट व लामा की **RBC** ही केन्द्रक युक्त होती है।

मेंढक की RBC केन्द्रक युक्त होती है।

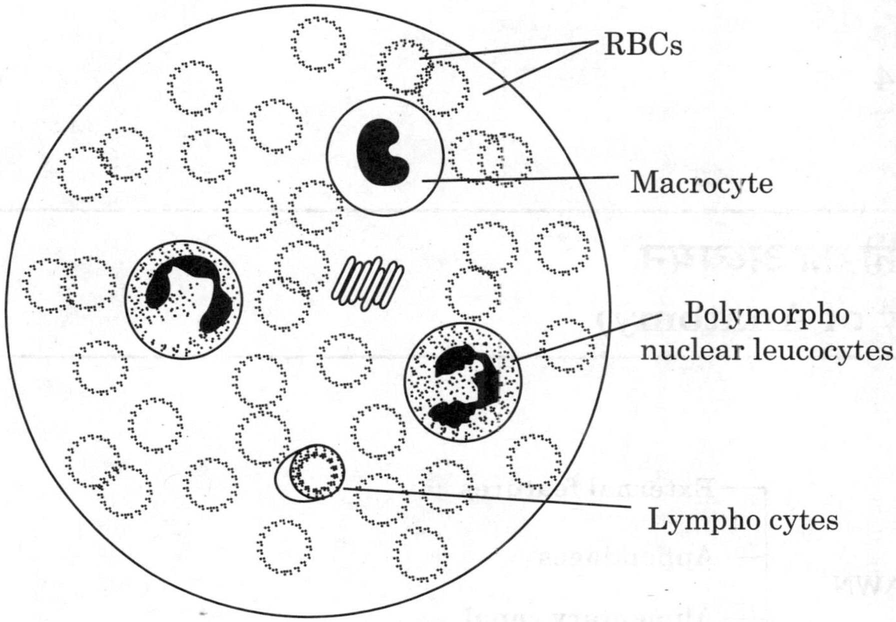

चित्र 3.8 : स्तनधारी के रक्त की स्लाइड

Preparation of Leishman staim

1. Transfer the powdered stain to the solvent bottle.
2. Shake well and keeps on shaking at regular intervals during 48 hrs. It is bluish puple.
3. It retains the staining properties for atleast 9 months.

■■■■

यूनिट – 4

शारीरिकी का अध्ययन
(Study of Anatomy)

- **PRAWN**
  - **External features**
  - **Appendages**
  - **Alimentary canal**
  - **Nervous system**
- **SQUILLA**
  - **External features**
  - **Alimentary canal**
  - **Nervous system**
- **PILA**
  - **External anatomy**
  - **Pallial organs** (organs in mantle cavity)
  - **Nervous system**
  - **Alimentary canal,** Buccal mass, radula
  - **Reproductive system**
  - **Nervous system**
  - all other systems like excretion, circulatory etc.

प्रॉन के बाह्य लक्षण
(External Features of Prawn)

1. स्वच्छ जल (fresh water) में पाया जाता है। देह सिरोवक्ष व उदर में विभाजित रहती है।
2. सिरोवक्ष 13 खंडों का बना होता है। सभी खंड समेकित रहते हैं तथा काइटिन से बने कैरापेस से ढ़के रहते हैं। अग्र सिरे पर दंतुरित (serrate) तुण्ड (rostrum) पाया जाता है।
3. सिरोवक्ष पर एक जोड़ी संवृत नेत्र (stalked eye) पाये जाते हैं व 13 जोड़े उपांग एक जोड़े श्रंगिका, एक जोड़े एंटी न्यूल, एक जोड़े मैंडीबल दो जोड़े मैक्सिला, 3 जोड़े मैक्सिलीपीड व 5 जोड़े चलने के लिए टांगे (walking legs) प्रथम दो जोड़े चलन टांग कीलेट होते हैं (दूसरा जोड़ा बड़ा)
4. उदर 6 खंडों का बना होता है व 5 जोड़ी प्लीयोपोड (pleopods) पाये जाते हैं। एक जोड़ी यूरोपोड (uropod) जो चौड़े व चपटे होते हैं। ये तैरने में सहायक होते हैं।
5. उदर के अन्तिम खण्ड पर **टेलसन** पाया जाता है।

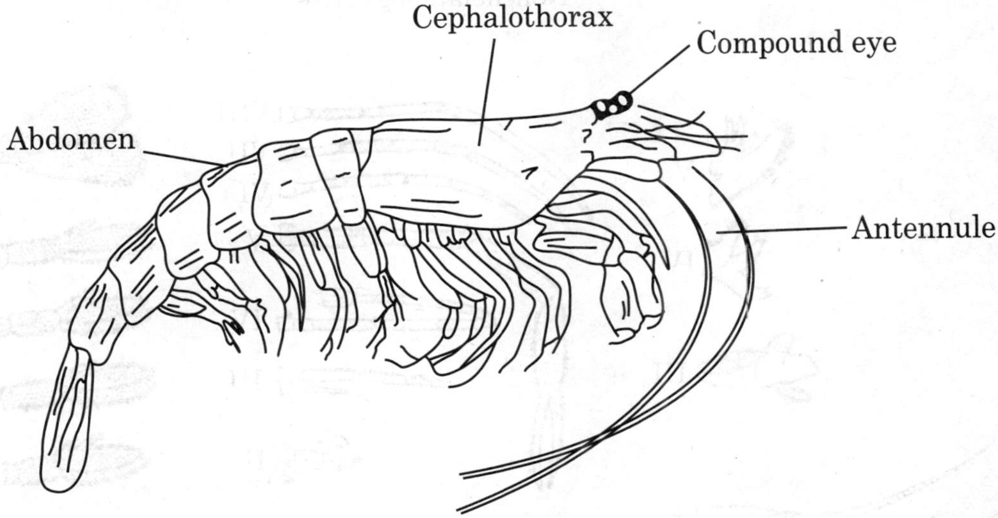

चित्र 4.1. प्रॉन

Appendages (19 pairs)

Cephalic appendages (5 pairs)
- Antennae
- Antennule
- Mandible
- Maxillula
- Maxilla

Thoracic (8 pairs)
- 1
  - Maxillipedes
  - Maxillipedes
  - Maxillipedes
- 2
  - Chelate leg I
  - Chelate leg II
- 3
  - Nonchelate legs I
  - Nonchelate legs II
  - Nonchelate legs III

Abdominal (6 pairs)
- Swimmerets
  - Pleopods I
  - Pleopods II
  - Pleopods III
  - Pleopods IV
  - Pleopods V
- Uropod

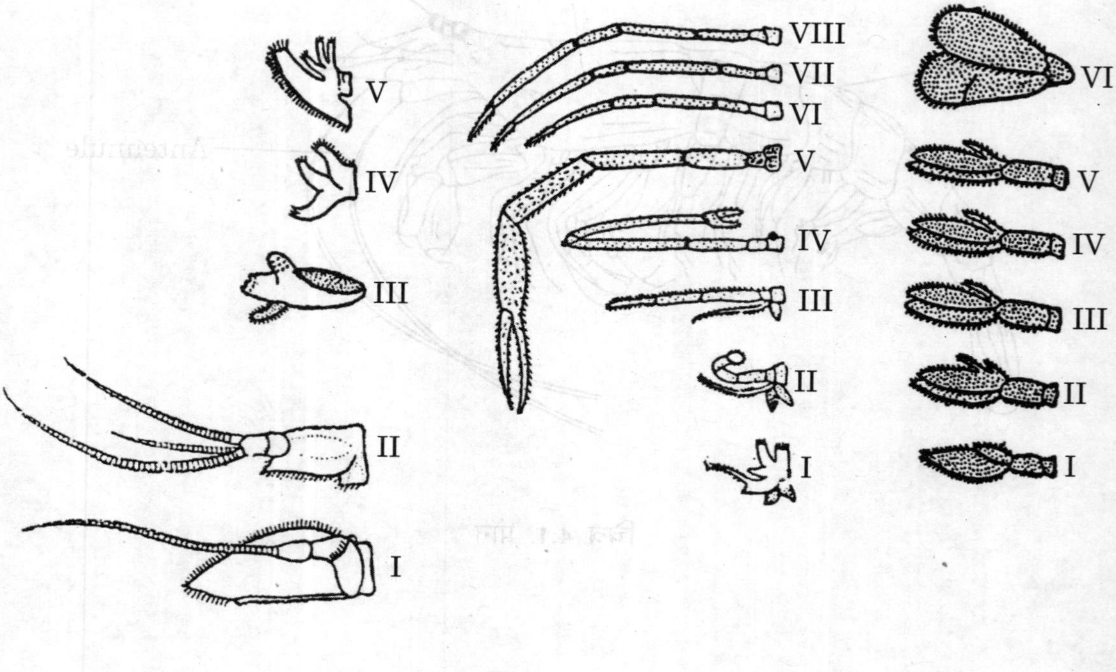

Antennule

1. यह नेत्र वृंत (eye stalk) के नीचे स्थित होता है।
2. प्रोटोपोडाइट क्रमशः प्रीकोक्सा, कोक्सा व बेसिस भागों का बना होता है जिसमें प्रीकोक्सा सबसे बड़ा होता है व इसके आधार में स्टेटोसिस्ट स्थित होता है।
3. यह **सन्तुलन** का काम करता है व संवेदी अंग है जो स्पर्श (touch) का ज्ञान कराता है।

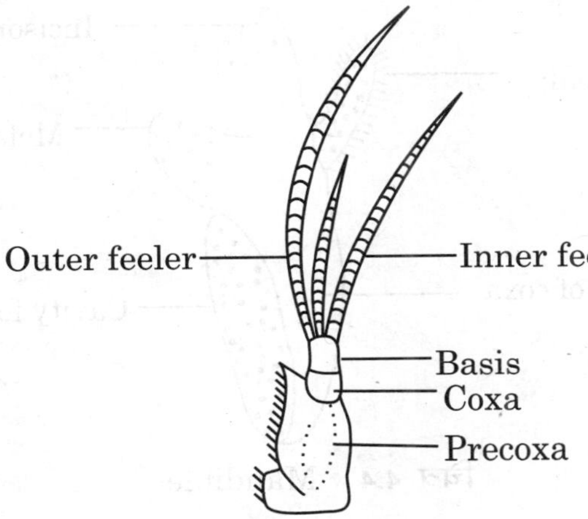

चित्र 4.2 : Antennule

Antenna

1. यह एंटीन्यूल के पीछे स्थित होती है।
2. प्रोटोपोडाइट कुछ फूला हुआ होता है तथा कोक्सा बेसिस में विभाजित रहता है। इसमें **रीनल अपरचर** (renal aperture) पाया जाता है।
3. यह **संवेदी अंग, सन्तुलन** तथा **उत्सर्जन** में सहायक होती है।

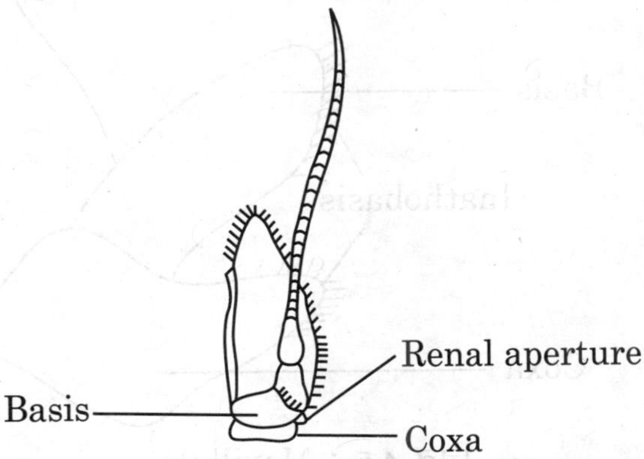

चित्र 4.3 : Antenna

Mandible

1. यह कठोर संरचना है जो **कोक्सा, बेसिस** तथा **एन्डोपोडाइट** में विभाजित रहता है। **कोक्सा** दो भाग क्रमशः समीपस्थ (proximal) व दूरस्थ (distal) में विभाजित रहता है।
2. सिर के चौथे खंड पर मैडीबल्स पाये जाते हैं।
3. यह भोजन को छोटे टुकड़े करने में काम आता है (दाँतों के समान कार्य करता है)

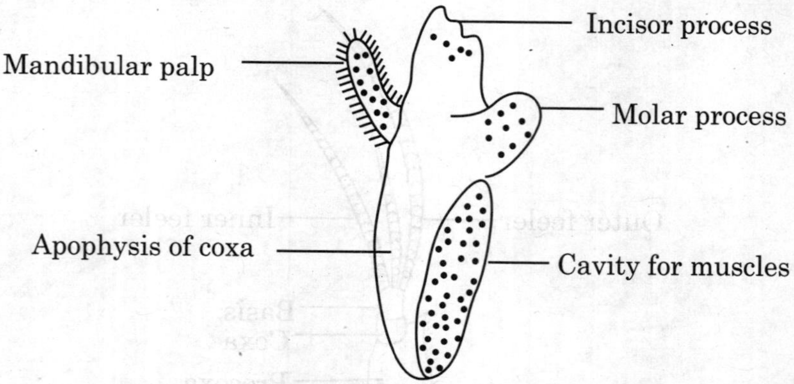

चित्र 4.4 : Mandible

Maxillula

1. पतला व पत्ती समान होता है।
2. क्रमशः **कोक्सा, बेसिस** व **एन्डोपोडाइट** में विभाजित रहता है।
3. भोजन को छोटे टुकड़ों में काटने का कार्य करता है।

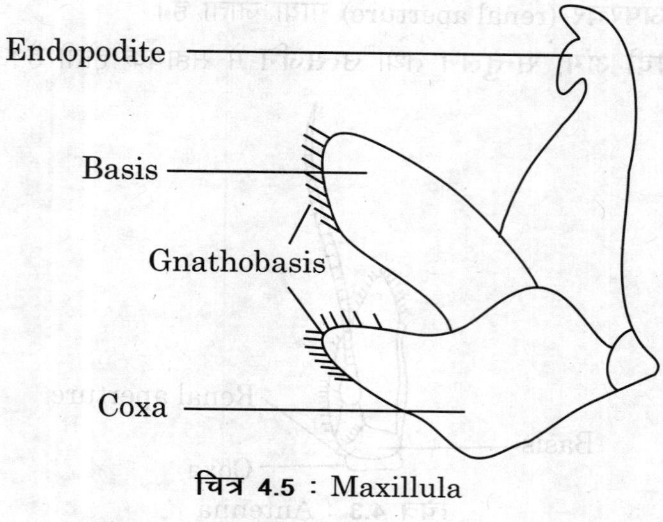

चित्र 4.5 : Maxillula

Maxilla

1. पतला, पत्ती समान।
2. **कोक्सा, बेसिस** व **एन्डोपोडाइट** में विभाजित रहता है।
3. यह **भोजन व श्वसन** में सहायक होता है। लगातार गति करने में जल की धारा उत्पन्न करता है।

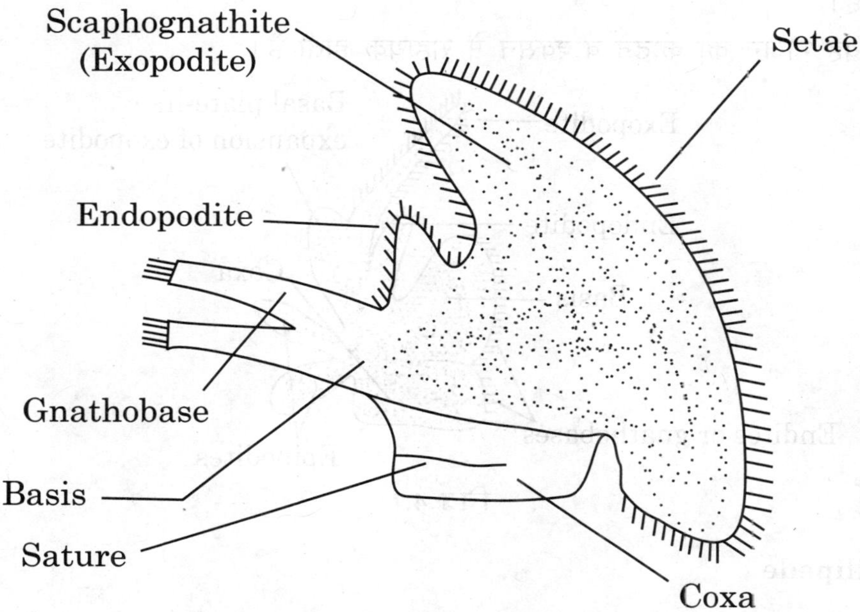

चित्र 4.6 : Maxilla

Throacic Appendages

Ist Maxillipede

1. यह मैक्सिला के पीछे स्थित होती है। यह कोक्सा बेसिस, एन्डोपोडाइट व एक्सोपोडाइट में विभक्त रहती है।
2. कोक्सा की बाहरी सतह पर दो भागों में विभक्त, एपीपोडाइट (reduced) पाया जाता है।
3. यह भोजन को काटने व श्वसन में सहायक होती है।

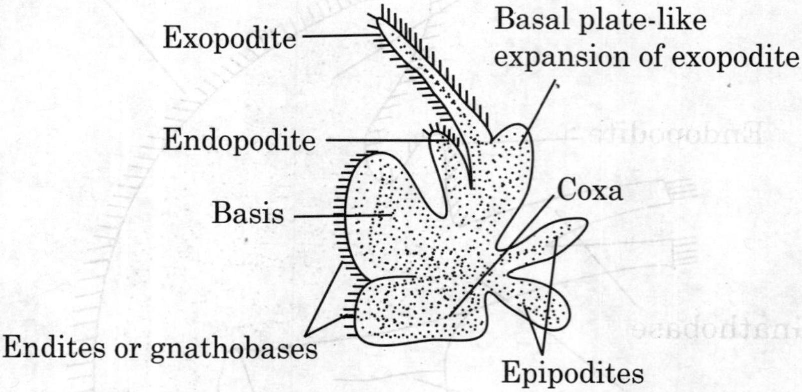

चित्र 4.7

IInd Maxillipede

1. एपीपोडाइट का एक भाग गिल में रूपान्तरित रहता है। यह क्रमशः **इश्चियम, मेरस, कार्पस, प्रोपोडस** तथा **डैक्टाइलस** में विभक्त रहता है।
2. श्वसन में सहायक होता है।

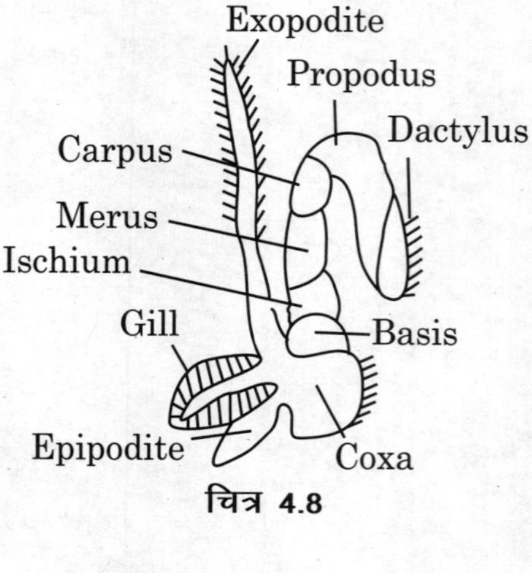

चित्र 4.8

IIIrd Maxillipede

1. यह टांग के समान होता है। कोक्सा, बेसिस, एक्सोपोडाइट व एन्डोपोडाइट में विभक्त रहता है।
2. कोक्सा छोटा तथा बाहरी तरफ एपीपोडाइट पाया जाता है। एक्सोपोडाइट अखण्डित होता है।
3. चलन व श्वसन में सहायक होता है।

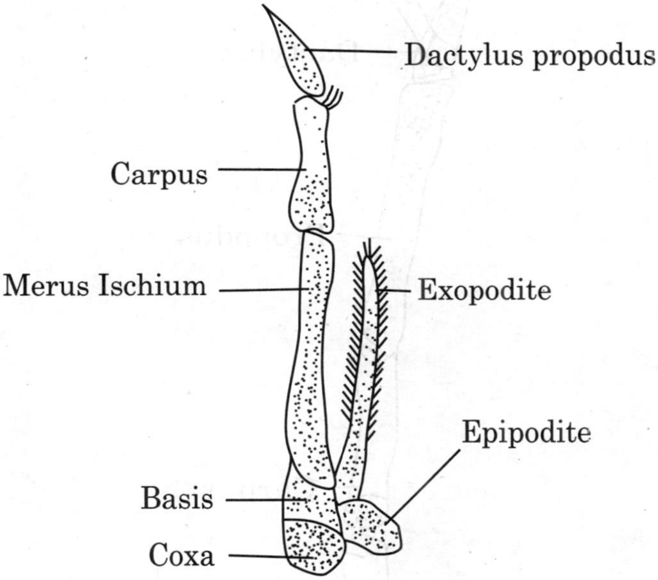

चित्र 4.9

Thoracic Appendages (Walking Legs)

4th Leg (Typical leg)

1. कोक्सा, बेसिस व एन्डोपोडाइट में विभक्त रहती है। एक्सोपोडाइट नहीं पाया जाता है। कोक्सा छोटी होती है, बेसिस त्रिकोणीय। एन्डोपोडाइट क्रमशः इश्चियम, मेरस, कार्पस, प्रोपोडास व डैक्टाइलस में विभक्त।

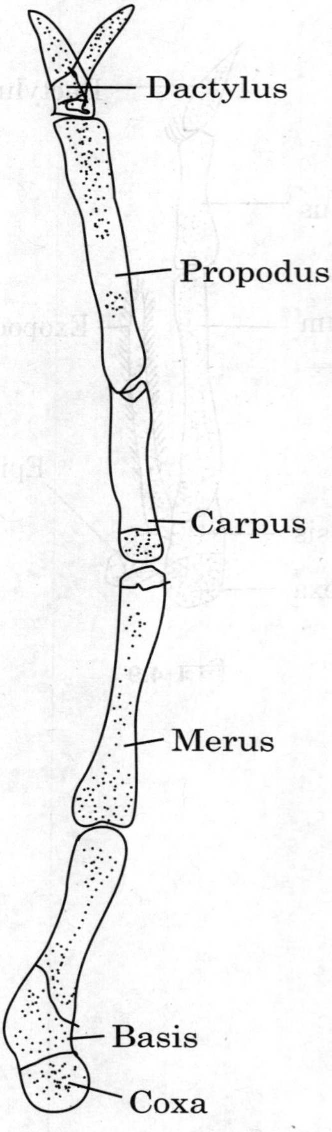

चित्र 4.10

Ist Chelate Leg

1. यह एक जैसी होती है लेकिन प्रोपोडस डैक्टाइलस तक जाता है।
2. डेक्टाइलस पर दाँत समान कटोर संरचनाएँ पायी जाती है।

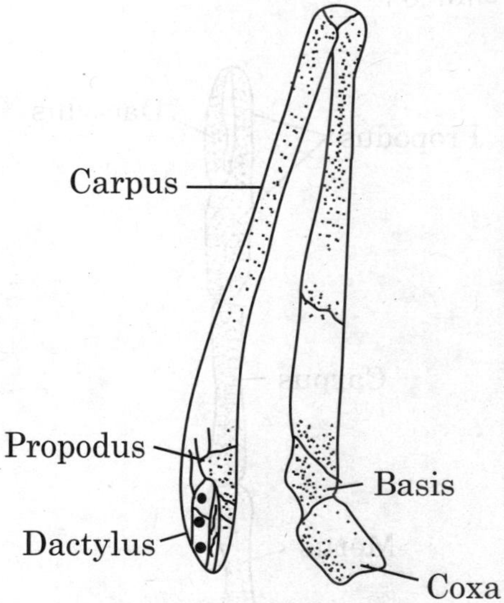

चित्र 4.11

IInd Chelate Leg

1. नर प्रॉन में मजबूत होती है। आकार में बड़ी होती है।

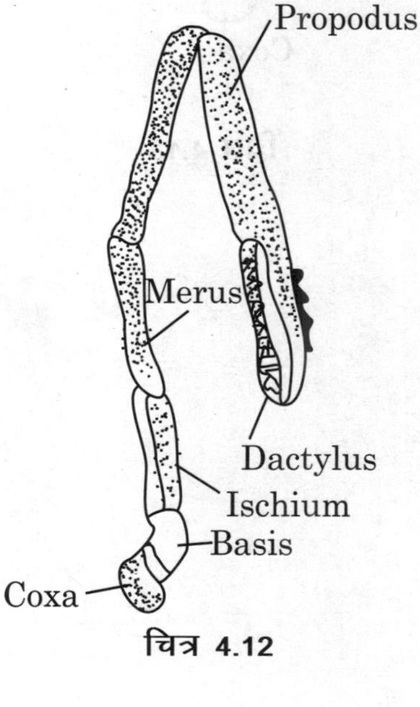

चित्र 4.12

3, 4, 5th Leg

1. ये Typical leg जैसी होती है। मादा में कोक्सा की अन्दर की सतह पर मादा जनन छिद्र पाया जाता है। नर में 5वीं टांग की कोक्सा व वक्ष की मध्य की झिल्ली पर नर जनन छिद्र पाया जाता है।

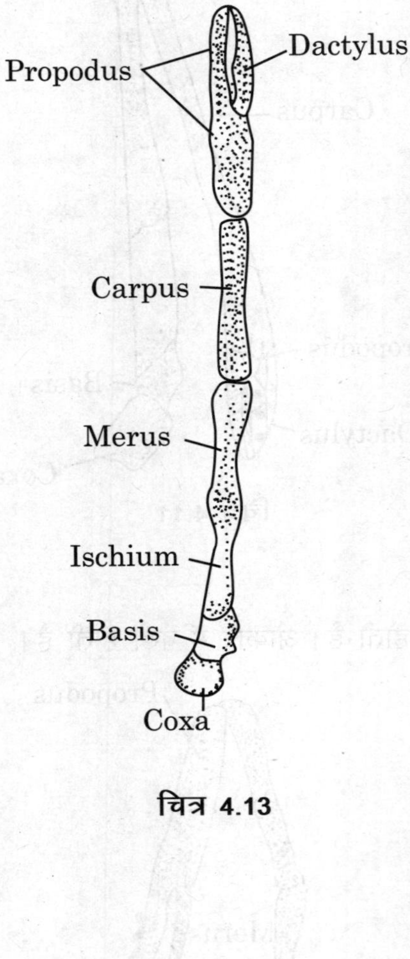

चित्र 4.13

Abdominal Appendages

1st Abdominal Appendage

1. कोक्सा, बेसिस व एक्सोपोडाइट में विभक्त, एन्डोपोडाइट ह्रासित (reduced) होता है।

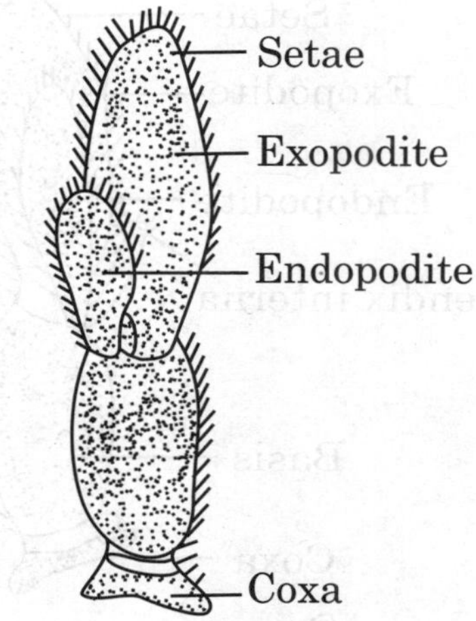

चित्र 4.14

2nd Abdominal Appendage

1. एपैंडिक्स मैस्कुलाइना (appendix masculina) भी पाया जाता है (एपैंडिक्स इन्टरना व एंडोपोडाइट के बीच)

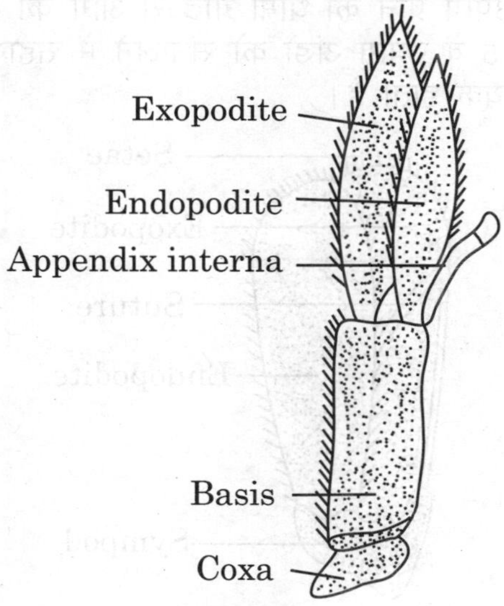

चित्र 4.15

3rd Abdominal Appendage

1. कोक्सा छोटी होती है। बेसिस लम्बी होती है, चौड़े सिरे पर सीटी पाये जाते हैं। एक्सोपोडाइट बड़ा होता है। एन्डोपाडाइट के अन्दर की सतह से एपैंडिक्स इन्टरना (appendix interna) निकलता है।

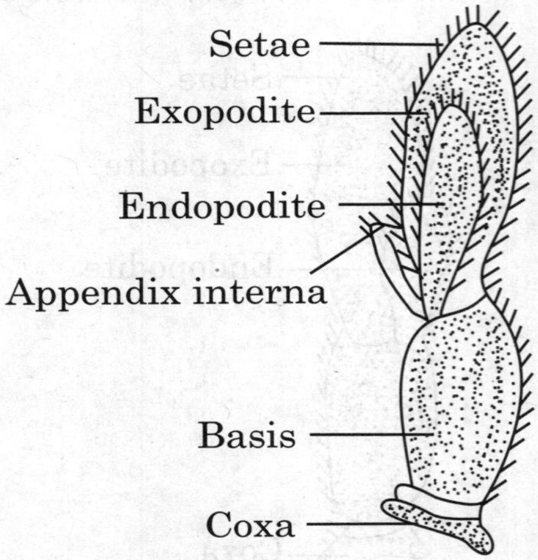

चित्र 4.16

6th Abdominal Appendage

1. प्रोटोपोडाइट एन्डोपोडाइट व एक्सोपोडाइट पाये जाते हैं।
2. एक्सोपोडाइट गोलाकार होता है। प्रोटोपोडाइट तिकोनी संरचना होती है।
3. प्रथम 5 उदरीय उपांग प्रॉन को धीमी गति से आगे की ओर तैरने में सहायक होते हैं। मादा में 2, 3, 4, 5 वें उपांग अंडों को संभालने में सहायक होते हैं। यूरोपोड पीछे की ओर तैरने में सहायक होता है।

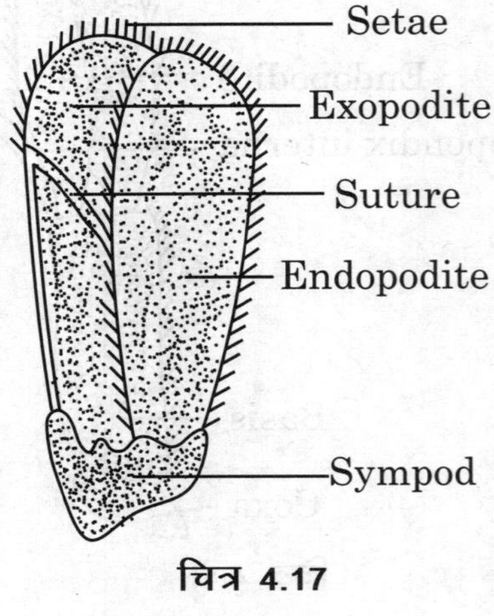

चित्र 4.17

प्रॉन का तंत्रिका तंत्र
(Nervous System of Prawn)

(दिये गये चित्र के अनुसार छात्र स्वयं विच्छेदित करें, शिक्षक के दिशा निर्देशों का पालन करें)

1. पृष्ठ सतह ऊपर रखते हुए प्रॉन को ट्रे में लिटायें।
2. मध्यवर्ती भाग में उदर की माँसपेशियों को काटें। इस प्रकार पृथक् हुए दोनों भागों को पार्श्व में फैलावे तथा अन्य मांसपेशियों, हिपेटोपैन्क्रियाज व आहारनाल के अंगों को पृथक कर दें।
3. अधर सतह पर तंत्रिका तंत्र की तंत्रिका रज्जू (nerve cord) दिखाई देती है। इसे ट्रेस करें।
4. मस्तिष्क को दिखावें तथा विभिन्न तंत्रिकाओं को एक्सपोज करें।
5. वक्ष व उदर के गैन्गलिया को एक्सपोज करें साथ में तंत्रिकाओं को भी।

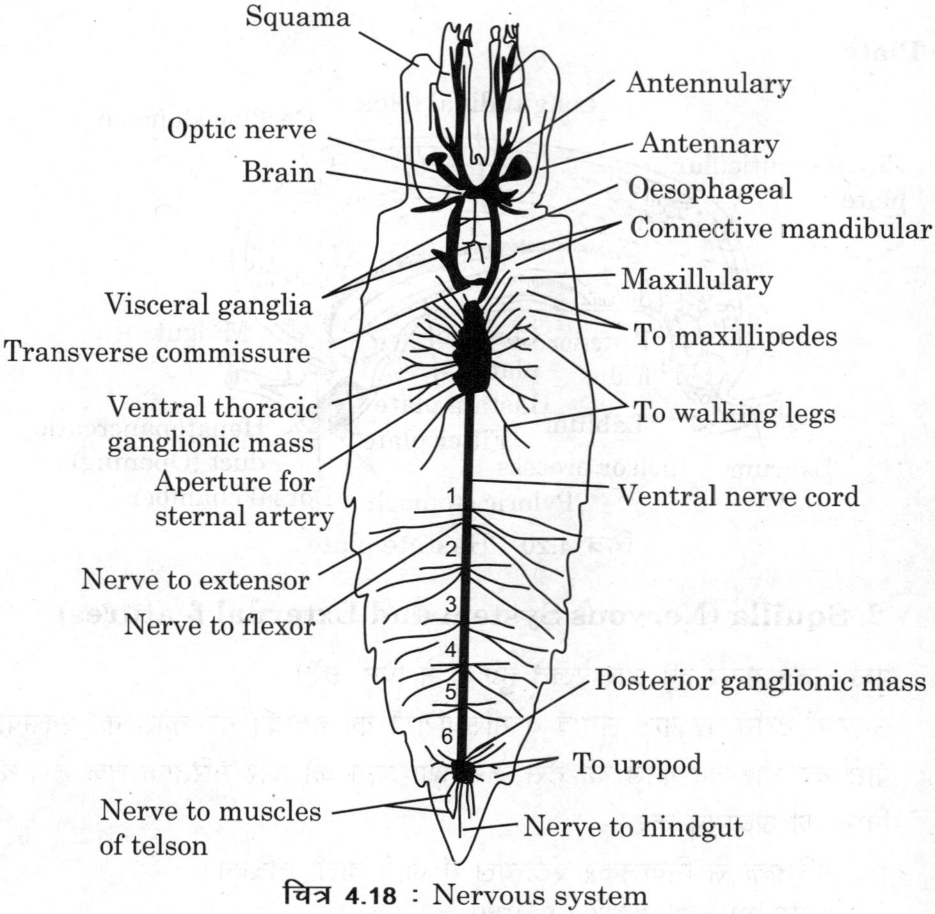

चित्र 4.18 : Nervous system

Alimentary Canal of Prawn

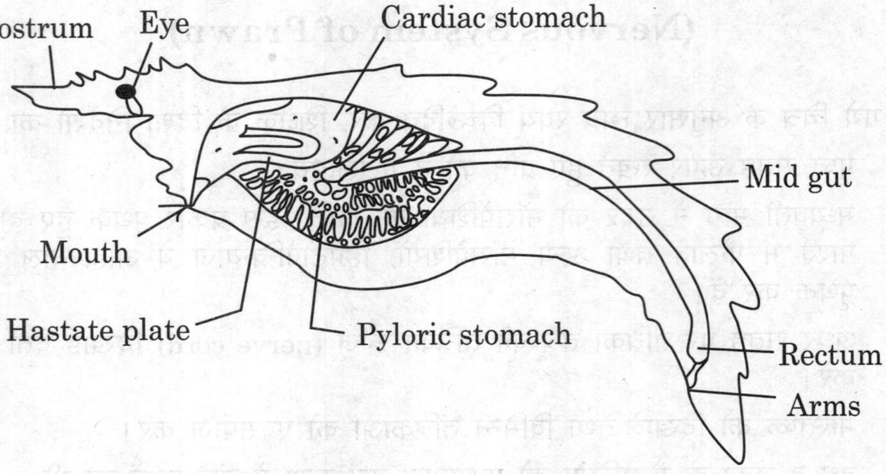

चित्र **4.19** : Alimentary Canal

Hastate Plate

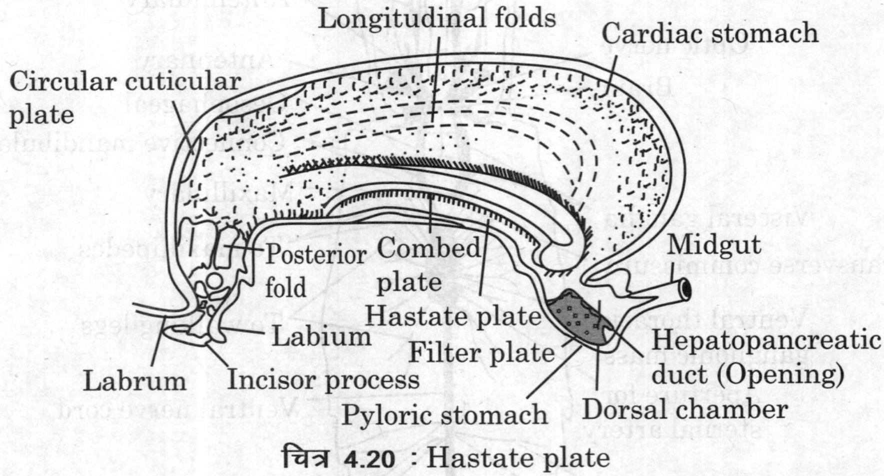

चित्र **4.20** : Hastate plate

2. Squilla (Nervous System and External features)

1. पृष्ठ सतह ऊपर की ओर रखते हुए ट्रे में पिन करें।
2. उदर में टर्गम पर कट लगावें व माँसपेशियों को हटायें। नर्व कोड को एक्सपोज करें।
3. पीछे की ओर नर्व कोर्ड को ट्रेस करें तथा आगे की ओर मस्तिष्क तक ट्रेस करें।
4. निम्न का अध्ययन करें –
    1. मस्तिष्क से निकलकर एंटीन्यूल में जाने वाली तंत्रिका।
    antennulery nerve - paired

2. नेत्र वृंत में जाने वाली तंत्रिका
   optic nerve - paired
3. मस्तिष्क के अधर सतह से श्रंगिका में जाने वाली तंत्रिका
   antennary nerve - paired
4. मस्तिष्क के पिछले भाग से निकलकर ग्रास नाल के साथ वक्ष में जाने वाली तंत्रिका गुच्छ
   circum oesophageal commissure
5. वक्ष में स्थित गैन्गलिया
   Ventral thoracic ganglionic mass
6. 3 वक्षीय गैन्गलिया
   free thoracic ganglia
7. अधर तंत्रिका रज्जू
   Ventral nerve cord

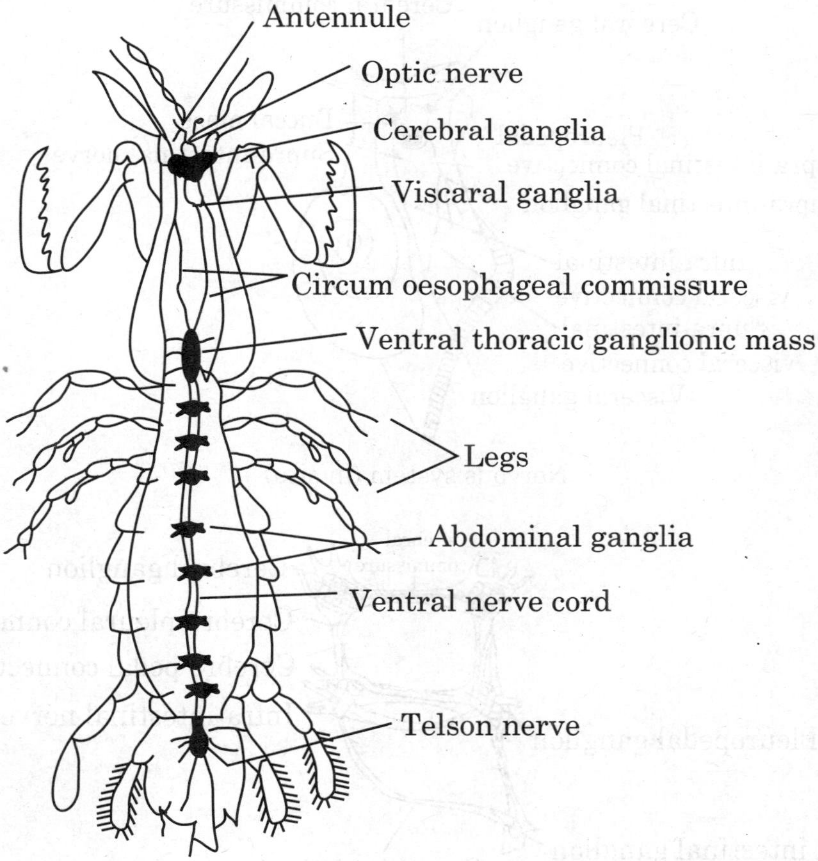

चित्र **4.21** : Squilla (Nervous system)

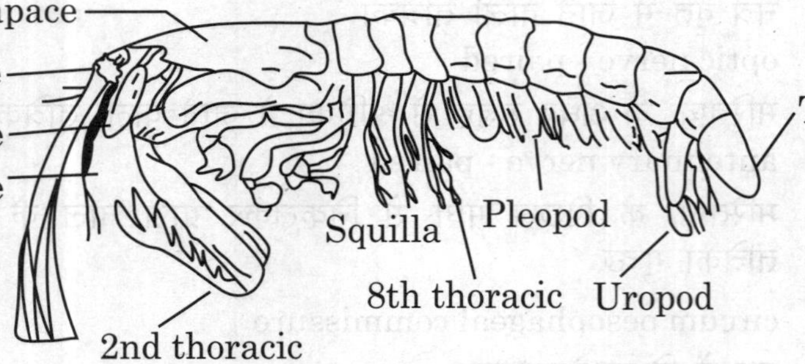

चित्र 4.22 : Squilla (External features)

3. Pila (Nervous System)

शिक्षक के दिशा निर्देशानुसार, दिये गये चित्रानुसार ट्रेस करें। इसका तंत्रिका तंत्र अंक 8 के समान दिखाई देता है।

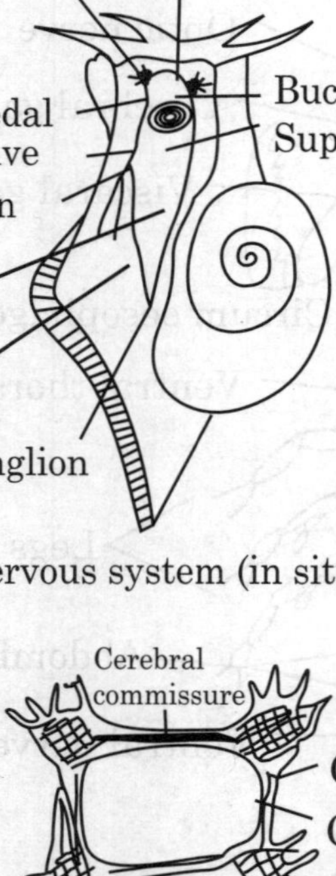

चित्र 4.23 : Pila : Nervous system isolated)

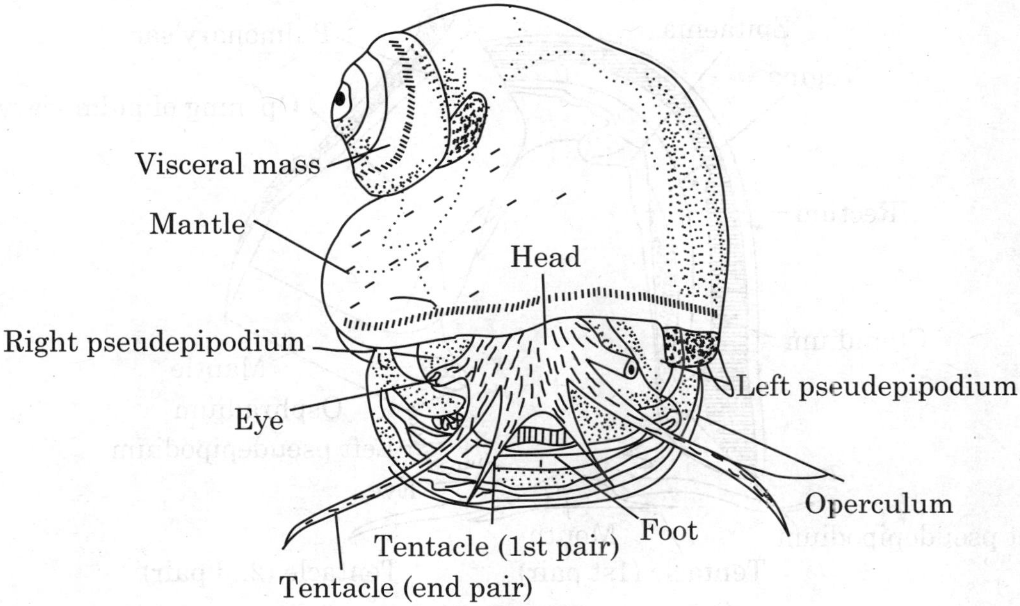

Pila : External features

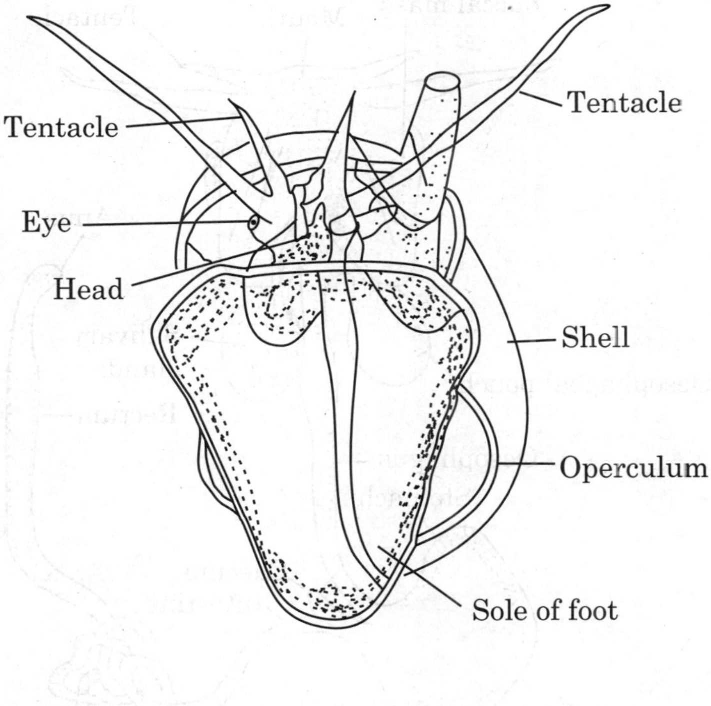

चित्र 4.24 : Pila : Ventral view showing foot

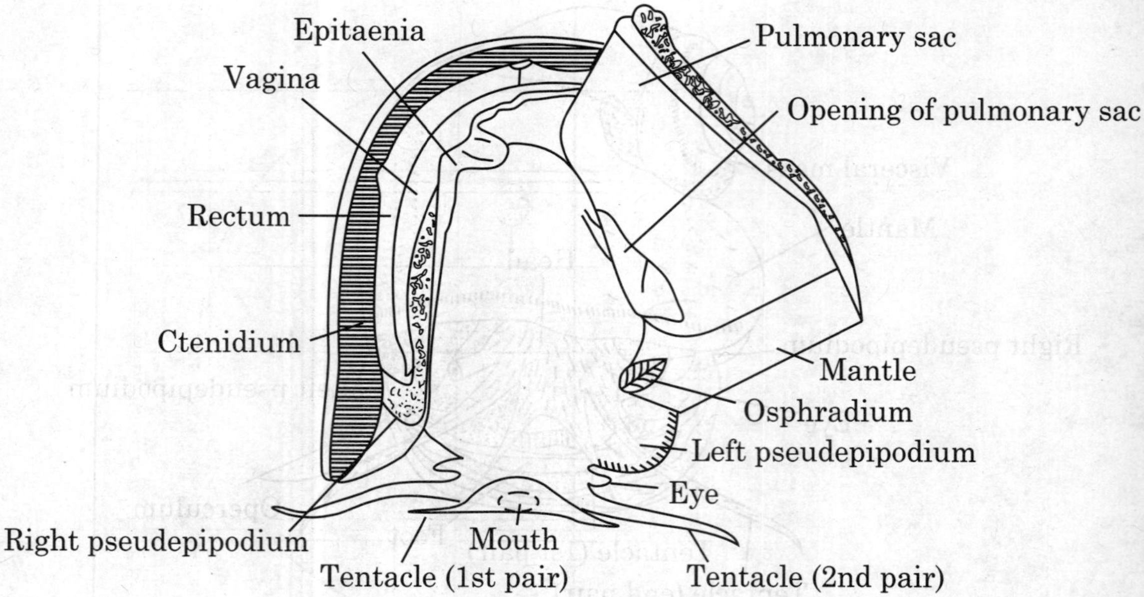

चित्र 4.25 : Pila : Pallial complex

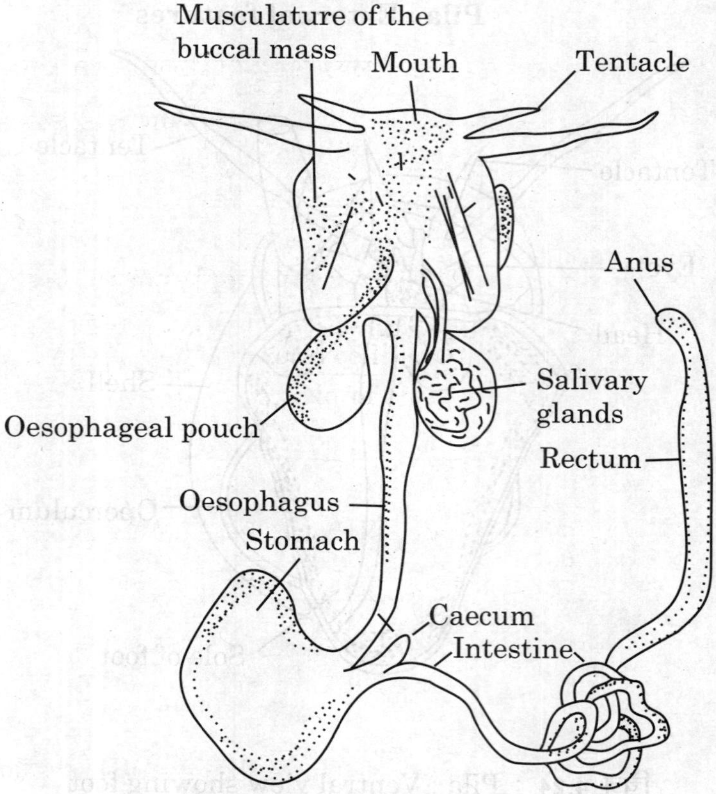

चित्र 4.26 : Pila : Alimentary canal

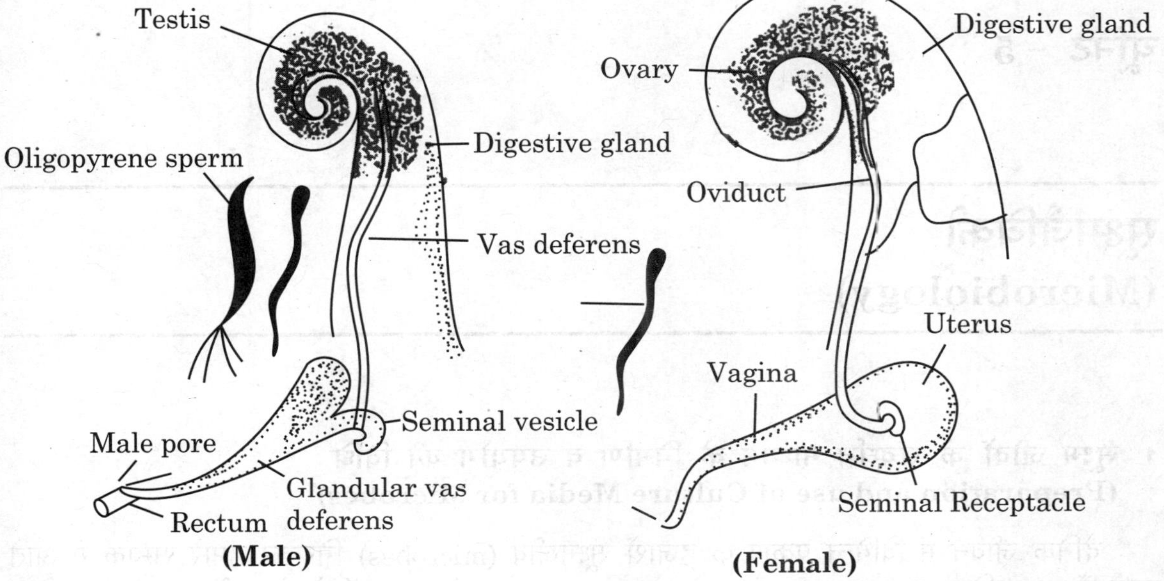

चित्र 4.27 : Pila : Reproductive system

यूनिट – 5

सूक्ष्मजैविकी
(Microbiology)

1. सूक्ष्म जीवों के संवर्धन माध्यम के निर्माण व उपयोग की विधि (Preparation and use of Culture Media for Microbes)

दैनिक जीवन में विभिन्न प्रकार के हजारों सूक्ष्मजीव (microbes) निरन्तर हमारे सम्पर्क में आते रहते हैं। अत्यधिक सूक्ष्म आकार के होने के कारण हम उन्हें नग्न आँखों से नहीं देख पाते लेकिन ये सूक्ष्मजीव हमारे इर्द–गिर्द अथवा शरीर पर विद्यमान रहते हैं। स्वस्थ मनुष्य की अंगुलियों के पोरों पर सैकड़ों जीवाणु हो सकते हैं। चूँकि आकार एवं परिमाण में ये बहुत छोटे होते हैं और इनकी बहुत सी जातियाँ मिलते जुलते आकार–प्रकार की होती हैं, अतः ऐसी स्थिति में उनकी अलग–अलग पहचान करना बहुत बड़ा कठिन प्रतीत होता है। शोध–कार्यों हेतु प्रत्येक जाति की पृथक से पहचाने करने के लिए उन्हें किसी शुद्ध संवर्धन माध्यम (pure culture media) में पनपाया (cultivate) जाता है। विभिन्न प्रजातियों के सूक्ष्मजीवों के लिए विभिन्न प्रकार के संवर्धन माध्यम प्रयोग में लाये जाते हैं। संवर्धन माध्यम प्रजातियों की प्रकृति के अनुसार तरल (liquid) व ठोस (solid) हो सकते हैं। उनमें विद्यमान घटकों के आधार पर संवर्धन माध्यम की कई श्रेणियाँ बनाई गयी है।

1. **प्राकृतिक माध्यम (Natural media)** – मांस सार (meat extract), दुग्ध (milk), मूत्र (urine), मल (stool), फलों का रस (fruit juice) व रक्त आदि प्राकृतिक माध्यम हैं। इनके निश्चित संघटन का बहुत सटीक ज्ञान नहीं होता है। ये अध्ययन के हिसाब से सुविधाजनक व बहुत कम खर्चीले होते हैं।
2. **संश्लेषित माध्यम (Synthetic media)** – इस प्रकार के माध्यम का संघटन (composition) ज्ञात होता है अर्थात् यह मालूम होता है कि इसमें अमुक पदार्थ अमुक मात्रा में हैं। इसके संघटन में विद्यमान किसी विशेष रासायनिक पदार्थ का सूक्ष्मजीवों की वृद्धि पर कितना व कैसा प्रभाव पड़ता है, का अध्ययन किया जाता है और तदानुरूप इनको रूपान्तरित भी किया जाता है।
3. **समृद्ध माध्यम (Enriched media)** – इसमें अंडे की जर्दी, सीरम, रक्त आदि का उपयोग किया जाता है और अगार (agar) व चाकलेट अगार युक्त माध्यम बनाया जाता है जो जीवाणुओं के पोषण को समृद्ध बनाता है।

4. **अर्द्धसंश्लेषित माध्यम (Semi-synthetic media)** – इसमें प्राकृतिक माध्यम में ज्ञात कुछ रासायनिक घटक जैसे विटामिन्स और मिलाये जाते हैं। इस बात का ध्यामन रखा जाता है कि मिलाये जाने वाले रासायनिक घटक आधार माध्यम में पहले से ही मौजूद नहीं हो अन्यथा उनका अनुपात अधिक हो जायेगा जो जीवाणुओं की वृद्धि को नकारात्मक रूप से प्रभावित कर सकता है।

5. **चयनित माध्यम (Selective media)** – दो या दो से अधिक प्रकार के जीवाणुओं को इस माध्यम की सहायता से पृथक किया जा सकता है। इसमें एक प्रजाति की वृद्धि रूक सकती है व दूसरी प्रजाति पूर्ण वृद्धि करती हैं। इसमें कुछ विशेष रसायन मिलाये जाते हैं जो पृथक् होने वाले जीवाणु की वृद्धि को तो प्रभावित नहीं करते (उदाहरणार्थ – सोडियम एजाइड एक निश्चित सान्द्रता में लैक्टिक अम्ल बैक्टीरिया को पृथक् कर देता है) जबकि अन्य जीवाणुओं की वृद्धि रोक देते हैं।

6. **विशेष माध्यम (Special media)** – इसका उपयोग किसी विशेष सामग्री के अध्ययन हेतु किया जाता है, जैसे – जल, दुग्ध, सीवेज आदि।

2. सामान्यतया प्रयुक्त होने वाले संवर्धन माध्यम व उनका संघटन (Commonly used culture media and their constitution)

1. **हुकर का माध्यम** (Hooker's medium)

आसुत जल	–	1 लीटर
ग्लूकोज	–	5.0 ग्राम
पोटेशियम	–	3.5 ग्राम
पोटेशियम हाइड्रोजन फास्फेट (KH_2PO_4)	–	1.75 ग्राम
मैग्नीशियम सल्फेट (MgSO4.7H2O)	–	0.7 ग्राम

2. **ब्राउन का माध्यम** (Brown's medium)

आसुत जल	–	1 लीटर
स्टार्च	–	0.009 ग्राम
ग्लूकोज	–	2.0 ग्राम
एस्परजीन	–	2.0 ग्राम
पोटेशियम हाइड्रोजन फास्फेट (KH_2PO_4)	–	1.25 ग्राम
मैग्नीशियम सल्फेट	–	0.75 ग्राम

3. **आलू डेक्स्ट्रोज अगार माध्यम** (Potato-dextrose agar medium)

आलू का सार (Potato extrtact)	–	200 ग्राम
अगार	–	20 ग्राम
आसुत जल	–	1 लीटर

ग्लूकोज	–	20 ग्राम

4. **पोषक अगार** (Nutrient agar)

आसुत जल	–	100 मि.ली.
अगार अगार	–	2.0 ग्राम
सोडियम क्लोराइड	–	0.8 ग्राम
मांस सार (Meat extract)	–	0.3 ग्राम
पेप्टोन	–	0.5 ग्राम

3. संवर्द्धन माध्यम को जीवाणु रहित करना (Sterilization of culture media)

संवर्द्धन माध्यम बना लेने के बाद इसको जीवाणु रहित करना (sterilization) एक अत्यन्त महत्त्वपूर्ण पद है जा निम्न विधियों द्वारा किया जा सकता है –

(1) **भाप द्वारा (Steam sterilization)** – यह तरल माध्यम (liquid media) के लिये काम में लाया जाता है। संवर्द्धन माध्यम ऑटोक्लेव (autoclave) में 15 पौंड/वर्ग इंच दाब पर गर्म किया जाता है। ऑटोक्लेव में इतना दाब लगभग 121°C तापक्रम के बराबर होता है।

(2) **निस्पंदन (Filtration)** – यह विधि उन परिस्थितियों में काम ली जाती है जिनमें माध्यम के गर्म करने पर उसके अवयवों के नष्ट होने या रासायनिक प्रकृति बदलने का अंदेशा हो। इसमें सैलुलोज नाइट्रेट से बना मिलीपोर फिल्टर पत्र काम में लाया जाता है। गैसों के लिए कॉटनवूल (cotton wool) प्रयुक्त की जाती है। लेकिन इस विधि को निरापद नहीं कहा जा सकता, क्योंकि वायरस फिल्टर पत्र के छोटे छिद्रों में से गुजर सकते हैं।

(3) **विकिरण (Radiation)** – पराबैंगनी प्रकाश (UV, ultra violet light) सम्पूर्ण कक्ष की वायु जीवाणुरोधी करता है। ठोस माध्यम के लिए सामान्यतया रेडियोधर्मी कोबाल्ट स्रोत से निकलने वाली गामा किरणें प्रयुक्त की जाती है।

(4) **रसायन (Chemicals)** – हाइपोक्लोराइट विलयन या फीनॉल अथवा इसके व्युत्पन्न साधारणतया प्रयुक्त किये जाते हैं। इसके एथिलीन ऑक्साइड की भाप द्वारा भी माध्यम को जीवाणुरोधी बनाया जा सकता है।

जब किसी रसायन द्वारा माध्यम को जीवाणुरोधी बनाया जाता है तो इस बात का ध्यान रखा जाता है कि वह वाष्पीकृत होने वाला (volatile) तथा विषैला (toxic) भी हो जिससे जीवाणुरोधन के पश्चात् वह आसानी से माध्यम से निकल जावे। एथिलीन ऑक्साइड एक ऐसा द्रव है जिसका क्वथनांक (boiling point) 10.7°C है तथा इससे ऊँचे तापक्रम पर वह एक गैस के रूप में प्रयुक्त किया जाता है। इसके प्रयोग में अत्यधिक सावधानी रखनी चाहिए क्योंकि यह मनुष्य के लिए विषैला व विस्फोटक (explosive) है। यही कारण है कि सामान्यतया इसे प्रयोगशाला में काम में नहीं लाया जाता बल्कि बड़े उद्योगों में प्लास्टिक की पैट्रिडिश व अन्य सामान्य को जीवाणुरोधी (sterilize) करने में काम में लिया जाता है।

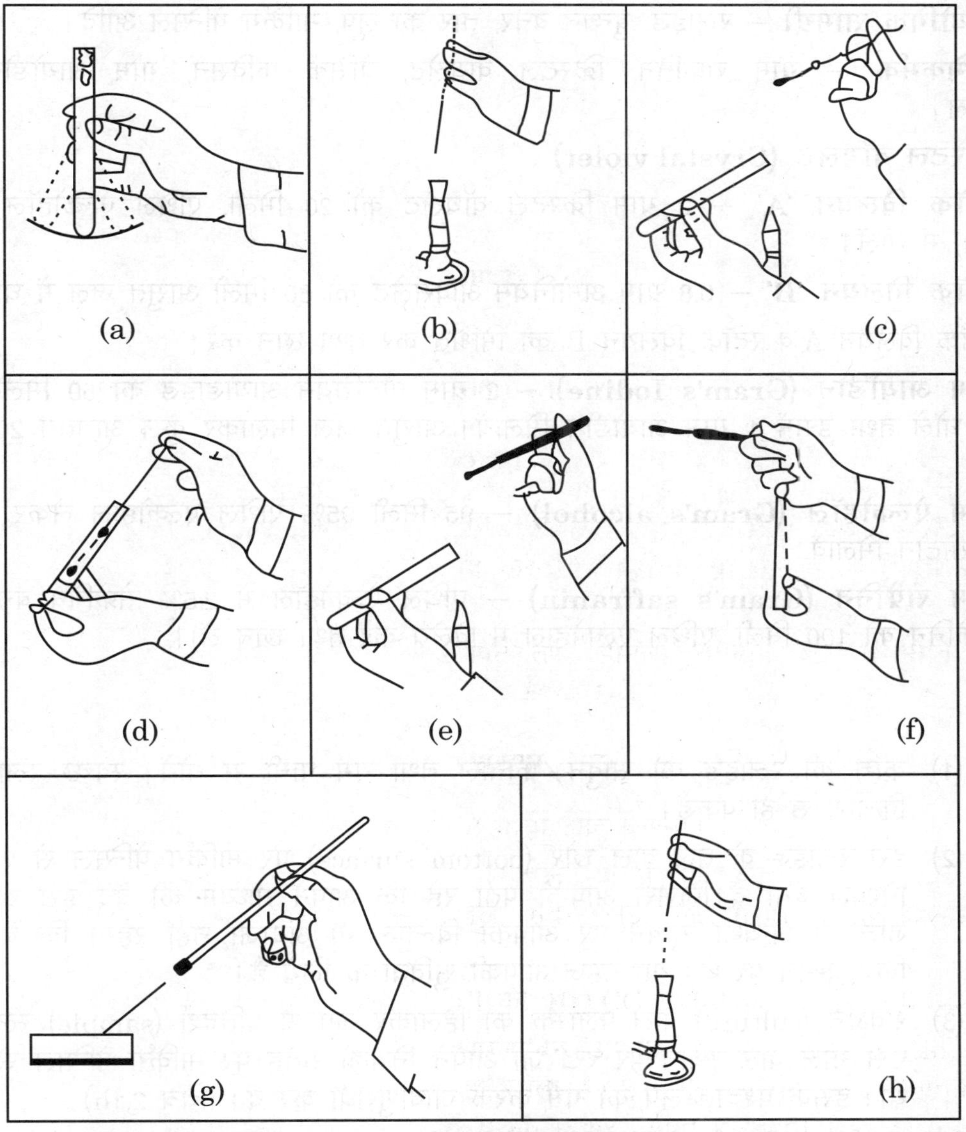

चित्र 5.1 : आलेपन विधि : संवर्द्धन माध्यम से प्रतिदर्श स्लाइड पर लेने के विभिन्न चरण
a. संवर्द्धन ट्यूब बिलाना, b. लूप का बुन्शन बर्नर की लौ पर गर्म कर, जीवाणुरोधी करना, c. संवर्द्धन ट्यूब को खाली भाग को लौ के पास रखना; d. लूप द्वारा प्रतिदर्श एकत्रित करना, e, f. संवर्द्धन ट्यूब को पुनः बन्द करना; g. स्लाइड पर प्रतिदर्श रखना; h. लूप को पुनः जीवाणुरोधी करना

4. आलेपन विधि से बैक्टीरिया की स्लाइड तैयार करना (Smear preparatioon of Bacteria)

इस प्रयोग में तरल माध्यम (liquid media) जैसे – लार, दूध, ब्रॉथ (Broth, जल जिसमें मांस को सब्जियों के साथ उबाला गया हो) काम में लेते हैं।

प्रायोगिक सामग्री – स्लाइड, बुन्शन बर्नर, तार का लूप, मार्किंग पेन्सिल आदि।

अभिकर्मक – ग्राम सेफ्रेनिन, क्रिस्टल वॉयलेट, बेसिक फक्सिन, ग्रम आयोडीन, ग्राम ऐल्कोहॉल।

क्रिस्टल वॉयलेट (Crystal violet)

स्टॉक विलयन 'A' – 2 ग्राम क्रिस्टल वॉयलेट को 20 मिली. एथिल ऐल्कोहॉल (ethyl alcohol) में घोलें।

स्टॉक विलयन 'B' – 0.8 ग्राम अमोनियम ऑक्सलेट को 80 मिली आसुत जल में घोलें।

स्टॉक विलयन A व स्टॉक विलयन B को मिश्रित करें तथा छान करें।

ग्राम आयोडीन (Gram's Iodine) – 2 ग्राम पोटैशियम आयोडाइड को 50 मिली आसुत जल में घोलें तथा इसमें 1 ग्राम आयोडीन मिलायें। आसुत जल मिलाकर कुल आयतन 200 मिली कर लें।

ग्राम ऐल्कोहॉल (Gram's alcohol) – 95 मिली 95% एथिल एल्कोहाल लेकर इसमें 5 मिली ऐसीटोन मिलावें।

गप्रम सेप्रेनिन (Gram's saffranin) – एथिल ऐल्कोहॉल में 2.5% सेफ्रेनिन बनावें (2.5 ग्राम सेफ्रेनिन को 100 मिली. एथिल ऐल्कोहाल में विलेय करें तथा छान लें)।

विधि –

(1) काँच की स्लाइड को साबुन/फीनॉल तथा गर्म पानी से धोयें। स्वच्छ स्लाइड को किनारों से ही पकड़ें।

(2) इस स्लाइड के तले वाले छोर (bottom surface) पर मार्किंग पेन्सिल से एक गोल निशाल बना दें जिससे आपको पता रहे कि आपने माध्यम की बूँद इस स्थान पर डाली है अन्यथा सुखने पर आपको बिल्कुल भी अंदाजा नहीं रहेगा कि बैक्टीरिया किस स्थान पर थे। यह महज आपकी सुविधा के लिये है।

(3) संवर्द्धन (culture) वाले फ्लास्क को हिलाकर लूप से प्रतिदर्श (sample) स्लाइड के उस गोले वाले स्थान पर रखें जो आपने निचली सतह पर मार्किंग पेन्सिल से बनाया था। इसके पश्चात् लूप को गर्म करके जीवाणुरोधी कर दें। (चित्र 2.1h)

(4) उपर्युक्त प्रतिदर्श को स्लाइड पर फैलावें और हवा में सूखने दें। पूर्णरूप से सूखी स्लाइड को बुन्शन बर्नर की ज्वाला पर थोड़ा गर्म करें जिससे ताप के कारण बैक्टीरिया मर जायेंगे व फिक्स हो जायेंगे। यही आलेपन (smear) है। (चित्र 2.2)

अभिरंजन (Staining)

1. 1 मिनिट के लिए (कम से कम 20 सैकण्ड) क्रिस्टल वॉयलेट (crystal violet) से उपर्युक्त स्लाइड को रंगे।
2. इसके पश्चात् आसुत जल से धोयें (चित्र 2.3)।

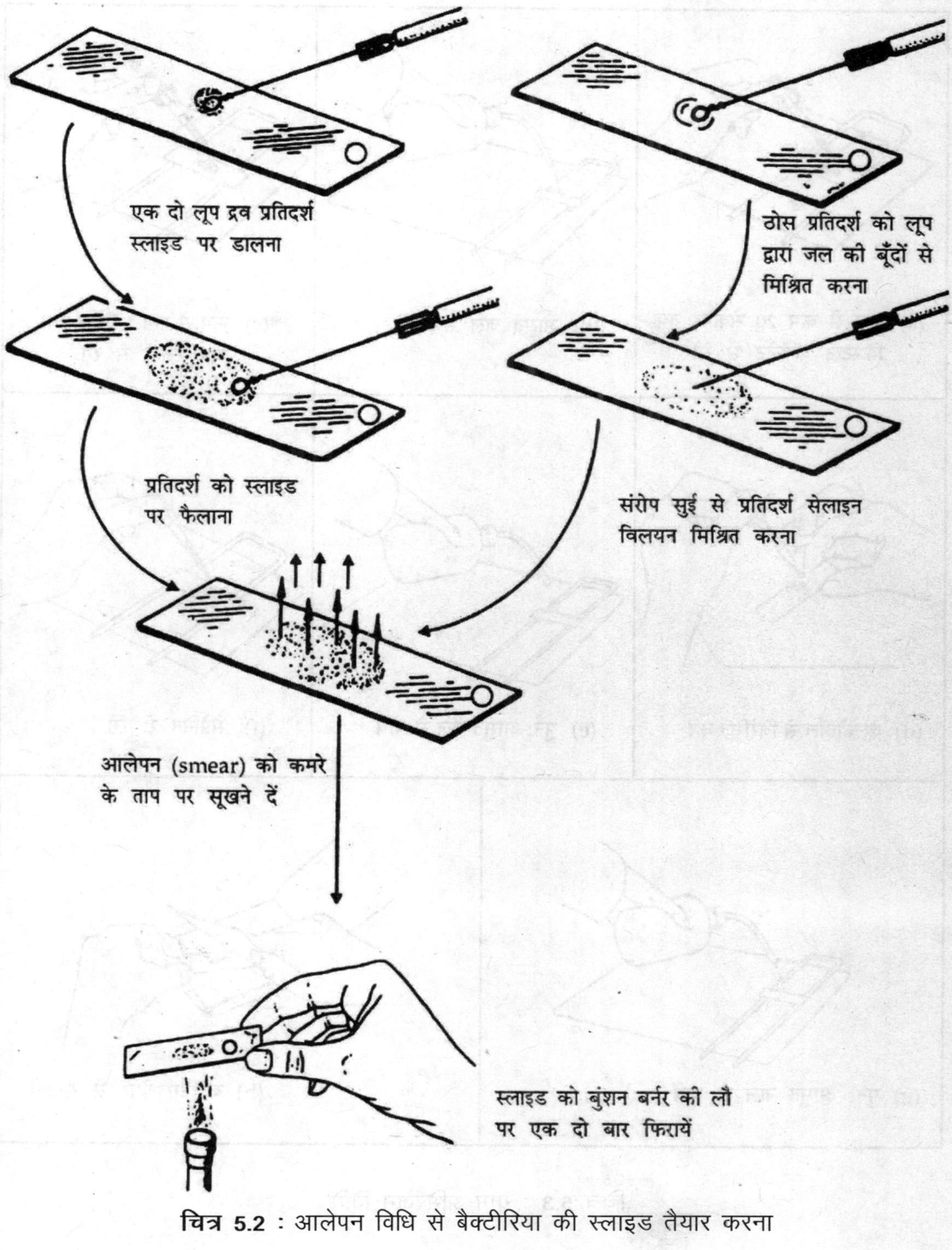

चित्र 5.2 : आलेपन विधि से बैक्टीरिया की स्लाइड तैयार करना

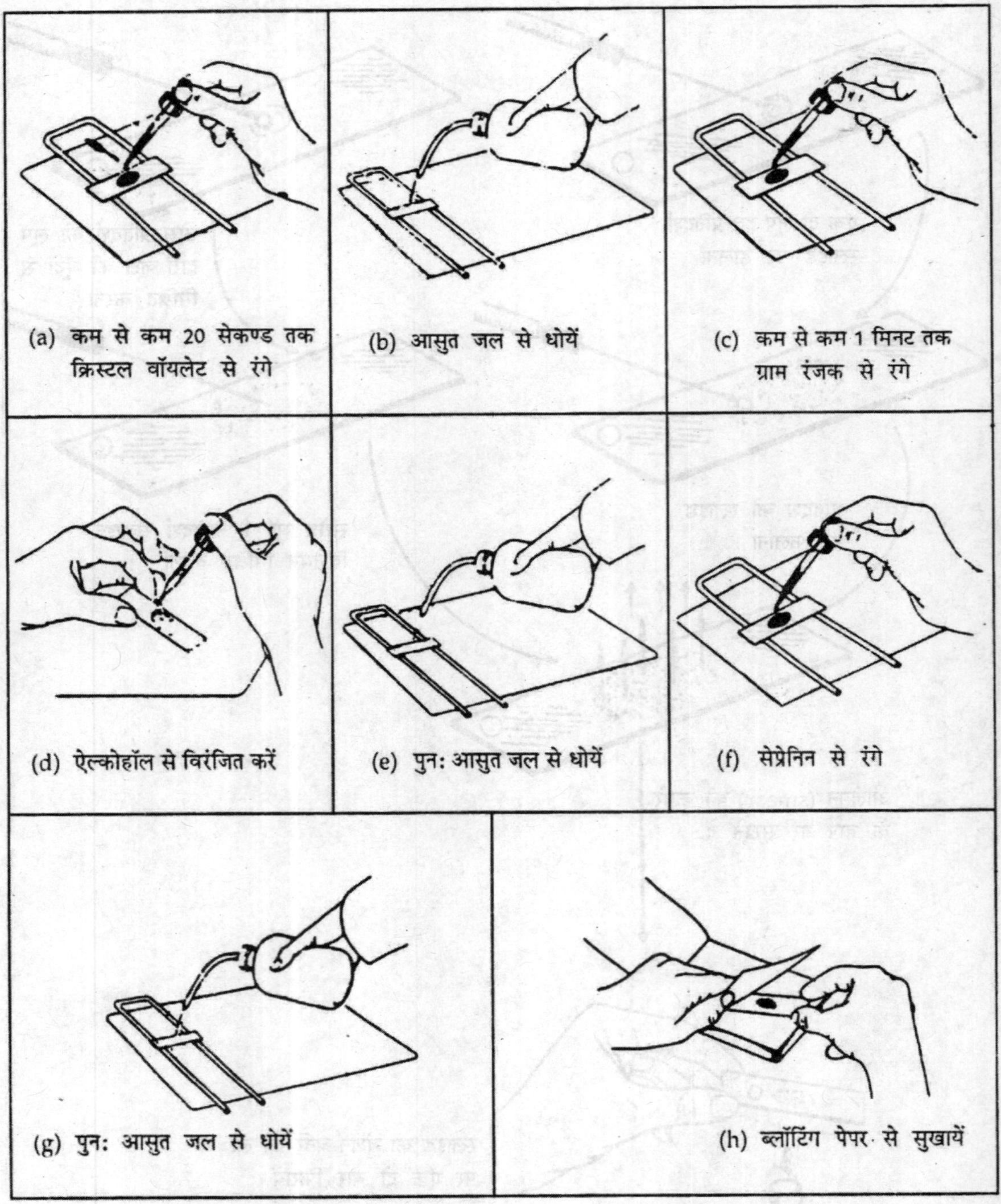

चित्र 5.3 : ग्राम अभिरंजन विधि

3. 1 मिनिट तक ग्राम आयोडीन में फिक्स करें तथा आसुत जल से प्रक्षालित करें।
4. ग्राम ऐल्कोहाल से धोकर पुनः आसुत जल से धो लेवें।
5. जब सेफ्रेनिन से रंजित (stain) करें।
6. पुनः आसुत जल से धोवें व सूखने पर तारपीन तेल (terpentine oil) डालकर उच्च आवर्धन (high magnification) पर माइक्रोस्कोप में देखें।

परिणाम – ग्राम धनात्मक (Gram positive) बैक्टीरिया गहरे बैंगनी (deep violet) रंगे हुए देखे जा सकते हैं तथा **ग्राम ऋणात्मक** (Gram negative) बैक्टीरिया चमकीले लाल (bright red) रंगे हुए। यदि सैफ्रेनिन के स्थान पर क्षारीय फक्सिन (Basic fuchsin) प्रयोग में लिया है तो हल्के बैंगनी (purple) दिखाई देंगे।

5. डेयरी निर्मित भोज्य पदार्थों में जीवाणुओं का अध्ययन (Study of Microbes in dairy products)

(1) मानक प्लेट गणना (Standard Plate Count, SPC) – चार परखनलियाँ लेकर उन पर क्रमशः 1, 2, 3, 4 अंकित करें। अब दुग्ध प्रतिदर्श की 1 मिली मात्रा परखनली संख्या 1 में डालकर इसमें 9 मिली आसुत जल मिलायें। इसका तनुकरण 1 : 10 के अनुपात में हो जाता है। इस परखनली में से 1 मिली प्रतिदर्श लेकर परखनली संख्या 2 में डालें एवं 9 मिली आसुत जल मिलायें जिससे तनुकरण 1 : 100 हो जाये। परखनली संख्या 3 में तनुकरण 1 : 100 वाली परखनली (संख्या 2) से 1 मिली प्रतिदर्श लेकर पुनः 9 मिली आसुत जल मिलावें। अब इसका तनुकरण 1 : 1000 के अनुपात में हैं। इस परखनली (संख्या 3) में से 1 मिली प्रतिदर्श लेकर 9 मिली आसुत जल मिलायें जिससे इस परखनली में तनुकरण 1:10,000 के अनुपात में हो जाता है।

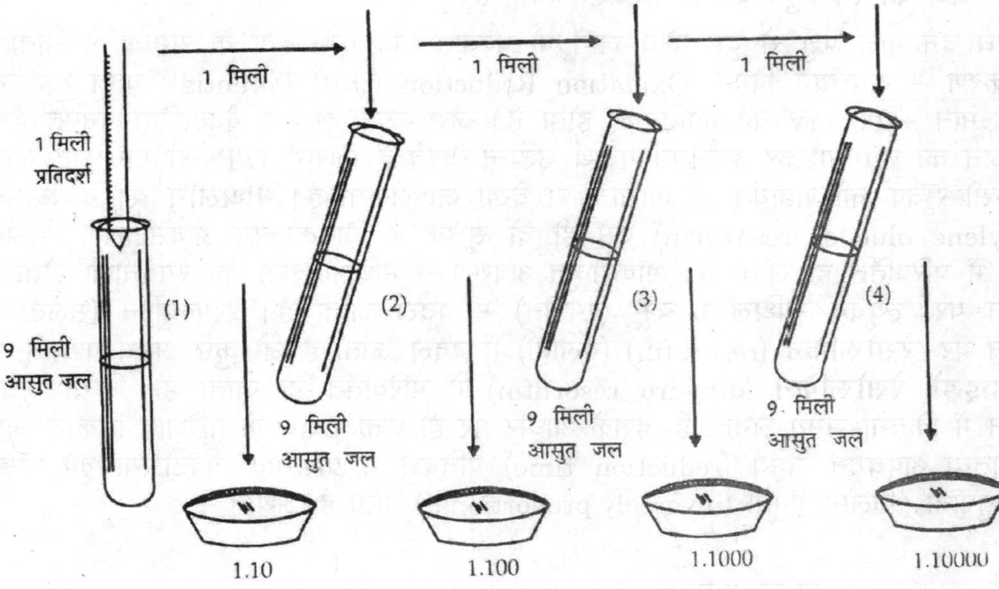

चित्र 5.4 : दुग्ध प्रतिदर्श का तनुकरण

इस प्रकार प्रतिदर्श का तनुकरण कर प्रत्येक परखनली में से लूप द्वारा कुछ प्रतिदर्श उपयुक्त संवर्धन माध्यम, जैसे अगार–अगार की अलग–अलग चार प्लेटों में डाला जाता है और 37°C ताप पर 24 से 48 घंटे तक ऊष्मायन (incubation) के लिए रख देते हैं। 30 से 300 तक में से सर्वाधिक बैक्टीरिया समूह (bacterial colony) वाली अगार प्लेटों को गणना के लिए चुना जाता है। बैक्टीरिया समूह की गणना क्यूबेक कॉलोनी काउंटर (Qubec Colony Counter) द्वारा की जाती है।

माना परखनली संख्या 3 (तनुकरण 1:1000) के प्रतिदर्श से उत्पन्न बैक्टीरिया समूह 275 थे तो कुल बैक्टीरिया की संख्या की गणना के लिए इसे 1000 से गुना कर दिया जाता है।

अतः 275 x 1000 = 2,75,000 बैक्टीरिया/मिली दुग्ध

दुग्ध के स्थान पर अन्य भोज्य पदार्थ लेकर भी इसे किया जा सकता है। जल में भी बैक्टीरिया की गणना इस विधि से की जा सकती है।

(2) अपचयन विधि (Reduction Test) – इस विधि से दुग्ध के किसी प्रतिदर्श (sample) में बैक्टीरिया की संख्या की गणना अपेक्षाकृत जल्दी हो जाती है। इस विधि में किसी रंजक (dye) विशेष के रंग परिवर्तन में कितना समय लगता है, के आधार पर बैक्टीरिया की संख्या की गणना की जाती है। प्रतिदर्श की कुछ मात्रा का **मेथिलीन ब्लू** (methylene blue) रंजक के साथ मिलाकर 37°C ताप पर ऊष्मायन (incubation) किया जाता है। दुग्ध में पाये जाने वाले लैक्टोज के किण्वन (fermentation) व बैक्टीरिया समूहों की वृद्धि से मुक्त हुए अणु रंजक के अणुओं को एक एन्जाइम रिडक्टेज (redutase) की उपस्थिति में अपचयित कर देते हैं। अपचयन से मेथिलीन ब्लू रंगहीन (colurless) हो जाता है।

बैक्टीरिया से दूषित दुग्ध में शीघ्र ही रंजक का रंग परिवर्तित हो जाता है जबकि गुणवत्ता वाले दुग्ध में रंजक का रंग बहुत देर से परिवर्तित होता है।

दुग्ध देने वाले पशु से दुह लिये जाने के पश्चात् जब दुग्ध हवा के सम्पर्क में आता है तो ऑक्सीकरण – अपचयन विभव (Oxidation Reduction (O/R) Potential) प्राप्त कर लेता है जिसका मान +300 mV की कोटि का होता है। जैसे–जैसे दुग्ध में बैक्टीरिया पनपते हैं तो वे ऑक्सीजन का उपभोग कर अपचयन पदार्थ उत्पन्न करते हैं जिससे O/R का मान घट जाता है। इसे किसी सूचक की सहायता से आसानी से देखा जा सकता है। **मेथिलीन ब्लू** व **रेसाज्यूरिन** (methylene blue or resazurin) ऐसे ही दो सूचक है जिनका रंग ऑक्सीकरण व अपचयन अवस्था में परिवर्तित हो जाता है। ऑक्सीकृत अवस्था में मेथिलीन ब्लू का रंग नीला होता है जो अपचयन पर **'ल्यूको मेथिलीन ब्लू'** (रंगहीन) में बदल जाता है। रेसाज्यूरिन (सलेटी नीला) अपचयन पर **'रेसोरूफिन** (resorufin) (गुलाबी) में बदल जाता है जो कुछ समय पश्चात् रंगहीन **डाई हाइड्रो रेसोरूफिन** (dihydro resorufin) में परिवर्तित हो जाता है। किसी सूचक के अपचयन में कितना समय लगता है, इसके आधार पर ही उक्त प्रयोग के परिणाम निकाले जाते हैं। साधारणतया अपचयन समय (reduction time) प्रतिदर्श में प्रारम्भिक बैक्टीरिया की संख्या के व्युत्क्रमानुपानी/विलोमानुपाती (inversely proportional) होता है, अर्थात् –

$$\text{अपचयन समय} \propto \frac{1}{\text{प्रतिदर्श में बैक्टीरिया की आरम्भिक संख्या}}$$

अतः यदि प्रतिदर्श में प्रारम्भ में ही अधिक बैक्टीरिया होंगे तो अपचयन में कम समय लगेगा तथा कम होने पर रंग परिवर्तन में अधिक समय लगेगा।

(3) **फोस्फेटेज परीक्षण (Phosphatase test)** – दुग्ध में तथा बहुत से ऊतकों में साधारणतया फास्फेटेज एन्जाइम पाया जाता है जो पाश्चीकरण (Pasteruisation) पर नष्ट हो जाता है। अतः इसकी उपस्थिति से दुग्ध का ठीक ढंग से पाश्चरीकरण हुआ है अथवा नहीं, का पता लगाया जाता है।

दुग्ध को एक सब्स्ट्रेट के साथ मिलाया जाता है जिस पर एन्जाइम फास्फेटेज क्रिया करता है। उत्पाद के रूप में प्राप्त होने वाली फीनॉल को किसी रंग अभिकर्मक (colour reagent) CQC के साथ मिलाने पर नीला हो जाता है जो फास्फेटेज की उपस्थिति का सूचक है। यदि रंगहीन रहता है तो फास्फेटेज को अनुपस्थिति दर्शाता है। अतः दुग्ध में CQC रंग अभिकर्मक मिलाने पर नीला रंग होना, बैक्टीरिया की उपस्थिति का सूचक है।

(4) सूक्ष्मदर्शी द्वारा गणना (Direct Microscopic Count) – दुग्ध में बैक्टीरिया की संख्या की गणना एक अभिरंजित प्रतिदर्श (stained sample) में सूक्ष्मदर्शी द्वारा प्रत्यक्ष देखकर की जाती है –

1. काँच की स्लाइड पर 1.0 cm^2 का क्षेत्र अंकित करें।
2. 0.01 मिली दुग्ध की मात्रा को समान रूप से स्लाइड पर फैलाकर पतली फिल्म बनावें।
3. उक्त फिल्म को सूखने दें और **न्यूमैन लैम्पर्ट अभिरंजक** से रंगे जिससे फिल्म स्थिर (fix) हो जायेगी तथा वसा बिन्दुक (fat globules) घुल जायेंगे।
4. मेथिलीन ब्लू से अभिरंजित करें व सूक्ष्मदर्शी द्वारा तैल निमज्जन (oil immersion) में अवलोकन करें।

अन्तिम गणना इस प्रकार करें –

सूक्ष्मदर्शी क्षेत्र के क्षेत्रफल (Microscopic field = 0.02 mm^2

स्लाइड पर प्रतिदर्श के फैलाव का क्षेत्रफल = 1 cm^2 या 100 mm^2

एक लैंस में संभावित क्षेत्र की संख्या = 100 mm^2/0.02 mm^2 = 5000 क्षेत्र

(ये क्षेत्र 0.01 मिली प्रतिदर्श के लिए हैं)

चूँकि अन्तिम गणना बैक्टीरिया प्रति मिली प्रतिदर्श में अभिव्यक्त करते हैं, अतः 100 से गुणा करें –

अतः $5000 \times 100 = 5,00,000$

यह **सूक्ष्मदर्शी गुणांक** (Microscopic factor mF) कहलाता है।

यदि 10 सूक्ष्मदर्शी क्षेत्र में औसत बैक्टीरिया x प्रति क्षेत्र थे तो

x × 500,000 mF = 5,00,000 x बैक्टीरिया / मिली दुग्ध प्रतिदर्श

इस विधि के कुछ गुण (Merits) इस प्रकार है –

1. परिणाम शीघ्र मिल जाता है।
2. बहुत कम उपकरणों की आवश्यकता होता है।
3. इसमें गिनती के साथ–साथ बैक्टीरिया के विभिन्न प्रारूप व आकारिकी की पहचान भी हो जाती है।

इन गुणों के बावजूद भी इस विधि को SPC की तुलना में कम प्रयोग लाया जाता है क्योंकि –

1. पाश्चरीकृत दुग्ध के लिए यह विधि उपयुक्त नहीं है क्योंकि अभिरंजन से कुछ मृत बैक्टीरिया भी अभिरंजित हो जाते हैं जिनकी गिनती भी गणना मे हो जाती है।
2. दुग्ध में कम बैक्टीरिया होने पर सही–सही गणना नहीं हो पाती।

6. जल में *ई. कोलाई* की जाँच करना (Detection of *E. coli* in water)

ई. कोलाई अथवा कोलाई सदृश अन्य बैक्टीरिया जैसे ***स्ट्रेप्टोकॉकस, क्लोस्ट्रीडियम*** आदि मानव व जानवरों की बड़ी आंत्र में हमेशा पाये जाते हैं और मल में निस्तारित होते रहते हैं। जल में उक्त किसी भी बैक्टीरिया समूह की उपस्थिति **मल–जल प्रदूषण** (faecal pollution of water) का द्योतक है। अतः जल में ***ई. कोलाई*** या कोलाई सदृश बैक्टीरिया खतरनाक जल प्रदूषण के चेतावनी संकेत है।

प्रस्तुत प्रयोग में जल में ***ई. कोलाई*** की उपस्थिति की जाँच की विधि उद्धृत है –

इस जाँच के उत्तरोतर (successive) तीन पद (steps) हैं –

1. पूर्वधारणा परीक्षण (Presumptiv test)
2. निश्चित जाँच (Confirmatory test)
3. पूर्ण परीक्षण / जाँच (Complete test)

अभिकर्मक – (i) लैक्टोज ब्रोथ (ii) EMB अगार

लैक्टोज ब्रोथ माध्यम तैयार करना – 0.5 ग्राम पेप्टोन, 500 मिलीग्राम डाईपोटेशियम हाइड्रोजन फॉस्फेट तथा 5000 मिलीग्राम लैक्टोज को 200 मिली आसुत जल में विलेय करें।

EMB अगार तैयार करना – एक लीटर गर्म जल में 15 ग्राम अगार–अगार विलेय करें। 10 ग्राम पेप्टोन, 5 ग्राम लैक्टोज, 200 मिलीग्राम डाईपोटेशियम हाइड्रोजन फॉस्फेट, 400 मिलीग्राम इओसिन तथा 0.065 ग्राम मेथिलीन ब्लू को अगार अगार में मिलावें तथा 1/2 घंटे तक 5–10 पौंड दाब पर ऑटोक्लेव करें।

1. पूर्वधारणा परीक्षण (Presumptive test)

1. लैक्टोज ब्रोथ माध्यम युक्त दो परखनलियों में क्रमशः 1 मिली व 0.1 मिली जल प्रतिदर्श लें।
2. 37°C ताप पर 48 घंटे तक ऊष्मायन करें।

3. 24 घंटे के अन्दर ही यदि गैस के बुलबुले उठने लगें तो प्राथमिक तौर पर कहा जा सकता है कि ***ई. कोलाई*** उपस्थित है। अगले 24 घंटे में गैस की उपस्थिति संदेहास्पद (doubtful) *ई. कोलाई* को दर्शाती है। यदि 48 घंटे की अवधि में गैस बुलबुलों का कोई संकेत नहीं मिलता तो यह मानना चाहिए कि *ई. कोलाई* नहीं है।

2. निश्चित जाँच (Confirmatory test)

1. उपर्युक्त पूर्वधारणा परीक्षण (presumptive test) की धनात्मक परखनलियों से थोड़ा सा संरोप या निवेश द्रव्य (inoculum) लेकर EMB (Eosine Methylene Blue) अगार प्लेट में स्ट्रीक विधि (streak method) द्वारा डाले तथा 37°C ताप पर 48 घंटे के लिए ऊष्मायन करें।
2. *ई. कोलाई* बैक्टीरिया के समूह हरी धात्विक चमक (green metallic sheen) के रूप में दिखाई देते हैं। *इन्टेरोबैक्टर* (Enterobacter) गहरे केन्द्र (dark centre) वाले गुलाबी समूह (pink colony) के रूप में दिखाई देते हैं। यह *ई. कोलाई* की उपस्थिति के लिए धनात्मक (positive) कहलायेगा।

3. पूर्ण परीक्षण / जाँच (Complete test)

1. निश्चित जाँच (Confirmed test) वाली EMB अगार प्लेट से कुछ संरोप (incoulum) लेकर क्रमशः लैक्टोज ब्रोथ व अगार स्लांट वाली परखनली में डालें तथा 37°C ताप 24–48 घंटे तक ऊष्मायन करें।
2. लैक्टोज ब्रोथ वाली परखनली में किण्वन (fermentation) से गैस के बुलबुले उठना तथा अगार स्लांट से बैक्टीरिया समूह का ग्राम ऋणात्मक (Gram negative) होना *ई. कोलाई* का पुख्ता प्रमाण है (*ई. कोलाई* ग्राम ऋणात्मक होते हैं)।

सामान्य सावधानियाँ

1. प्रतिदर्श को रोगाणुरहित अथवा विसंक्रमित (sterilize) बोतल में इकट्ठा करें।
2. प्रतिदर्श की जाँच शीघ्र शुरू कर दें अन्यथा द्वितीयक रूप से बैक्टीरिया प्रदूषण का खतरा हो सकता है। यदि प्रतिदर्श इकट्ठा करने के पश्चात् जाँच देर से शुरू करनी हो तो 0.10°C ताप पर संग्रहित करें।
3. प्रतिदर्श को एकत्रित करते समय तथा बाद में दूषण (contamination) से बचाना चाहिए।

सारांश सारणी

पूर्वधारणा जाँच

लैक्टोज ब्रॉथ संरोप

गैस के बुलबुले उठते हैं

(कोलाई रूप बैक्टीरिया हो सकती है)

जाँच धनात्मक

जाँच को आगे बढ़ायें

गैस के बुलबुले नहीं उठते हैं

(कोलाई रूप बैक्टीरिया अनुपस्थित)

जाँच ऋणात्मक

आगे जाँच की आवश्यकता नहीं

निश्चित जाँच

लैक्टोज ब्रॉथ से संरोप लेकर EMB अगार में मिलायें

(ई. कोलाई के छोटे समूह गहरे केन्द्रों जिनमें हरी धात्विक चमक होती है, दिखाई देती है एन्टेरोबैक्टर के बड़े समूह गहरे गुलाबी केन्द्र के रूप में दिखाई देते हैं जिनमें उपर्युक्त हरी धात्विक चमक नहीं होती)

जाँच धनात्मक

सम्पूर्ण जाँच

EMB अगार से संरोप लेकर

लैक्टोज ब्रॉथ में डालें

(गैस के बुलबुले निकलते हैं कोलाई रूप उपस्थित)

जाँच धनात्मक

अगार स्लांट में डाले

ग्राम रंजक से रंगे

ग्राम ऋणात्मक

ई. कोलाई उपस्थित

जाँच धनात्मक

बीजाणुओं का अभिरंजन (Staining of spores)

चूँकि बीजाणू कार्बोल फक्सिन (carbol fuchsin) से अभिरंजित हो जाते हैं। अतः इन्हें आसानी से देखा जा सकता है।

Basic fuchsin	—	0.3 gm	Solution A
Ethyl alcohol (95%)	—	10 ml	
Phenol	—	5 gm	Solution B
DW	—	95 ml	

Mix A & B

परिणाम – बीजाणु **लाल रंग के दिखाई देते हैं।**

कैप्स्यूल का अभिरंजना (Staining of capsule)

Crystal violet - 0.01 gm

Glacial acetic acid - 0.25 ml

DW – 100 ml

1. क्रिस्टल वॉयलट (crystal violet) में लगभग 5 मिनट तक रंगे।
2. 20% कॉपर सल्फेट (जलीय) से धोवें।
3. सुखाकर सूक्ष्मदर्शी में देखें।

परिणाम – कैप्स्यूल **बैंगनी नीले** दिखाई देते हैं (कोशिकाएँ गहरी नीली)।

Bactera : An Introduction

1. बैक्टीरिया सूक्ष्मजीवी, एक कोशीय (unicellular), अलैंगिक जनन करने वाले प्रोकेरियोट्स है।
2. ये या तो परजीवी जीवन व्यतीत करते हैं, अथवा मृतोपजीवी (saprophytic) होते हैं।
3. मृतोपजीवी बैक्टीरिया आर्थिक रूप से अत्यन्त महत्वपूर्ण भूमिका निभाते हैं।
4. परजीवी बैक्टीरिया मानव व पौधों में विभिन्न रोग फैलाते हैं। ट्यूबरकूलोसिस (Tuberculosis) डिफ्थीरिया (Diptheria), परटूसिस (Pertusis), टाइफाइड (Typhoid) व सिफलिस (Syphlis) मनुष्य के कुछ प्रमुख बैक्टीरिया जनित रोग है।
5. सबसे छोटा बैक्टीरिया *Dialister pneumosintes* (0.5 से 0.30 m) तथा सबसे बड़ा *Spirillum volutans* (13 से 15 m) है।
6. ये प्रमुखतया गोलाकार (spherical) दण्डाकार (rod shaped) व सर्पिलाकार (spiral) होते हैं।

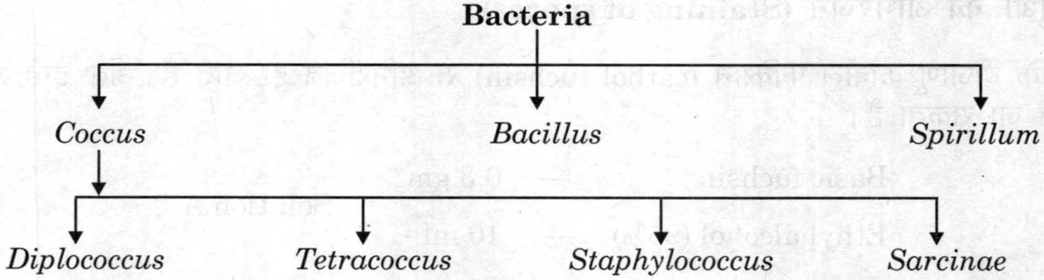

1. कोकस (Coccus)

ये गोलाकार होते हैं। कोशिकाएँ जोड़े में (diplococcus), चार के समूह में (tetracoccus) या गुच्छे के रूप में (staphylococcus) होती है। शृंखला (chain) समान मोती रूपी (bead like) स्ट्रेप्टोकोकस तथा आठ कोशिकाओं के वर्गाकार समूह में सारसीनि (sarcinae) होते हैं। उदाहरण – नाइसेरिया (Neisseria) डिप्लोकोकस होते हैं।

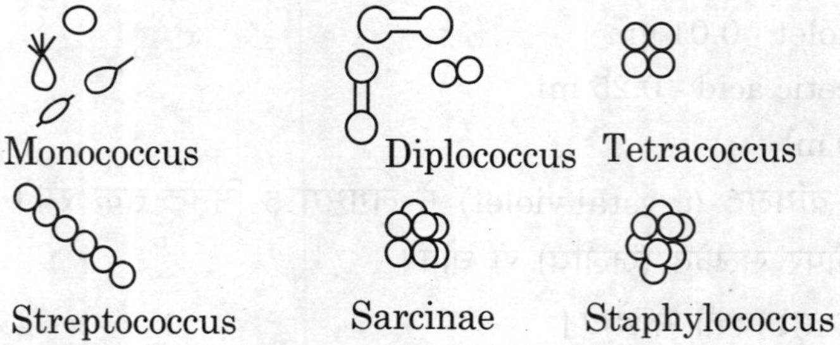

विभिन्न प्रकार के बैक्टीरिया

2. बैसीलस (Bacillus)

ये दण्डाकार (rod shaped) होते हैं। कोशिकाएँ कभी–कभी जोड़े में भी होते हैं (diplobacilli) और शृंखला में भी (streptobacilli), उदाहरण – डिफ्थीरिया रोग के जनक कोरीने बैक्टीरियम, क्लेबसेला (Klebsiella) व सेरेशिया (Serratia) क्रमशः फेफड़ों की बीमारी तथा साल्मोनेला, बीमारी साल्मोनेलोसिस फैलाते हैं तथा क्लोस्ट्रीडियम भोजन को दूषित (food poisonoing) करते हैं।

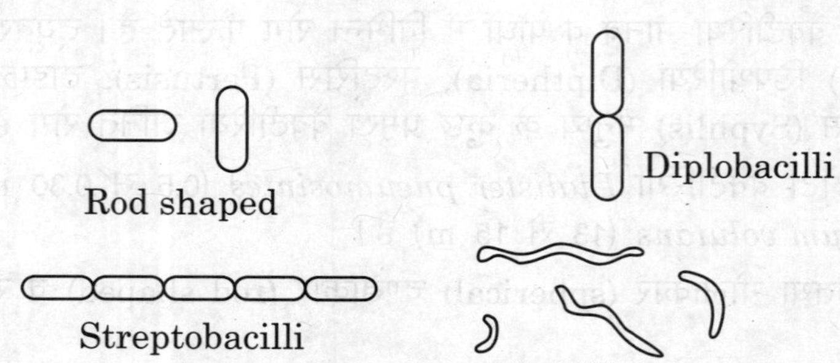

3. स्पाइरीलम (Spirillum)

ये कोमा (,) विब्रियो (Vibrio) या स्पाइरल आकार के होते हैं। उदाहरण – ट्रेपोनेमा (Treponema)

एक प्रारूपी बैक्टीरिया की संरचना (Structure of a typical bacterium)

1. एक प्रारूपी बैक्टीरिया कोशिका में बाह्य परत (Outer covering) व कोशिका द्रव्य होते हैं।
2. बाह्य परत में क्रमशः प्लाज्मा, झिल्ली कोशिका भित्ति व कैप्स्यूल होते हैं।
3. प्लाज्मा झिल्ली लाइपोप्रोटीन की बनी होती है जिसमें अनके ऑक्सीडेटिव (oxidative) एंजाइम व श्वसन शृंखला (respiratory chain) के एंजाइम पाये जाते हैं।
4. प्लाज्मा झिल्ली के चारों और कोशिका भित्ति होती है जिसमें डाइअमीनोपाइमेलिक अम्ल (Diaminopimelic acid) पाया जाता है। यह ग्लूकोज का व्युत्पन्न होता है जिसे म्यूरामिक अम्ल (muramic acid) भी कहते हैं।
5. कैप्स्यूल रक्षात्मक कवच प्रदान करता है। यह पॉलीसैकेराइड की लसलसी (slimy) परत होती है।
6. कोशिकाद्रव्य में अंतःप्रदव्यी जालिका (E.R.), गॉल्जीकाय, माइटोकोन्ड्रिया, लाइसोसोम व सेंट्रीओल नहीं पाये जाते हैं। इसमें ग्लाइकोजिन प्रोटीन व वसा पाये जाते हैं। इसमें पॉली–बीटा हाइड्रॉक्सी ब्यूटायरिक अम्ल, वॉलूटिन व सल्फर भी पाये जाते हैं जो संचित भोजन कहलाता है।

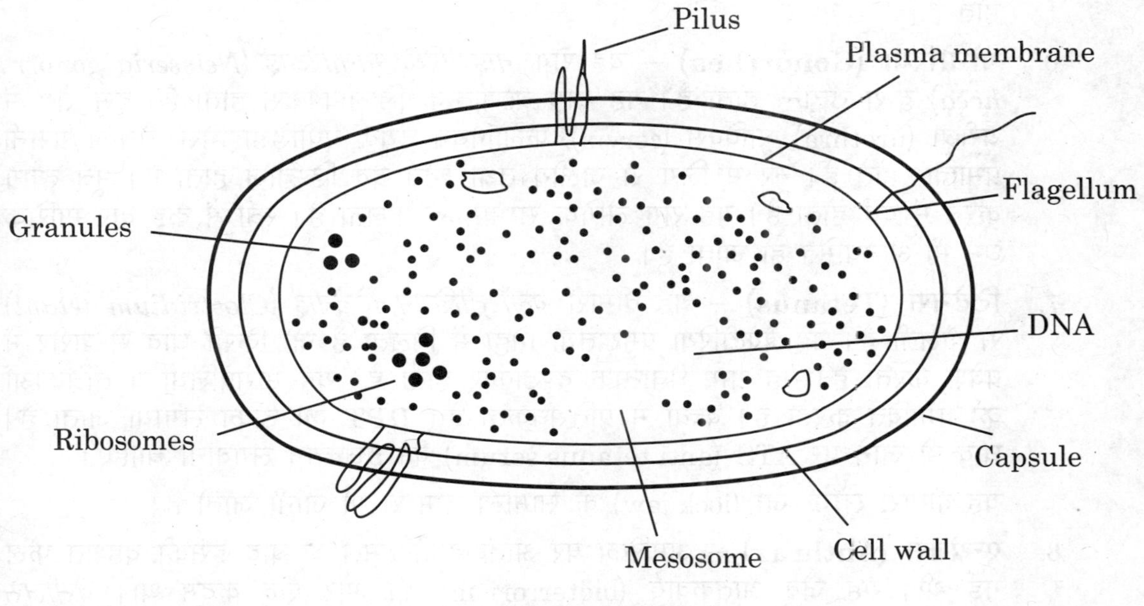

***E. coli* (Non pathogenic)**

बैक्टीरिया जनित कुछ प्रमुख रोग (Some main disease caused by bacterium)

1. **टी.बी. (Tuberculosis)** – *माइकोबैक्टिरियम ट्यूबरकुलोसिस* (*Mycobacterium tuberculosis*) द्वारा उत्पन्न होती है। यह दण्डाकार (rod shaped) होता है। इसमें प्रमुखतया फेफड़े प्रभावित होते हैं। बच्चों में प्रतिरोधकता हेतु BCG का टीका लगाया जाता है (Bacillus calmett guerin)

2. **डिफ्थीरिया (Diptheria)** – यह *कोरीनेबैक्टीरियम डिफ्थीरीआई* (*Corenebacterium diptheriae*) द्वारा पैदा होती है। यह बैक्टीरिया ग्राम धनात्मक दण्डाकार होता है। इसमें ऊपरी श्वसन संस्थान, हृदय व तंत्रिकाएँ प्रभावित होती है। बच्चों में प्रतिरोधकता हेतु **DPT** का टीका लगाया जाता है।

3. **परटूसिस (Pertusis अथवा Whopping cough)** – यह *बोरडेटेला परटूसिस* (*Bordetella pertusis*) द्वारा उत्पन्न होती है। यह बैक्टीरिया ग्राम ऋणात्मक दण्डात्मक होता है। इससे ऊपरी श्वसन तंत्र प्रभावित होता है। बच्चों में प्रतिरोधकता हेतु **DPT** का टीका लगाया जाता है।

4. **टाइफाइड (Typhoid)** – यह रोग *साल्मोनेला टाइफाई* (*Salmonella typhi*) द्वारा उत्पन्न होती है। यह बैक्टीरिया ग्राम ऋणात्मक दण्डाकार होता है। इस बीमारी में आंत्र व पित्ताशय प्रभावित होते हैं। इसमें प्रतिजैविक (antibiotics) दवाईयां ली जाती है।

5. **सिफलिस (Syphlis)** – यह रोग *ट्रेपोनेमा पैलीडम* (*Treponema pallidum*) द्वारा उत्पन्न होता है। लैंगिक संयोग (sexual intercourse) इसके फैलने का बड़ा आसान तरीका है। रोग की तीसरी प्रावस्था में कार्डियो वैस्कुलर तंत्र व तंत्रिका तंत्र प्रभावित होते हैं।

6. **गोनोरिया (Gonorrhea)** – यह रोग *नाइसेरिया गोनोरिआई* (*Neisseria gonorrhoea*) द्वारा उत्पन्न होता है। यह ग्राम ऋणात्मक डिप्लोकोकस होता है। इस रोग में यूरीथ्रा (urethra), सर्विक्स (cervix), फैलोपियन ट्यूब, एपीडिडाइमिस, नेत्र व ग्रसनी प्रभावित होते हैं। नर में लिंग से जलीय तथा श्वेत द्रव डिस्चार्ज होता है। मूत्र त्याग करने में दर्द होता है। यह रोग लैंगिक सम्भोग से फैलता है। स्त्री में कई बार मासिक धर्म भी अनियमित हो जाता है।

7. **टिटेनस (Tetanus)** – यह बीमारी *क्लॉस्ट्रीडियम टिटेनाई* (*Clostridium tetani*) से फैलती है। यह बैक्टीरिया प्रमुखतया मिट्टी में मिलता है जो किसी घाव से शरीर में प्रवेश करता है। यह ग्राम धनात्मक दण्डाकार होता है। यह मांसपेशियों व तंत्रिकाओं को प्रभावित करता है। बच्चों में प्रतिरोधकता हेतु **DPT** का टीका लगाया जाता है। घाव हो जाने पर ATS (anti tetanus serum) का इंजेक्शन लगवाना चाहिए।

   यह बीमारी **लॉक जा** (lock jaw) के सामान्य नाम से भी जानी जाती है।

8. **एन्थ्रेक्स (Anthrax)** – अमेरिका पर आतंकवादी हमले के बाद इसकी दहशत फैल गई थी। यह जैव आंतकवाद (bioterrorism) की ओर एक कदम था। *बैसीलस एन्थ्रैसिस* (*Bacillus anthracis*) एक बीजाणु बनाने वाला बैक्टीरिया है जिससे

इसका संक्रमण फैलता है। यह जानवर जैसे – गाय, भैंस, बकरी, भेड़, ऊंट अदि में साधारणतया पाया जाता है। मनुष्य में इन जानवरों से फैल सकता है) इसका संक्रमण त्वचा द्वारा (cutaneous) साँस के साथ (inhalation) तथा आँतों द्वारा (gastro intestinal) फैल सकता है। इसके बीजाणु मृदा व जल में कई वर्षों तक रह सकते हैं। मनुष्य उपर्युक्त तीन विधियों द्वारा संक्रमित हो सकते हैं। बीमारी के लक्षण लगभग 7 दिन में दृष्टिगोचर होते हैं।

त्वचा द्वारा संक्रमण (Cutaneous infection)

बैक्टीरिया जब किसी घाव द्वारा शरीर में पहुंच जाता है तब सर्वप्रथम खुजली चलती है, लाल फुंसी जैसी दिखाई देती है। 1–2 दिन बाद अल्सर का रूप ले लेता है। घाव के मध्य काला पड़ जाता है। लसीका नोड फूल जाते हैं। 20% मामले (यदि इलाज नहीं किया गया तो) मृत्यु का कारण बन जाते हैं।

साँस द्वारा (Inhalahion)

सामान्य जुकाम के समान लक्षण उसके बाद साँस लेने में कठिनाई होती है। यह खतरनाक होता है।

आँत द्वारा (Instestinal)

संक्रमित जानवर का माँस खाने से फैलता है। भूख मिट जाती है, उल्टी, बुखार, पेट दर्द तथा दस्त हो जाते हैं। 25–60% मामले मृत्यु का कारण बनते हैं।

बचाव

एन्थ्रेक्स टीका (93% कारगर है)।

सामान्य उपकरण (General appliances)

1. कॉलोनी काउन्टर (Colony counter)

यह वह उपकरण है जिससे बैक्टीरिया कॉलोनी में इनकी संख्या की गणना की जाती है। इसमें एक आवर्धन लैन्स होता है जिसके ठीक नीचे पेट्रीप्लेट रखने का स्थान। पेट्री प्लेट के संवर्धन माध्यम में पनप रही बैक्टीरिया कॉलोनी की गणना की जाती है। उत्पादक कम्पनी (manufacturing company) के दिशा–निर्देशों का पालन करें।

2. ऑटोक्लेव (Autoclave)

संवर्धन में काम आने वाले उपकरण यथा – चिमटी, चाकू, पैट्रीडिश, संवर्धन माध्यम परखनली आदि को जीवाणुमुक्त करना जरूरी होता है।

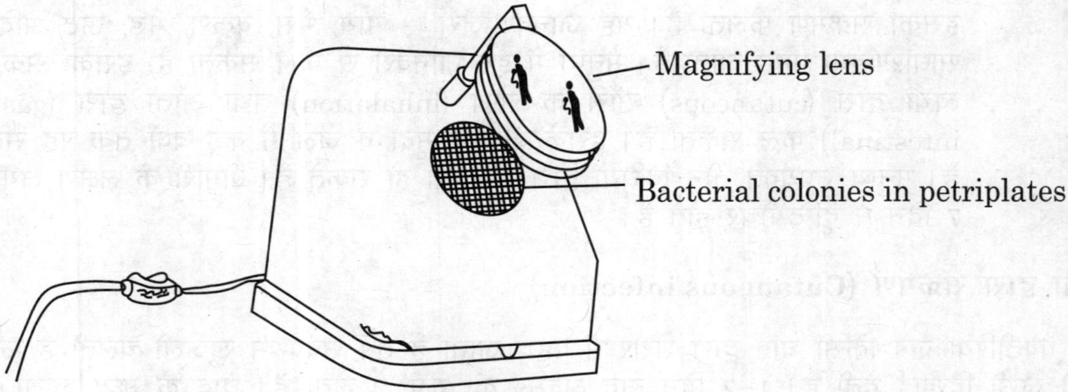

चित्र : कॉलोनी काउन्टर

ऑटोक्लेव वह उपकरण है जिससे अधिक दाब (15 पौंड प्रति वर्ग ईंच) पर 15–20 मिनट तक इन्हें ऑटोक्लेव में रखा जाता है।

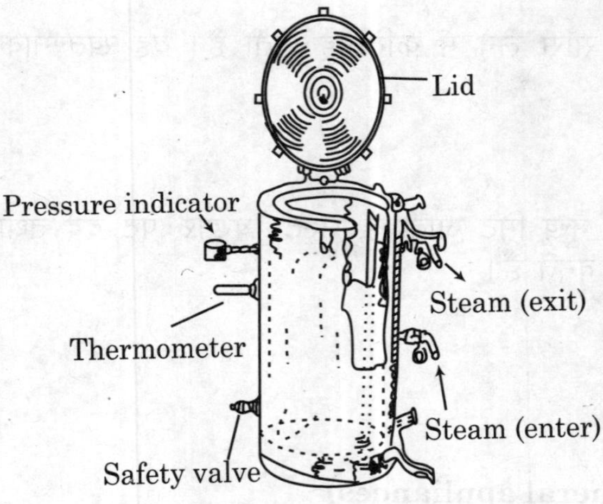

चित्र : ऑटोक्लेव

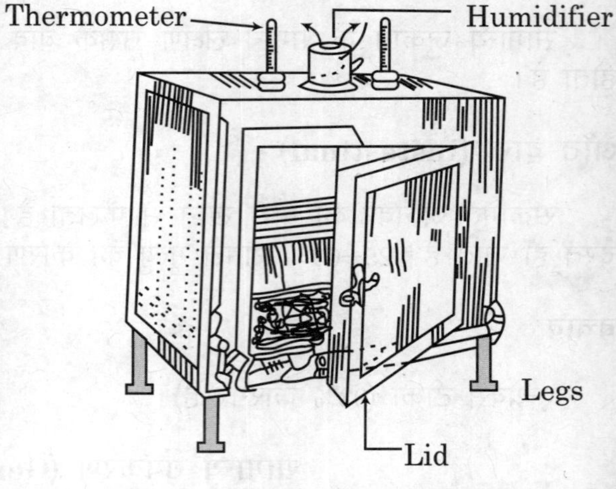

चित्र : ऑवन (Hot air oven)

ऑवन (Oven)

शुष्क ऊर्जा द्वारा सूक्ष्मजीवी नाशन के लिए ऑवन (Oven) प्रयोग में लाया जाता है। इसमें संवर्धन में काम आने वाली समस्त काँच की सामग्री को जीवाणुमुक्त किया जाता है। 160°C ताप पर लगभग 4–5 घंटे में ये सभी जीवाणु रहित हो जाती हैं।

EDUCATIONAL TOUR

स्नातक स्तर के विद्यार्थी से पाठ्यक्रम में निर्धारित स्थान पर शैक्षिक भ्रमण जिसकी संक्षिप्त रिपोर्ट भी प्रस्तुत करनी होती है, की अपेक्षा विद्यार्थी से की जाती है। सैद्धान्तिक ज्ञान तो पुस्तकों से प्राप्त किया जा सकता है, लेकिन प्रायोगिक ज्ञान स्वयं के हाथों प्रयोग करने व देखने से ही संभव हो पाता है। अपने शहर के आसपास यदि कोई संयंत्र हो तो उन्हें अवश्य भ्रमण में शामिल करें। **डेयरी संयंत्र, बीयर** व **शराब** बनाने हेतु इकाइयाँ, **बेकरी** आदि को भी अपने भ्रमण में शामिल करें। संयंत्र के उच्च अधिकारी से पूर्व अनुमति लेकर शिक्षक अपने छात्रों के दल को अपने कॉलेज के प्राचार्य व विभागाध्यक्ष की अनुमति से भ्रमण के लिए ले जा सकते हैं। संयंत्र के उच्च अधिकारी प्रक्रिया व उत्पादन की समस्त जानकारी सम्बन्धित विशेषज्ञ से आपको दिला देंगे। रिपोर्ट में उनके सहयोग के लिए उल्लेख अवश्य करें।

1. शराब के व्यावसायिक उत्पादन का रेखाचित्र
(Ray diagrame for the commercial production of Wine)

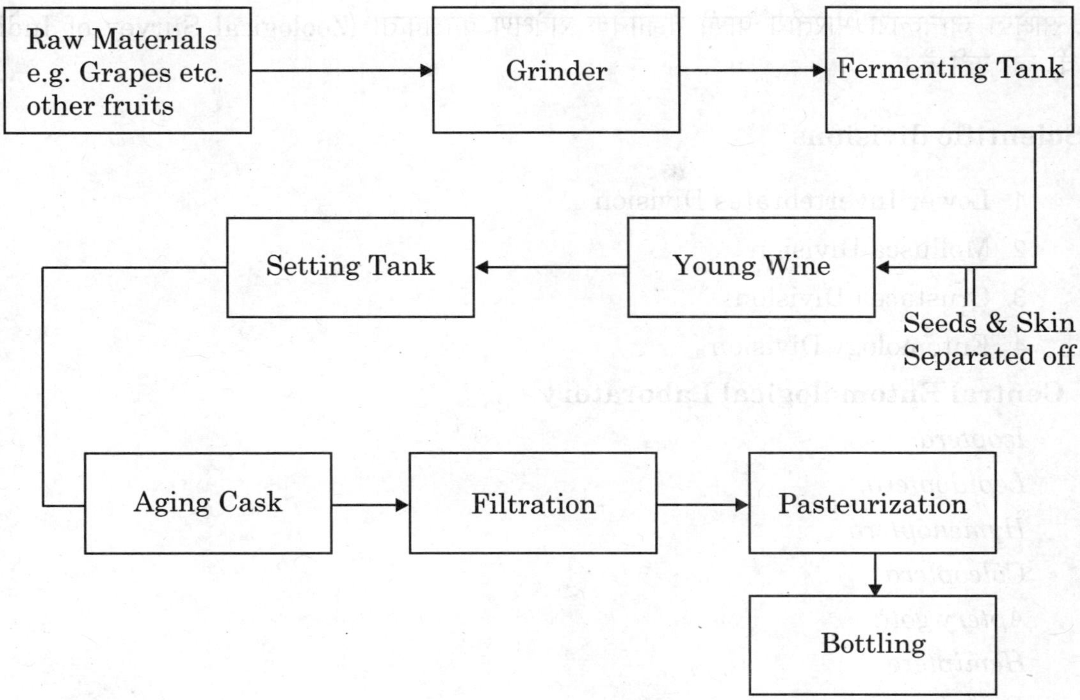

2. बीयर के व्यावसायिक उत्पादन का रेखाचित्र (Ray diagrame for the commercial prdouction of Beer)

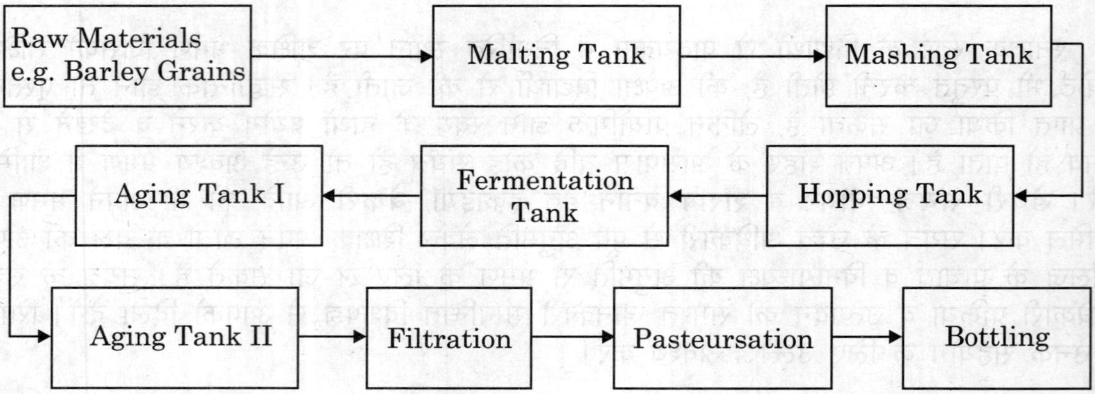

3. NATURAL HISTORY MUSEUM

स्नातक व स्नातकोत्तर छात्र प्राकृतिक संग्रहालय अध्ययन हेतु कम से कम भारतीय प्राणी वैज्ञानिक सर्वेक्षण के संग्रहालय (कोलकाता) को अवश्य भ्रमण में शामिल करें। इसके अतिरिक्त दिल्ली, चेन्नई तथा मुम्बई (BNHS) इस हेतु आदर्श संस्थान हैं।

संक्षिप्त जानकारी भारतीय प्राणी वैज्ञानिक सर्वेक्षण कोलकता (Zoological Survey of India) की दी जा रही है।

1. Scientific divisions

1. Lower Invertebrates Division
2. Mollusca Division
3. Crustacea Division
4. Entomology Division

Central Entomological Laboratory

Isoptera

Lepidoptera

Hymenoptera

Coleoptera

Aptery gota

Hemiptera

Diptera

Miscellaneous groups

5. Higher Chordates Division
6. Herpetology Division
7. Fish Division
8. Arachnology Division
9. Taxidermy Division
10. Wildlife Conservation Division
11. Ecology and Animal Behaviour Division
12. Paleozoology Division

2. Regional Offices

1. Eastern Regional Station, Shillong (Meghalaya)
2. Western Regional Station, Pune (Maharashtra)
3. Central Regional Station, Jabalpur (M.P.)
4. Desert Regional Station, Jodhpur (Rajasthan)
5. Northern Regional Station, Dehradun (U.P.)
6. Southern Regional Station, Chennai
7. Gangetic Plains Regional Station, Patna (Bihar)
8. High Altitude Zoology Field Station, Solan (H.P.)
9. Marine Biological Station, Chennai
10. Andman and Nicobar Regional Station, Port Blair
11. Fresh Water Biological Station, Hyderabad (A.P.)
12. Sundarban Field Research Station, Canning (W.B.)
13. Esturine Research Station, Behrampur (Orissa)
14. Western Field Station, Kerala
15. Arunachal Pradesh Field Station, New Itanagar (A.P.)
16. Marine Aquarium Research Centre Digha (W.B.)

Desert Regional Station, Jodhpur

It was established in 1960. It covers Gujarat also. 80 projects have been handled so far with more than 300 publications.

Famous Projects

1. Taxonomy and Ecology of Desert Rodents
2. Thysanoptera of Rajasthan
3. Myriapods of Rajasthan
4. Parasitic Hymenoptera of Rajasthan
5. Bats of Rajasthan
6. Termites of Gujarat
7. Grylloids of Gujarat
8. Scarabeid Beetles of Rajasthan and Gujarat
9. Fish Fauna of Rajasthan

4. प्रतिजीवी–प्रतिजैविक क्रियाएँ (Antigen-Antibody reactions)

सर्वप्रथम **कार्ल लैंडस्टीनर** (Karl Landsteiner) ने सन् 1900 में मानव लाल रक्त कणिकाओं पर दो प्रतिजीवी (antigen) A व B की उपस्थिति को प्रतिपादित किया था और इसी खोज के आधार पर मानव रक्त समूह को क्रमशः तीन समूहों A, B व O में विभक्त किया था। बाद में 1902 में **डीकास्टेलो** (Decastello) व **स्टूरिल** (Sturil) ने चौथे समूह AB के अस्तित्व को प्रतिपादित किया था।

मानव लाल रक्त कणिकाओं के अन्दर **प्रतिजीवी** (antigen) पाई जाती हैं और प्लाज्मा में **प्रतिजैविकी** (antibody)। यदि इन प्रतिजीवी व प्रतिजैविकी को साथ लाया जाता है, तो वे एग्लूटिनेट हो जाती है।

कुछ व्यक्तियों में A प्रतिजीवी होती है, कुछ में B, कुछ में दोनों A व B होती है तथा कुछ में दोनों ही नहीं होती हैं अतः इसी के आधार पर चार तरह के रक्त समूह पाये जाते है –

(i) समूह A जिनमें A प्रतिजीवी पाई जाती है।

(ii) समूह B जिनमें B प्रतिजीवी पाई जाती है।

(iii) समूह AB जिनमें A व B दोनों प्रतिजीवी पाई जाती है।

(iv) समूह O जिनमें A व B दोनों में से कोई भी नहीं पाई जाती।

क्र.सं.	रक्त समूह	प्रतिजीवी लाल रक्त कणिकाओं में
1	A	A
2	B	B
3	AB	A & B
4	O	Nil

रक्त प्लाज्मा में क्रमशः दो प्रकार की प्रतिजैविकी (antibody) पाई जाती है, जिन्हें क्रमशः a व b से निरूपित करते हैं कुछ व्यक्तियों में केवल a प्रतिजैविकी होती है, कुछ में केवल b, कुछ में दोनों a व b तथा कुछ में दोनों में से कोई भी नहीं। जब प्रतिजैविकी a व b दोनों उपस्थित होती हैं तब उनमें प्रतिजीवी (antigen) नहीं पाई जाती अर्थात् रक्त समूह O होता है जबकि a व b प्रतिजैविकी अनुपस्थित होने पर प्रतिजीवी A व B दोनो पाई जाती है अर्थात् रक्त समूह AB होगा। प्रतिजीवी A क्रमशः प्रतिजैविकी a के साथ व B, प्रतिजैविकी b के साथ क्रिया करती है। ये कभी भी एक साथ नहीं पाई जाती है। किसी प्रतिजीवी (antigen) के लिये विपरीत प्रतिजैविकी (antibody) ही मानव में पाई जाती है अर्थात् A प्रतिजीवी वाले रक्त में b प्रतिजैविकी पाई जाती है व B वाले में a यही कारण है कि स्वयं की देह में रक्त कभी एग्लुटिनेट नहीं हो पाता।

क्र.सं.	रक्त समूह (Blood group)	प्रतिजैविकी (antibody) (प्लाज्मा में)	प्रतिजीवी (antigen) (लाल रक्त कणिकाओं में)
1	A	b	A
2	B	a	B
3	AB	nil	A and B
4	O	a and b	nil

O रक्त समूह वाले व्यक्ति किसी भी रक्त समूह वाले व्यक्ति को रक्त दान कर सकते हैं, क्योंकि उनके रक्त में कोई प्रतिजीवी (antigen) नहीं पाई जाती है। अतः ये **सार्वत्रिक दाता** (universal donar) कहलाते हैं। AB रक्त समूह वाले व्यक्ति किसी भी रक्त समूह वाले व्यक्ति से रक्त ग्रहण कर सकते हैं, क्योंकि इनके रक्त में कोई भी प्रतिजैविकी (antibody) नहीं पाई जाती है। अतः ये **सार्वत्रिक ग्राही** (universal recipient) कहलाते हैं।

5. प्रतिजीवी–प्रतिजैविकी क्रिया का प्रदर्शन

आवश्यक सामग्री (Materials required)

एंटी सीरम (A, B व AB), तथा एंटी सीरम D, सुई, स्प्रिट लैम्प, एल्कोहल, स्लाइड व माइक्रोस्कोप।

सिद्धान्त (Principle)

जब ज्ञात एंटीसीरा (antisera) के साथ किसी रक्त प्रतिदर्श को मिलाया जाता है तो दो प्रकार की क्रिया होती है।

(i) एग्लूटिनेशन (agglutination)

(ii) एग्लूटिनेशन नहीं (no agglutination)

जिस एंटीसीरा के साथ एग्लूटिनेशन होता है, वही रक्त समूह होता है। उदाहरणार्थ यदि **एंटीसीरा–A** के साथ एग्लूटिनेशन हुआ है तो **रक्त समूह A** है और यदि **एंटीसीरा – B** के एग्लूटिनेशन होता है तो **रक्त समूह B** है। **एंटीसीरा–AB** के साथ एग्लूटिनेशन रक्त समूह AB को इंगित करता है। एंटीसीरा A व एंटीसीरा B के परिणामों को एंटीसीरा AB ही सुनिश्चित करता है। यदि किसी भी एंटीसीरा के साथ **एग्लूटिनेशन** नहीं होता है तो **रक्त समूह O** है। **O समूह सार्वत्रिक दाता** (universal donar) तथा AB समूह **सार्वत्रिक ग्राही** (Universal recipient) कहलाता है। यदि एंटीसीरा D के साथ एग्लूटिनेशन होता है तो Rh positive ग्रुप है और यदि नहीं होता है तो Rh negative है।

विधि (Procedure)

इसे निम्नलिखित दो विधियों से प्रदर्शित कर सकते हैं।

(i) त्वरित स्लाइड विधि (rapid slide test)

(ii) टैस्टट्यूब विधि (test tube method)

त्वरित स्लाइड विधि (rapid slide test)

स्लाइड पर तीन चुने हुए स्थानों पर एक–एक रक्त की बूंदें डालें तथा प्रत्येक में एक बूंद नार्मल सेलाइन मिलायें।

2. अब क्रमशः एंटीसीरा A, B व AB का एक एक बूंद उपर्युक्त तीन स्थानों पर डालें।

3. कांच की छड़ से मिलायें तथा स्लाइड को थोड़ा आगे पीछे झुकायें। जिस एंटीसीरा के साथ एग्लूटिनेशन हुआ है, उसे नोट करें।

परिणाम (Result)

एंटीसीरम की उपस्थिति में लाल रक्त कणिकाओं का एग्लूटिनेशन धनात्मक जांच (positive test) दर्शाता है।

S.No.	anti - A	anti - B	Anti AB	Anti D	Blood group	Rh
1	–	+	+	+	B	B+ive
2	+	+	+	+	AB	AB+ive
3	+	–	+	+	A	A+ive
4	–	–	–	+	O	O+ive

+ = एग्लूटिनेशन (जांच धनात्मक positive test)

– = एग्लूटिनेशन नहीं (ऋणात्मक जांच negative test)

टेस्ट ट्यूब विधि (Test tube method)

1. तीन परखनली लेकर क्रमशः A, B व AB अंकित करें।
2. नॉरमल सेलाइन में रक्त का लगभग 4% ससपेंशन (suspension) बनावें तथा प्रत्येक टेस्ट ट्यूब में डालें।
3. अब संबंधित परखनली में क्रमशः A, B व AB एंटीसीरा की एक बूंद मिलावे तथा एग्लूटिनेशन नोट करें तथा परिणाम प्रायोगिक पुस्तिका में नोट करें।

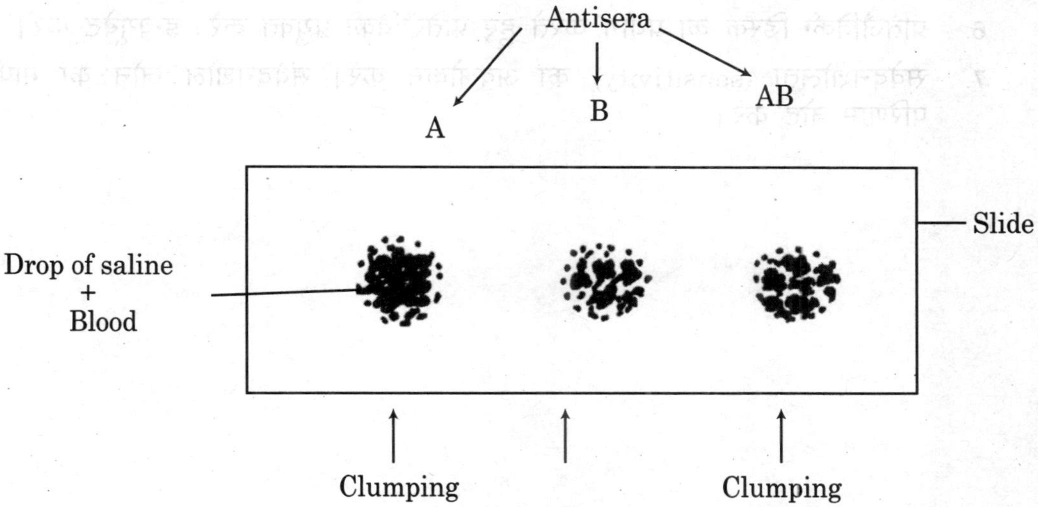

Fig. 5.6. Clumping of RBCs with antisera A, B & AB.

6. Rh - रक्त समूह की जांच करना

यह त्वरित स्लाइड जांच की भांति ही है, केवल एंटीसीरा A, B व AB के स्थान पर एंटीसीरा D प्रयुक्त करें। यदि एंटीसीरा D के साथ एग्लूटिनेशन होता है, जो Rh – धनात्मक (Rh-positive) है अन्यथा Rh = negative है। वैसे मनुष्य की कुल जनसंख्या का 90% Rh-positive होती है।

7. प्रतिजैविक (antibiotics) के प्रभाव का अध्ययन

आवश्यक सामग्री – रक्त–अगार संवर्धन माध्यम युक्त प्लेट, परखनलियाँ, प्रतिजैविक डिस्क, इन्ओकूलेशन लूप, सैलाइन विलयन आदि।

सिद्धान्त – प्रतिजैविक वे रसायन है जो बैक्टीरिया को या तो मार देते हैं या उनकी वृद्धि को रोक देते हैं तथा बैक्टीरिया जनित संक्रमण का उपचार करने के काम आते हैं। ये या तो DNA द्विगुणन (replication) या ट्रान्सक्रिप्शन या प्रोटीन निर्माण को रोककर अथवा कोशिका भित्ति के संश्लेषण को रोककर बैक्टीरिया वृद्धि को नियंत्रित करते हैं।

प्रयोग बिन्दु

1. अपने हाथ को जल से धोयें तथा इस धोवन को पेट्रीडिश में एकत्रित करें।
2. इसमें रूई भिगोकर रक्त अगार प्लेट में फिरायें।
3. स्ट्रीक बनाकर संरोपित करें तथा रात्रि भर के लिए इन्क्यूबेट करें।
4. बैक्टीरियल कॉलोनी को सैलाइन द्रव से तनु करें।
5. संवर्धन माध्यम की प्लेट में संरोपित करें।
6. प्रतिजैविकी डिस्क का प्रयोग करते हुए प्रतिजैविकी प्रयुक्त करें। इन्क्यूबेट करें।
7. संवेदनशीलता (sensitivity) का अवलोकन करें। संवेदनशील जोन का मापें तथा परिणाम नोट करें।

■■■■

यूनिट – 6

जन्तु कार्यिकी
(Animal Physiology)

नोट – रक्त सम्बन्धी सभी प्रयोगों के लिये यह बेहतर होगा कि रक्त प्रतिदर्श (Blood sample) अपने शहर के सामान्य चिकित्सालय की प्रयोगशाला से प्राप्त करें।

प्रयोग संख्या – 1

उद्देश्य – रक्त के प्रतिदर्श में लाल रुधिर कणिकाओं (RBCs) की संख्या ज्ञात करना।

प्रायोगिक सामग्री – न्यूबार हीमोसाइटोमीटर (Neubaur's haemocytometer), कवर स्लिप, RBC पिपेट, स्प्रिट लैम्प, रूई, सोडियम साइट्रेट, सूक्ष्मदर्शी, भेदन सूई (Pricking needle), हेयम द्रव (Hayem's fluid)।

हेयम द्रव का रासायनिक संघटन

मरक्यूरिक क्लोराइड ($HgCl_2$)	=	0.2 ग्राम
सोडियम क्लोराइड ($NaCl$)	=	1.0 ग्राम
सोडियम सल्फेट (Na_2SO_4)	=	5.0 ग्राम
आसुत जल (H_2O)	=	200 मिली.

यदि हेयम द्रव नहीं हो तो तनुकरण द्रव निम्न प्रकार बनावें –

सोडियम क्लोराइड	=	0.6 ग्राम
सोडियम साइट्रेट	=	1 ग्राम
फार्मेलिन	=	1 मिली
आसुत जल	=	कुल आयतन 100 मिली बनावें।

(यह द्रव WBCs को नष्ट कर देता है तथा केवल RBC को ही अभिरंजित करता है।)

रक्त प्रतिदर्श (Blood Sample) – अपने शहर के सामान्य चिकित्सालय की प्रयोगशाला से भी रक्त प्रतिदर्श प्राप्त किया जा सकता है। जब छात्र स्वयं का रक्त प्रतिदर्श ले रहे हों तो यह

सुनिश्चित कर लें कि भेदन सुई को अच्छी तरह से विसंक्रमित (sterilize) कर लिया गया है। यह कार्य अपने शिक्षक की देखरेख में उनके दिशा–निर्देशों के अनुरूप ही करें।

हीमोसाइटोमीटर – यह एक विशेष प्रकार की, अपेक्षाकृत मोटे कांच की, स्लाइड होती है। इस पर **H** आकार का खांचा दिखाई देता है (चित्र 6.1 (a))। इस 'H' आकार के क्षेत्र में ऊपर व नीचे की ओर एक–एक चैम्बर होता है जिसमें RBCs की गिनती की जाती है। प्रत्येक चैम्बर 9 वर्ग मिलीमीटर क्षेत्रफल का होता है जो 9 वर्गों (प्रत्येक एक वर्ग मिली. क्षेत्रफल) में बंटा होता है। कोने के चाँर बड़े वर्गों में WBCs की गिनती की जाती है। इसमें प्रत्येक वर्ग 16 छोटे वर्गों में विभाजित होता है (प्रत्येक $\frac{1}{16}$ वर्ग मिली. क्षेत्रफल) (चित्र 6.1b)। चैम्बर का केन्द्रीय वर्ग लाल रक्त कणिकाओं की गिनती में काम आता है। यह 1 वर्ग मिमी 25 छोटे वर्गों में विभाजित होता है (1/25 वर्ग मिमी क्षेत्रफल)। ये प्रत्येक छोटे वर्ग पुनः 16 छोटे वर्गों में विभाजित होते है ($\frac{1}{25}\times\frac{1}{16}\times\frac{1}{400}$ वर्ग मिमी. क्षेत्रफल) (चित्र 6.1c)। इस चैम्बर को ढकने वाली कवर स्लिप भी अपेक्षाकृत मोटी होती है जो चैम्बर से $\frac{1}{10}$ मिमी. उठी रहती है अर्थात् एक चैम्बर में द्रव की मात्रा $\frac{1}{400}\text{mm}^3\left(\frac{1}{400}\times\frac{1}{10}=\frac{1}{4000}\right)\text{mm}^3$ होगी।

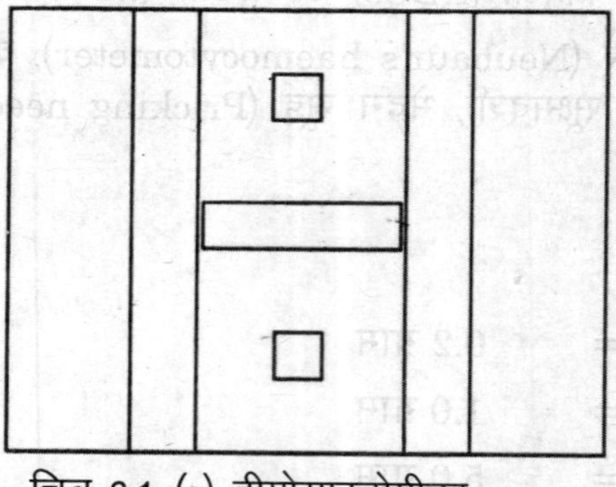

चित्र 6.1 (a) हीमोसाइटोमीटर

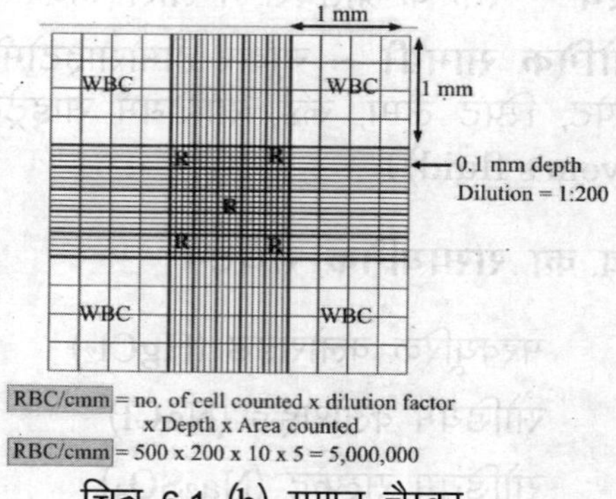

चित्र 6.1 (b) गणन चैम्बर

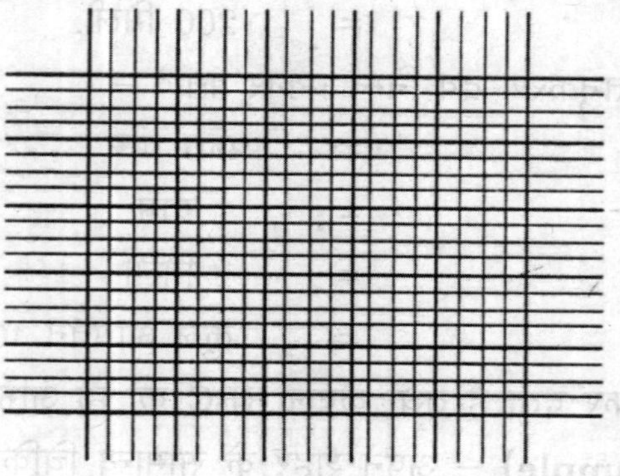

चित्र 6.1 (c) RBC गणन चैम्बर (आवर्धित)

RBC पिपेट – यह विशेष प्रकार का पिपेट होता है जिसमें एक कैपिलरी ट्यूब तथा मध्य में एक बल्ब होता है। पिपेट पर 0.5, 1 व 101 अंकित रहता है। बल्ब में एक लाल रंग का मनका (bead) होता है जो तनुकरण द्रव व रक्त प्रतिदर्श को मिश्रित करने में सहायक होता है (चित्र 6.2)। रक्त प्रतिदर्श को पिपेट में 0.5 चिन्ह तक भर लेते हैं तथा तनुकरण द्रव 101 तक भर लिया जाता है। (तनुकरण 1 : 200)। यदि रक्त प्रतिदर्श 1 चिन्ह तक लिया है तो तनुकरण = 1 : 100 होगा।

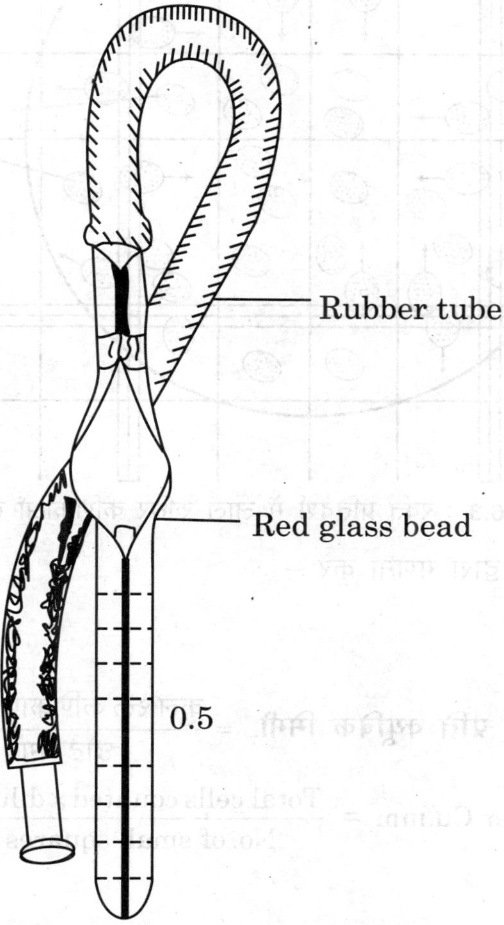

चित्र 6.2 : RBC पिपेट

विधि : RBC पिपेट से रक्त प्रतिदर्श (तनुकरण द्रव के साथ मिश्रित) की एक बूँद कवर स्लिप व चैम्बर के छोर पर डालें। यह कैपिलरी एक्शन द्वारा चैम्बर में पहुंच जायेगा। कुछ देर तक स्लाइड को स्थिर रहने दें जिससे RBCs स्थिर हो जायेगी। अब चैम्बर को सूक्ष्मदर्शी में उच्च आवर्धन क्षमता पर फोकस करें। RBC की किन्हीं 5 वर्गों (प्रत्येक 16 छोटे वर्गों में विभाजित) में गणना करें। सुविधा के लिए विभाजन रेखा से बायीं ओर व शिखर (top) वाली RBCs को अथवा विभाजन रेखा के आधार पर दायीं ओर वाली कणिकाओं को ही गिनें (चित्र 6.3)।

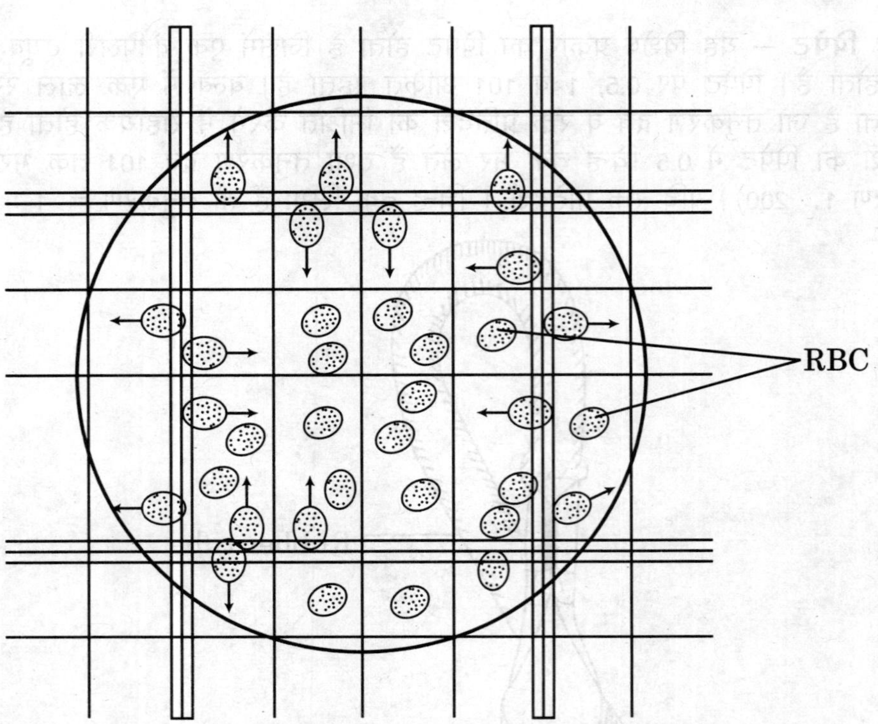

चित्र 6.3 : रक्त प्रतिदर्श में लाल रुधिर कणिकाओं की गणना

गणना – निम्न सूत्र द्वारा गणना करें –

प्रथम विधि –

लाल रक्त कणिकाएँ प्रति क्यूबिक मिमी. $= \dfrac{\text{कुल रक्त कणिकाए} \times \text{तनुकरण} \times 4000}{\text{छोटे वर्गों की संख्या}}$

$$\text{Number of RBC per Cu.mm} = \frac{\text{Total cells counted} \times \text{dilution} \times 4000}{\text{No. of small squares counted}}$$

दूसरी विधि –

माना 5 छोटे वर्गों (A_1, A_2, A_3, A_4 व A_5) में RBCs की संख्या = 640

$\therefore$ 1 छोटे वर्ग में RBC की संख्या $= \dfrac{A_1 + A_2 + A_3 + A_4 + A_5}{80} = \dfrac{640}{80} = 8$

प्रत्येक छोटे वर्ग में $\dfrac{1}{4000}\ mm^3$ रक्त होगा

अतः $\dfrac{1}{4000}\ mm^2$ में RBCs की संख्या = 8

$\therefore 1\ mm^3$ रक्त में RBC की संख्या $= 8 \times 4000$

रक्त का तनुकरण $= 200$

$\therefore 1\ mm^3$ रक्त में RBC की संख्या $= 8 \times 4000 \times 200$

$= 64,00,000$

$= 64\ lac/mm^3$

तीसरी विधि

केन्द्रीय वर्ग जिसमें RBC की गणना करनी है का क्षेत्रफल $= \frac{1}{400}$ वर्ग मिमी.

चूँकि चैम्बर की गहराई $\frac{1}{10}$ मिमी है अतः एक छोटे वर्ग में द्रव की मात्रा $= \frac{1}{4000} mm^3$

$$\frac{1}{400} \times \frac{1}{10} = \frac{1}{4000}$$

$\therefore$ 80 छोटे वर्गों में द्रव की मात्रा $= \frac{80}{4000} mm^3$

तनुकरण = 200

अतः $\frac{80}{4000} \times \frac{1}{200} = \frac{1}{10,000} mm^3$

यदि $\frac{1}{10,000} mm^3$ में RBC की संख्या $= x$ हो तो 1 mm^3 में RBCs की संख्या होगी

$= x \times 10,000$

1 लीटर रक्त में RBCs की संख्या होगी $= 10^3\ cc = 10^6\ mm^3$

अतः 1 लीटर में RBCs $= x \times 10,000 \times 10^6$

सामान्य सावधानियाँ (General precautions)

1. RBC पिपेट में चिन्हित अंक तक ही रक्त प्रतिदर्श लें। कम या अधिक होने पर अन्तिम गणना सही नहीं रहेगी क्योंकि यह पिपेट इस तरह बना होता है कि 0.5 चिन्ह तक रक्त लिया है और तनुकरण द्रव 101 तक तो केवल तब ही तनुकरण 200 होगा अन्यथा नहीं।
2. हीमोसाइटोमीटर में रक्त प्रतिदर्श पिपेट में से कुछ बूँद फेंकने के बाद ही डालें।
3. रक्त को तनुकरण द्रव के साथ भलीभांति मिश्रित कर लें।

सामान्य मान (Normal Value)

स्वस्थ पुरुष में RBCs = **55 लाख** एक क्यूबिक मिमी रक्त में (5.5 million Cu. mm of blood)

स्वस्थ स्त्री में RBCs = **48 लाख** एक क्यूबिक मिमी रक्त में (4.8 million Cu. mm of blood)

प्रयोग संख्या –2

उद्देश्य – रक्त प्रतिदर्श में श्वेत रुधिर कणिकाओं की संख्या ज्ञात करना।

प्रायोगिक सामग्री – WBC तनुकरण द्रव (Turk's fluid), WBC पिपेट। शेष सामग्री प्रयोग संख्या 1 के अनुसार।

टर्क द्रव का रासायनिक संघटन

जेन्शियन वॉयलेट (1% आसुत जल में) = 1 मिली

ग्लेशियल एसीटिक अम्ल = 3 ml

or

मिथिलीन ब्लू 1 ml

आसुत जल = 100 ml

ग्लेशियल ऐसीटिक अम्ल = 1-5 मिली

आसुत जल = कुल आयतन 100 मिली बनावें।

यह RBCs को नष्ट कर देता है तथा केवल WBC के केन्द्रक को अभिरंजित करता है। ग्लेशियल ऐसीटिक अम्ल RBC को रुधिरलयित (haemolyse) कर देता है तथा जेन्शियन वॉयलट WBC के केन्द्रक को अभिरंजित (stain) करता है।

WBC पिपेट – यह RBC पिपेट के समान ही होता है लेकिन इस पिपेट पर 0.5, 1 व 11 अंकित होते हैं। (चित्र 6.4)

जब रक्त प्रतिदर्श 0.5 चिन्ह तक व तनुकरण द्रव 11 चिन्ह ले रहे हों तो तनुकरण 1 : 20 होगा और यदि रक्त प्रतिदर्श 1 चिन्ह तक व तनुकरण 11 चिन्ह तक हो तो तनुकरण 1 : 10 होगा। इसके बल्ब में श्वेत मनका (white bead) होता है जो तनुकरण द्रव व रक्त प्रतिदर्श को मिश्रित करने में सहायक होता है।

विधि – WBC की संख्या ज्ञात करने की प्रायोगिक विधि लगभग RBC की संख्या ज्ञात करने की विधि के समान ही है। अन्तर केवल इतना होता है कि WBC की गणना चैम्बर के बाहरी चार वर्गों में की जाती है जबकि RBC की गणना केन्द्रीय वर्ग में की जाती है। WBC पिपेट के 0.5 चिन्ह तक रक्त प्रतिदर्श लेकर चिन्ह 11 तक तनुकरण द्रव लिया जाता है (तनुकरण 1 : 20) तथा अच्छी तरह मिश्रित करने के बाद गणन चैम्बर (counting chamber) पर ढ़की कवर स्लिप के किनारे में एक बूँद डाली जाती है (चित्र 6.5)। कुछ देर स्लाइड को स्थिर रहने देते हैं तथा

सूक्ष्मदर्शी में निम्न आवर्धन पर फोकस करते हैं। प्रत्येक 1 वर्ग मिमी. का क्षेत्र 16 छोटे वर्गों में विभाजित रहता है।

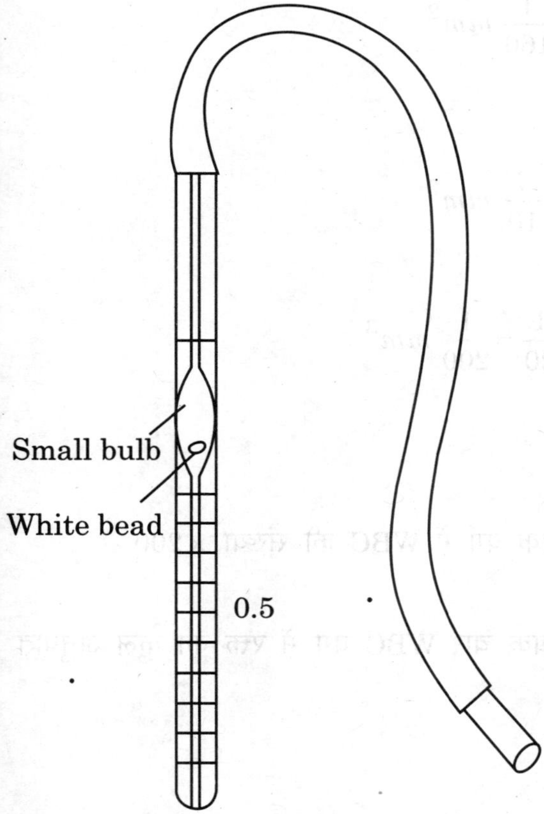

चित्र 6.4 : WBC पिपेट

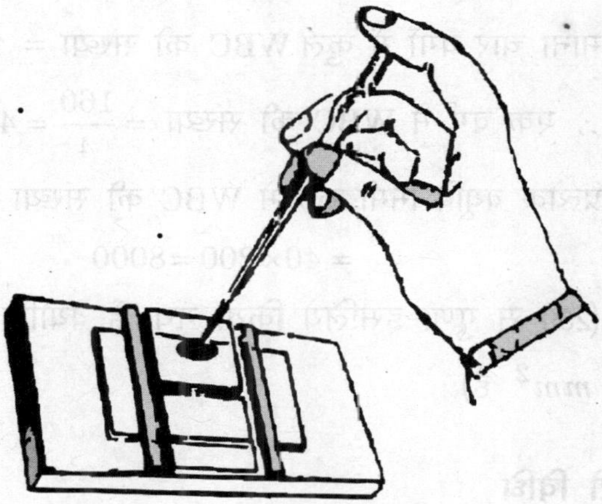

चित्र 6.5 : WBC गणन चैम्बर

छोटे वर्ग का क्षेत्रफल $\frac{1}{16}$ वर्ग मिमी जिसमें रक्त का कुल आयतन

$$= \frac{1}{16} \times \frac{1}{10} \times \frac{1}{60} mm^3$$

($\frac{1}{10}$ से गुणा इसलिय किया गया है क्योंकि कवर स्लिप व स्लाइड के मध्य $\frac{1}{10}$ मिमी का रिक्त स्थान (gap) रहता है)

गणना

कोने के बाहरी चार वर्गों में प्रत्येक का क्षेत्रफल = 1 वर्ग मिमी.

चूँकि प्रत्येक वर्ग 16 छोटे वर्गों में विभाजित है, अतः

प्रत्येक छोटे वर्ग का क्षेत्रफल $= \frac{1}{16}$ वर्ग मिमी.

छोटे वर्ग में रक्त का कुल आयतन $= \frac{1}{16} \times \frac{1}{10} = \frac{1}{160}\ mm^2$

WBC गणन चैम्बर $\frac{1}{16}$ वर्गों में विभाजित है

अतः इसमें कुल रक्त का आयतन $= \frac{1}{160} \times \frac{16}{1} = \frac{1}{10}\ mm^3$

चूँकि रक्त का तनुकरण 1 : 20 था,

अतः चार वर्गों में कुल रक्त का आयतन $= \frac{1}{10} \times \frac{1}{20} = \frac{1}{200}\ mm^3$

माना चार वर्गों में कुल WBC की संख्या = 160

$\therefore$ एक वर्ग में WBC की संख्या $= \frac{160}{4} = 40$

प्रत्येक क्यूबि मिमी रक्त में WBC की संख्या = एक वर्ग में WBC की संख्या $\times 200$

$= 40 \times 200 = 8000$

(200 से गुणा इसलिये किया गया है क्योंकि प्रत्येक चार WBC वर्ग में रक्त का कुल अनुपात $\frac{1}{200}\ mm^2$ है)

दूसरी विधि

सूत्र WBC प्रति क्यूबिक मिमी $= \frac{\text{कुल गिनी गई } WBC \times \text{तनुकरण} \times 10}{\text{कुल वर्ग जिनमें गिनती की गई}}$

माना चार वर्गों में WBC की कुल संख्या $= 200$

अतः प्रति क्यूबिक मिमी. WBC की संख्या $= \frac{200 \times 20 \times 10}{4} = 10{,}000$

तीसरी विधि

प्रत्येक बाहरी वर्ग का क्षेत्रफल $= 1$ वर्ग मिमी.

चैम्बर की गहराई 1/10 मिमी. $= 0.1$ मिमी.

एक वर्ग में रक्त का आयतन $= \frac{1}{10}\ mm^3 = 0.1\ mm^3$

चार वर्गों में रक्त का आयतन $= 0.1 \times 4 = 0.4\ mm^3$

माना चार बाहरी वर्गों में WBC की संख्या = x

$\because$ 0.4 mm^3 में WBC की संख्या = x

$\therefore$ 1 mm^3 में WBC की संख्या = $\frac{x}{0.4}$

चूँकि तनुकरण = 1 : 20

अतः $\frac{x}{0.4} \times 20 = \frac{x}{4} \times 200 = x \times 50$ WBC mm^3

सामान्य मान (Normal Value)

स्वस्थ मनुष्य में WBC की संख्या = 4000 – 11,000/mm^3

सामान्य सावधानियाँ (General precautions)

1. चिन्हित अंक 0.5 या 1 तक ही रक्त प्रतिदर्श लें।
2. तनुकरण चिन्हित अंक 11 तक ही करें यदि अधिक या कम होता है तो प्रयोग को पुनः करें।
3. प्रयोग की समाप्ति पर WBC पिपेट तथा हीमोसाइटोमीटर की भलीभाँति धोकर व सुखाकर रखें।

प्रयोग संख्या – 3

उद्देश्य – रक्त प्रतिदर्श में हीमोग्लोबिन की मात्रा ज्ञात करना।

प्रायोगिक सामग्री – हीमोग्लोबिनोमीटर (साहली या हल्डाने का हीमोमीटर), N/10 HCl, हीमोग्लोबिन पिपेट (पाश्चर पिपेट), आसुत जल, भेदन सुई, रूई (cotton), रैक्टीफाइड स्प्रिट, सोडियम साइट्रेट।

(N/10 HCl बनाना – 1.2 CC सान्द्र HCl को 100 CC आसुत जल में मिलायें)

सिद्धान्त – HCl की उपस्थिति में हीमोग्लोबिन अम्लीय **हीमैटिन** (haematin) में बदल जाता है जिसके कारण विलयन का रंग **भूरा** हो जाता है। इस भूरे रंग का मिलान मानक विलयन से किया जाता है। अम्लीय हीमैटीन में ग्लोबिन पृथक् होकर विकृत हो जाता है।

हीमोग्लोबिनोमीटर – इसमें दो लम्बी काँच की बंद ट्यूब होती है जिनमें भूरे रंग का मानक (standard solution) भरा रहता है। मध्य भाग में अंकित हीमोग्लोबिन ट्यूब (graduated haemoglobin tube) को रखने का स्थान होता है। तनुकरण के समय इस ट्यूब के विलयन के रंग का मानक द्रव के रंग से मिलान किया जाता है। हीमोग्लोबिन ट्यूब पर ग्राम व प्रतिशत दोनों में पठन अंकित रहते हैं।

विधि

1. हीमोग्लोबिनोमीटर व पाश्चर पिपेट को भलीभाँति धो लें।

2. हीमोग्लोबिनोमीटर ट्यूब को 2 ग्राम चिन्ह तक N/10 HCl से भरें।
3. पाश्चर पिपेट की सहायता से 20 mm^3 तक रक्त प्रतिदर्श लें तथा इसें अंकित हीमोग्लोबिन ट्यूब जिसमें N/10 HCl भरा था, खाली कर दें।
4. काँच की छड़ी से अच्छी तरह मिलायें तथा 5–10 मिनिट तक स्थिर रख दें। इस बीच लगभग 75% अम्लीय हीमैटिन का भूरा रंग विकसित हो जाता है।
5. बूँद–बूँद आसुत जल डालकर तनुकरण करें। भूरे रंग की तुलना मानक द्रव के रंग से तब तक करें जब तक यह पूरी तरह इसमें मिल जाये। अब आसुत जल डालना बंद कर दें तथा ग्राम या प्रतिशत में पाठ्यांक प्रायोगिक पुस्तिका में नोट करें।

इकाई – ग्राम प्रति 100 मिली रक्त (gm/100 ml of blood)

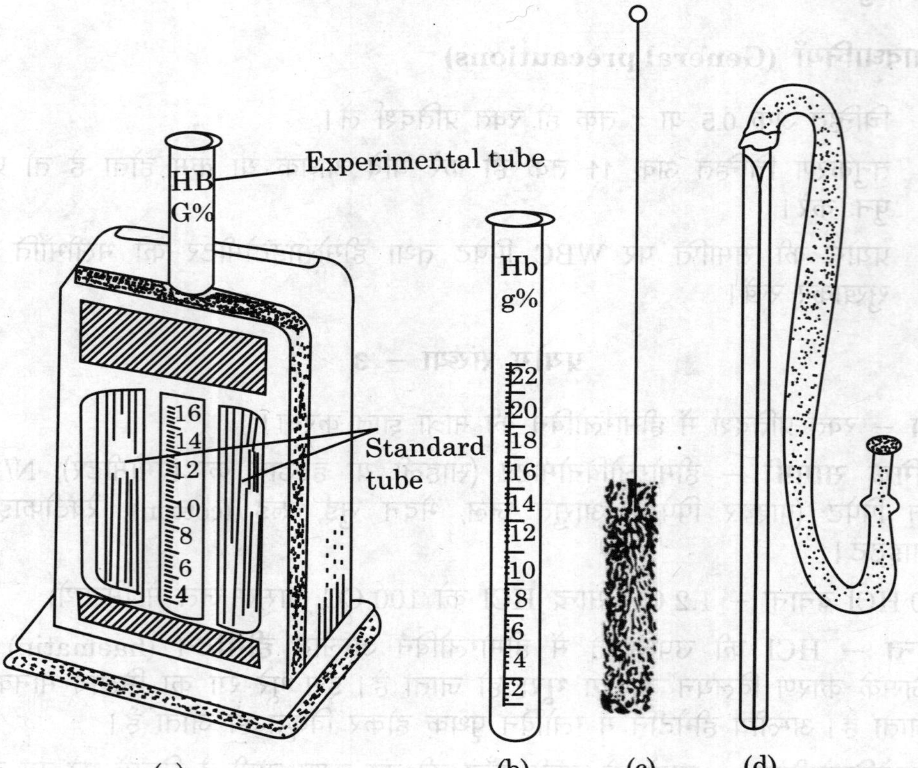

चित्र 6.6 : (a) हीमोमीटर (b) हीमोग्लोबिन ट्यूब (c) ब्रुश (d) पाश्चर पिपेट

सामान्य मान (Normal Value)

स्वस्थ पुरूष = 15.5 ± 2.5 ग्राम / 100 मिली रक्त

स्वस्थ स्त्री = 14.0 ± 2.5 ग्राम / 100 मिली रक्त

शिशु (3 माह से 3 वर्ष) = 11.0 ± 1.5 ग्राम / 100 मिली रक्त

बच्चे (3 – 5 वर्ष) = 12.0 ± 1.0 ग्राम / 100 मिली रक्त

किशोर (12–19 वर्ष) = 13.0 ± 1.5 ग्राम / 100 मिली रक्त

सामान्य सावधानियाँ (General precautions) – प्रयोग 1 व 2 की भाँति तथा जैसे शिक्षक निर्देश दें।

प्रयोग संख्या – 4

उद्देश्य – दिये गये रक्त प्रतिदर्श का हीमैटोक्रिट मान (Haematocrit value or Packed Cell Volume, PCV) ज्ञात करना।

प्रायोगिक सामग्री – विन्ट्रॉब हीमैटोक्रिट ट्यूब अथवा केशिका नली, स्प्रिट लैम्प, रैक्टीफाइड स्प्रिट, अमोनियम ऑक्सलेट या पौटेशियम ऑक्सलेट, भेदन सुई, स्केल, सेन्ट्रीफ्यूजिंग मशीन, रुई इत्यादि।

सिद्धान्त – कुल रक्त में RBC का प्रतिशत हीमैटोक्रिट कहलाता है। जब ऑक्सेलेट युक्त रक्त प्रतिदर्श को काँच की ट्यूब में सेन्ट्रीफ्यूज किया जाता है तो RBCs प्लाज्मा की अपेक्षा भारी होने के कारण निचले हिस्से में पैक (Pack) हो जाती है। RBCs के इस आयतन को प्लाज्मा के सापेक्ष मापा जाता है, यही **हीमैटोक्रिट** कहलाती है। इसका मान पुरूष में लगभग 45% होता है। रोग निदान (clinical diagnosis) में इसका बहुत महत्व होता है।

(अ) साधारण केशिका नली द्वारा हीमैटोक्रिट ज्ञात करना – विभिन्न महाविद्यालयों (विशेषकर स्नातक स्तर के) में यह जरूरी नहीं कि विन्ट्रॉब ट्यूब हो, ऐसी स्थिति में साधारण केशिका नली से भी हीमेटोक्रिट निकाली जा सकती है।

1. अपने निकटवर्ती सामान्य चिकित्सालय की प्रयोगशाला में ऑक्सेलेट युक्त रक्त प्रतिदर्श एक इंजेक्शन की शीशी में प्राप्त करें। स्वयं का रक्त प्रयोग में लाना है तो बायें हाथ की तर्जनी अंगुली को स्प्रिट से अच्छी तरह प्रक्षालित करें। भेदन सुई को भलीभाँति विसंक्रमित करें। सुई को चुभाकर रक्त की बूंद अंगुली पर एकत्रित करें तथा केशिका नली को उक्त बूँद पर रखें। कैपिलरी एक्शन अथवा पृष्ठ तनाव (surface tension) के कारण रक्त केशिका नली में अपने आप ऊपर चढ़ जायेगा।
2. अब केशिका नली के एक सिरे को स्प्रिट लैम्प की ज्वाला पर बड़ी सावधानी से बंद कर दें।
3. बंद सिरे को नीचे रखते हुए नली को सीधा करें और रक्त कॉलम की लम्बाई स्केल की सहायता से नाप कर नोट कर लें।
4. अब इसे **सैन्ट्रीफ्यूज ट्यूब** में रखकर 30 मिनट तक सैन्ट्रीफ्यूज करें (गति 3000 r.p.m.)
5. लाल रक्त कणिकाएँ केशिका नली में नीचे की ओर एकत्रित होकर पेक हो जाती है। पैक हुई RBCs की लम्बाई नाप कर नोट कर लें। पुनः 15 मिनट के लिए सेन्ट्रीफ्यूज करें और RBC कॉलम की लम्बाई में हुए इस परिवर्तन (यदि कोई हो तो) को नोट

कर लें। यह लम्बाई पहले के बराबर ही होनी चाहिए, यदि यह बदलती है तो तब तक सेन्ट्रीफ्यूज करें जब तक कि दो पाठ्यांक का मान समान न हो जाये।

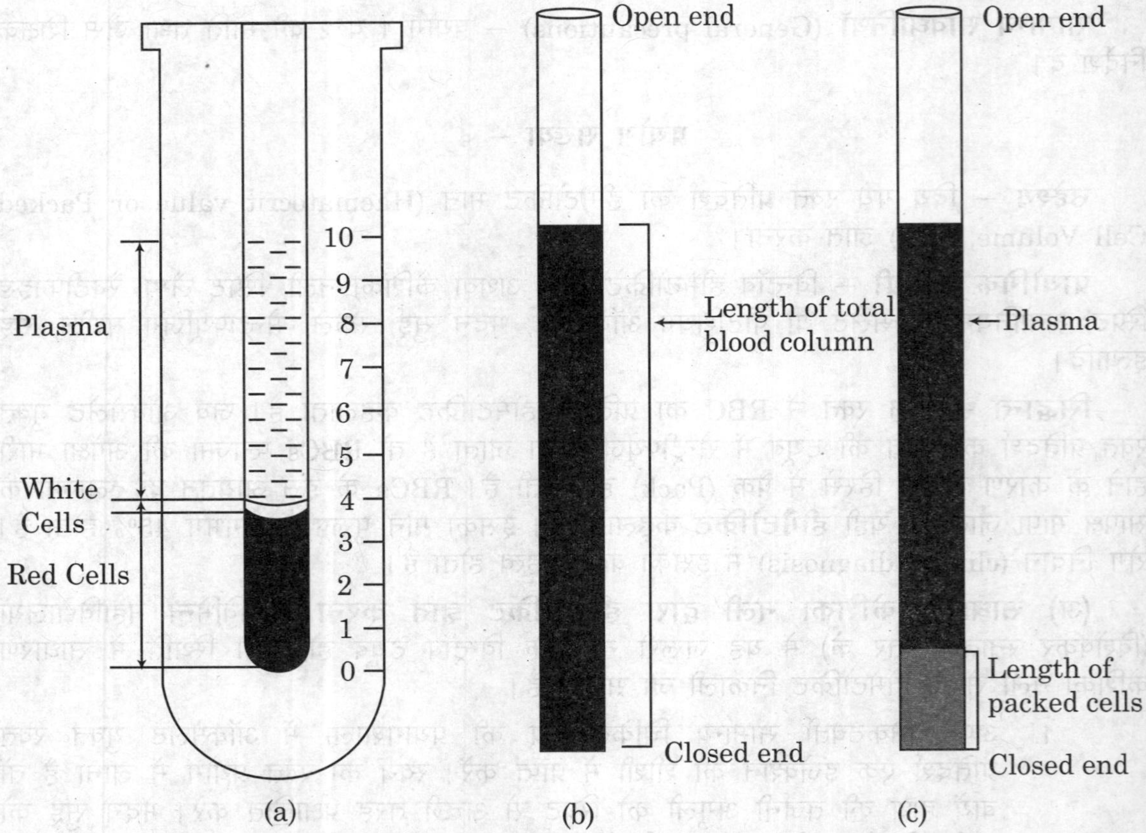

चित्र 6.7 : (a) हीमेटोक्रिट ट्यूब (विन्ट्राब ट्यूब) (b) रक्त प्रतिदर्श युक्त केशिका नली (c) पैक कणिकाएँ

गणना

सूत्र –

$$\text{हीमैटोक्रिट} = \frac{\text{केशिका नली में पैक RBCs की लम्बाई}}{\text{केशिका नली में कुल रक्त कॉलम की लम्बाई}} \times 100$$

$$\left[\text{Haematocrit} = \frac{\text{Length of packed RBCs}}{\text{Length of the total blood column}} \times 100\right]$$

सामान्य मान (Normal Value)

पुरूष 45% (परास 45 – 54%)

स्त्री 42% (परास 37 – 47%)

(कम RBC होने के कारण पुरूष की अपेक्षा स्त्री में हीमैटोक्रिट का मान कम होता है)

45% से कम – **एनीमिया** (Anaemia)

45% से अधिक – **पॉलीसाइथेमिया** (Polycythaemia)

निर्जलीकरण (Dehydration)

(ब) विन्ट्रॉब ट्यूब से हीमैटोक्रिट ज्ञात करना – विन्ट्रॉब ट्यूब काँच की नली होती है जो पैंदे पर चपटी व बन्द होती है। यह ऊपर से नीचे की ओर (↓) 0 से 10 मिली. में चिन्हित होती है। (चित्र 6.7)।

विधि

1. ऑक्सेलेट रक्त का प्रतिदर्श पिपेट की सहायता से 0 चिन्ह तक विन्ट्रॉब ट्यूब में डाला जाता है।
2. इस ट्यूब को अब 30 मिनिट तक सैन्ट्रीफ्यूज करें (गति 3000 r.p.m.)
3. पैक RBC सतह का ऊपरी सिरा नोट करें तथा पुनः 15–20 मिनट के लिए सैन्ट्रीफ्यूज करें। यह पाठ्यांक पूर्व पाठ्यांक के बराबर होना चाहिए। यदि पैक RBCs की लम्बाई घटती है तब तक सैन्ट्रीफ्यूज करें जब तक कि अन्तिम दो पाठ्यांक समान हो जावें।
4. ट्यूब में सबसे ऊपर प्लाज्मा की स्वच्छ पीली भूरी परत (layer) होती है। इसके बाद पतली श्वेत धूसर सतह के रूप में प्लेटलेट्स व ल्यूकोसाइट्स होती है। सबसे नीचे RBCs की गहरी परत होती है।
5. चूँकि विन्ट्रॉब ट्यूब में रक्त कॉलम की लम्बाई 100 मिमी. होती है, अतः पैक RBC का आयतन प्रतिशत में सीधा पढ़ लिया जाता है। यही हीमैटोक्रिट का मान है।

प्रयोग संख्या – 5

उद्देश्य– एमाइलेज द्वारा पाचन का अध्ययन करना अथवा लारीय पाचन (Salivary digestion) का अध्ययन करना।

प्रायोगिक सामग्री – पैराफिन व जीवित कॉकरोच।

अभिकर्मक

1. **फॉस्फेट बफर** – 27.2 ग्राम पौटेशियम डाई हाइड्रोजन फॉस्फेट को 700 मिली. आसुत जल में घोलें। विलयन के pH को (1N NaOH की सहायता से) 6.6 पर स्थिर करें। आसुत जल मिलाकर कुल आयतन 1 लीटर बनावें।
2. **आयोडीन – (1%)** – 6.0 ग्राम पौटेशियम आयोडाइट + 2.0 ग्राम आयोडीन क्रिस्टल को 100 मिली आसुत जल में घोले।
3. **स्टार्च (1%)** – 1 ग्राम स्टार्च पाउडर को 100 मिली गर्म आसुत जल में घोलें।
4. **सोडियम क्लोराइड (0.3%)** – 0.3 ग्राम NaCl को 100 मिली आसुत जल मे घोलें।

सिद्धान्त – मुख में भोजन का पाचन लार में पाये जाने वाले एमाइलेज या टायलिन (amylase अथवा ptylin) द्वारा शुरू हो जाता है जो स्टार्च को ग्लूकोज व माल्टोज में बदल देता है। एमाइलेज 6.6 pH पर कार्य करता है तथा क्लोराइड आयन (Cl^-) एक्टीवेटर (activator) के रूप में कार्य करते है। जब एमाइलेज एन्जाइम सब्स्ट्रेट (substrate) स्टार्च पर कार्य करता है तो पाचन की वह अवस्था आती है जब आयोडीन विलयन के साथ कोई रंग विकसित नहीं होता। यह अवस्था **'एक्रोमिक बिन्दु** (achromic point) कहलाती है। इस अवस्था में पहुँचने में लगा समय **'क्रोमिक पीरियड** (chromic period) कहलाता है। क्रोमिक पीरियड की पहचान कर लेना ही एन्जाइम क्रियाशीलता (enzyme activity) का संकेत है।

विधि

1. साफ पानी से कुल्ला करें तथा पैराफिन का एक टुकडा चबायें। थूक–थूक कर लार को एक छोटे बीकर में इकट्ठा करें। यह काम तब तक करें जब तक 15–20 मिली लार एकत्रित न हो जाये।

   कॉकरोच की लार ग्रन्थियों को भी काम में लाया जा सकता है। इसके लिये 5–7 जीवित कॉकरोच का विच्छेदन कर लार ग्रन्थियां निकालें। इन्हें पेस्टल व मॉर्टर की सहायता से पीसे तथा आसुत जल के साथ विलयन बनावें।
2. 5 मिली लार लेकर 50 मिली आसुत जल के साथ तनु करें व प्रयोग में लें।
3. दो परखनली लें तथा उनमें से एक पर टैस्ट (**T**) व दूसरी पर कन्ट्रोल (**C**) अंकित करें।
4. 1 मिली तनु लार (step 2) दोनों परखनलियों (step 3) में डालें।
5. C अंकित परखनली के विलयन को 2 मिनट उबालें।
6. दो अन्य परखनलियों में 5 मिली स्टार्च विलयन, 1 मिली सोडियम क्लोराइड विलयन तथा 2 मिली फॉस्फेट बफर डालें।
7. उक्त परखनलियों के विलयन को (step 6) T व C अंकित (step 3) परखनलियों में डालें तथा 37°C तापक्रम पर जल ऊष्मक (water bath) पर 60 मिनट तक ऊष्मायन (incubate) करें।
8. परखनली C व T प्रत्येक में 1–2 बूँद आयोडीन की मिलायें तथा रंग परिवर्तन को नोट करें। परखनली C में नीला रंग तथा परखनली T में हल्का पीला रग अथवा कोई रंग नहीं दिखाई देता है। परखनली T में बहुत हल्का पीला रंग अथवा कोई रंग नहीं, एन्जाइम एमाइलेज द्वारा स्टार्च के जल अपघटन का सूचक है जिसके फलस्वरूप 'शर्करा' (ग्लूकोज + माल्टोज) का निर्माण होता है। इस परखनली के विलयन के साथ बेनेडिक्ट परीक्षण करें। लाल अवक्षेप (क्यूप्रस ऑक्साइड का) ग्लूकोज होने का सूचक है। परखनली C में नीला रंग (स्टॅार्च, आयोडीन के साथ नीला रंग देता है) स्टॅार्च की उपस्थिति का सूचक है क्योंकि उबालकर एन्जाइम को नष्ट कर दिया गया था, अतः एन्जाइम स्टार्च पर क्रिया के लिए उपलब्ध नहीं था।

नोट – आयोडीन टेस्ट श्वेत पोर्सिलोन (porcelin) टाइल पर भी किया जा सकता है।

परिणाम – अतः स्पष्ट है कि लार में पाये जाने वाला एन्जाइम एमाइलेज स्टार्च को जल अपघटित कर माल्टोज व ग्लूकोज में बदल देता है।

छात्र नोट करें कि **'एक्रोमिक बिन्दु'** (achromic point) 4–40 मिनट के मध्य हो सकता है।

प्रयोग संख्या – 6

उद्देश्य – अग्नाशयी पाचन (Pancreatic digestion) का अध्ययन करना।

प्रायोगिक सामग्री – परखनलियाँ, जल ऊष्मक तथा निम्न अभिकर्मक –

i. 0.5% सोडियम कार्बोनेट विलयन (0.5 ग्राम सोडियम कार्बोनेट को 100 मिली आसुत जल में घोलें)

ii. क्षारीय कैसीन विलयन (1%) (1 ग्राम कैसीन को तनु सोडियम हाइड्रॉक्साइड में घोलें)

iii. ऐसीटिक अम्ल (1% या 2%)।

सिद्धान्त – अग्नाशयी रस (pancreatic juice) बहिस्रावी (exocrine) अग्नाशयी कोशिकाओं का एक क्षारीय स्राव (alkaline secretion) है जो अग्नाशयी नलिका (pancreatic duct) द्वारा जठरांत्र मार्ग (gastro intestinal tract) में पहुँचता है। इसमें प्रोटियोलाइटिक एन्जाइम, जैसे – ट्रिप्सिन, काइमोट्रिप्सिन व कार्बोक्सीपेप्टाइडेज पाये जाते हैं। लाइपेज व एमाइलेज क्रमशः वसा व कार्बोहाइड्रेट्स को जल अपघटित करते हैं। ट्रिप्सिन अक्रियाशील ट्रिप्सिनोजेन के रूप में पाया जाता है जो क्षारीय माध्यम में क्रियाशील ट्रिप्सिन में बदल जाता है। ट्रिप्सिन प्रोटीन पर क्रिया कर इन्हें अमीनो अम्ल में बदल देता है। ऐसीटिक अम्ल प्रोटीन को अवक्षेपित कर देता है। यदि प्रोटीन जल अपघटित होकर अमीनो अम्ल में बदल जाती है तो ऐसीटिक अम्ल मिलाने पर कोई अवक्षेप नहीं बनता, जो ट्रिप्सिन द्वारा प्रोटीन के पाचन का संकेत है –

कैसीन (प्रोटीन) + ट्रिप्सिन ⟶ अमीनो अम्ल

कैसीन (प्रोटीन) + ऐसीटिक अम्ल ⟶ अवक्षेपण ↓ (precipitation)

अग्नाशयी सार (Pancreatic Extract) – चूहे का विच्छेदन कर अग्नाशय निकालें तथा इसे खरल (पेस्टल व मॉर्टर) से पीसें तथा कुछ आसुत जल के साथ विलयन बनाकर अग्नाशयी सार के रूप में प्रयुक्त करें।

विधि

1. दो स्वच्छ व शुष्क परखनलियों लें तथा उनमें से एक पर T (Test) व दूसरी पर C (control) अंकित करें।
2. 'T' अंकित परखनली में 5 मिली अग्नाशयी सार (pancreatic extract), 4 मिली कैसीन विलयन व 1 मिली 0.5 ब सोडियम कार्बोनेट विलयन करें।

3. 'C' अंकित परखनली में 2 मिनट तक उबाला हुआ अग्नाशयी सार, 4 मिली कैसीन विलयन व 1 मिली 0.5c सोडियम कार्बोनेट विलयन लें।
4. दोनों परखनलियों को 37°C ताप पर लगभग 1 घंटे तक जल ऊष्मक (water bath) में ऊष्मायन (incubate) करें।
5. जल ऊष्मक से दोनों परखनलियाँ को निकालकर उनमें 20 बूँद ऐसीटिक अम्ल डालें।
6. 'T' अंकित परखनली में कोई अवक्षेपण (precipitation) दिखाई नहीं देता क्योंकि एन्जाइम ट्रिप्सिन, कैसीन को जल अपघटित कर देता है।
7. 'C' अंकित परखनली में अवक्षेपण होता है क्योंकि अग्नाशयी सार उबालने से एन्जाइम ट्रिप्सिन अक्रियाशील हो जाता है। अतः कैसीन पर क्रिया नहीं कर पाता और वह ऐसीटिक अम्ल द्वारा अवक्षेपित हो जाती है।

परिणाम – C परखनली में निहित अग्नाशयी सार में उपस्थित ट्रिप्सिन कैसीन को जल अपघटित कर देता है। अतः ऐसीटिक अम्ल से इसका अवक्षेपण नहीं होता है जो ट्रिप्सिन द्वारा प्रोटीन पाचन का सूचक है।

प्रयोग संख्या – 7

उद्देश्य – आमाशयी पाचन (Gastric digestion) का अध्ययन करना।

प्रायोगिक सामग्री – परखनलियाँ, बी. ओ. डी. इन्क्यूबेटर तथा निम्नानुसार अभिकर्मक

i. **अम्लीय कैसीन (pH = 1.4)** – 5 ग्राम कैसीन (एनालिटिकल ग्रेड) को 100 मिली आसुत जल व 0.1 N सोडियम हाइड्रॉक्साइड के मिश्रण (1 : 1) में घोलें। काँच की छड़ से हिलायें तथा 90 मिली गर्म आसुत जल मिलावें तथा कैसीन के घुलने तक हिलाते रहें। (इसमें आधा घंटा अथवा इससे भी अधिक समय लग सकता है।) यही कैसीन विलयन है। एक अन्य बीकर में 500 मिली 0.1 N HCl लें। इसमें कैसीन विलयन को हिलाते हुए धीरे–धीरे मिलायें। यह कैसीन हाइड्रॉक्साइड का विलयन है जिसकी pH लगभग 1.4 होती है।

ii. 0.1 N NaOH

iii. 0.1 N HCl

iv. 1% पेप्सिन – 1 ग्राम पेप्सिन को 100 मिली आसुत जल में घोलें।

v. सोडियम ऐसीटेट (10%) – 10 ग्रम सोडियम ऐसीटेट को 100 मिली आसुत जल में घोलें।

सिद्धान्त – जठर ग्रन्थियों (gastric glands) के स्रावों के मिश्रण को जठर रस (gastric juice) कहते हैं जिसमें प्रमुखतया पेप्सिनोजेन (पेप्सिन या अक्रियाशील रूप), HCl रेनिन, लाइपेज व म्यूसिन एन्जाइम होते है। भोजन के आमाशय में पहुंचने पर जठर म्यूकोसा एक हॉर्मोन **गैस्ट्रिन** स्रावित करती है जिसके प्रभाव में जठर रस स्रावित होता है। पेप्सिन पेप्सिनोजेन के रूप में पाया जाता है तो HCl की उपस्थिति में क्रियाशील होकर प्रोटीन को पेप्टोन्स व प्रोटिओजेज में बदल देता है –

$$\text{पेप्सिनोजन} \xrightarrow{HCl} \text{पेप्सिन}$$

(अक्रियाशील) (क्रियाशील)

$$\text{प्रोटीन} \xrightarrow[HCl]{\text{पेप्सिन}} \text{पेप्टोन्स + प्रोटिओजेज}$$

विधि

1. **एन्जाइम सार तैयार करना** (Preparation of Enzyme Extract) – जीवित चूहे का विच्छेदन कर आमाशय को पेट्रीडिश में निकालें तथा आसुत जल से भलीभांति धोकर कुछ थायमोल (thymol) मिलाकर (बैक्टीरिया की वृद्धि को रोकने के लिये) खरल (पेस्टल व मॉर्टर) में पीसें। इसमें 50% ग्लिसरीन मिलायें जिससे लगभग 10% विलयन (आमाशय ऊतकों का) बन जाता है। सेन्ट्रीफ्यूज कर फिल्टर करें तथा कुछ टॉलुईन (toluene) की बूँदें डालकर संग्रहित कर लें।
2. दो परखनलियाँ लेकर उनमें से एक पर **'T'** व दूसरी पर **'C'** अंकित करें।
3. उपर्युक्त दोनों परखनलियाँ में 5 मिली अम्लीय कैसीन का विलयन मिलायें।
4. अन्य दो परखनलियाँ लें तथा एक पर **'A'** व दूसरी पर **'B'** अंकित करें।
5. **'A'** व **'B'** दोनों में 2 मिली एन्जाइम सार (enzyme extract) या जठर सार (stomach extract) लें।
6. परखनली 'A' को तब तक गर्म करें जब तक कि उसमें निहित जठर सार उबलने न लग जायें। इससे पेप्सिन एन्जाइम विकृत (denatured) हो जायेगा।
7. 'C' अंकित परखनली में A परखनली के अवयवों (contents) को मिलावें तथा 'T' अंकित परखनली में 'B' परखनली के अवयवों को मिलाकर 37°C ताप पर कुछ बूँदों तक ऊष्मायन करें।
8. तत्पश्चात् 10 ml सोडियम ऐसीटेट विलयन बूँद–बूँद कर 'C' अंकित परखनली में हिलाते हुए मिलायें (बूँदों की संख्या गिन लें) जब तक कि 'कैसीन पूर्ण रूप में अवक्षेपित (precipitated) न हो जावे।

(सोडियम ऐसीटेट pH को 4.6 तक करने के लिए मिलाते हैं क्योंकि कैसीन की आइसो इलैक्ट्रिक pH 4.6 होती है)

9. सोडियम ऐसीटेट विलयन की ठीक उतनी ही बूँद जितनी पद 8 में डाली थी **'T'** अंकित परखनली में भी डालें। इसमें बहुत ही कम अवक्षेपण या बिल्कुल भी नहीं, दिखाई देगा क्योंकि कैसीन प्रोटीन छोटी इकाइयों (units) (पेप्टोन्स व प्रोटिओजेज) में जल अपघटित हो जाती है (एन्जाइम पेप्सिन द्वारा पाचन) तथा ऐसीटेट द्वारा अवक्षेपण के लिए उपलब्ध नहीं होती।
10. 'C' अंकित परखनली में कैसीन का अवक्षेपण पेप्सिन की अनुपस्थिति को दर्शाता है क्योंकि उबालकर पेप्सिन को नष्ट कर दिया गया था।

परिणाम – **'T'** अंकित परखनली में कैसीन एन्जाइम पेप्सिन द्वारा पेप्टोन्स व प्रोटिओजेज में बदल जाती है जिसके कारण ऐसीटेट विलयन मिलाने पर अवक्षेपण नहीं दिखाई देता। यदि कुछ अवक्षेपण दिखता भी है तो बहुत कम क्योंकि सम्भव है कि कैसीन पूरी तरह से जल अपघटित नहीं हुई हो अर्थात् कैसीन का पूरा पाचन नहीं हुआ हो।

नोट–

1. चूँकि पाचन में 6–8 घंटे लगते हैं अतः पूर्ण परिणाम प्राप्त करने में कई घंटों का समय लग सकता है।
2. एन्जाइम शुष्क रूप से रसायन पदार्थ बेचने वाले डीलर्स के पास भी उपलब्ध होते हैं, अतः ऊतकों के सार के स्थान पर सीधे एन्जाइम का भी विलयन बना सकते हैं।

अन्य विधि

1. एक परखनली में 5 मिली 0.5 पेप्सिन का विलयन लें।
2. इसमें 5 मिली 0.6% HCl मिलायें।
3. अब इसमें उबले हुए अंडे की सफेदी (ऐल्युमिन) का एक टुकड़ा डालें। 37°C तापक्रम पर कुछ घंटों के लिए छोड़ दें।
4. ऐल्युमिन प्रोटीन का टुकड़ा पहले तो कुछ फूलता (swell) है और अन्त में पूर्ण रूप से घुल जाता है जो इसके पूर्ण पाचन का संकेत है।

प्रयोग संख्या – 8

उद्देश्य – कीट कायान्तरण पर हार्मोन के प्रभाव का अध्ययन करना।

प्रायोगिक सामग्री – मक्खी के लारवा, रिंगर विलयन, महीन धागा, स्लाइड, वॉच ग्लास, ब्रुश व चिमटी आदि।

अंडे से उत्तरोत्तर इन्स्टार में परिवर्तनों की श्रृंखला के फलस्वरूप वयस्क कीट का बनना कायान्तरण कहलाता है।

अंडा → लारवा → प्यूपा → वयस्क कीट

अथवा

अंडा → निम्फ → वयस्क कीट

कीट कायान्तरण में तीन अंतःस्रावी केन्द्र (Endocrine centres) प्रभावी भूमिका निभाते हैं –

i. मस्तिष्क की न्यूरोसिक्रिटरी कोशिकाएँ (Neurosecretory cells of brain)
ii. प्रोतैरेसिक ग्रन्थि (Prothoracic gland or Ecdysial gland)
iii. कॉरपोरा एलाटा (Corpora allata)

प्रोथैरेसिक ग्रन्थि से इकडाईसोन (edysone) जिसे **मोल्टिंग हार्मोन** (moulting hormones) भी कहते हैं, का स्रवण (secretion) मस्तिष्क हार्मोन (Brain hormone or edysiotropin) के

प्रभाव में होता है। 'इकडाइसोन' रक्त में पहुँचकर निर्मोचन (moulting/ecdysis) प्रारम्भ करता है तथा ऊतकों का विभेदन वयस्क अवस्था बनने की ओर होता है। ठीक उसी समय कॉरपोरा एलाटा से **जुवैनाइल हार्मोन** (Juvenile hormone or Neotenin) स्रावित होता है जो विभेदन के पश्चात् ऊतको को अपेक्षाकृत अवयस्क अवस्था (juvenile form) में रुके रहने के लिए प्रेरित करता है। लारवा अथवा निम्फ के विकास की अन्तिम अवस्था के पहुँचते पहुँचते कॉरपोरा एलाटा बहुत कम सक्रिय रह जाती है जिसके फलस्वरूप JH की मात्रा समाप्त प्रायः या बहुत ही कम रह जाती है। हार्मोन की इस अवस्था में ही अन्तिम लारवा अवस्था अथवा निम्फ (final larval instar or nymph) वयस्क कीट में बदल जाता है। अतः यह कहा जा सकता है कि कायान्तरण का नियन्त्रण JH के द्वारा सम्पन्न होता है जिसके कम होते ही कीट वयस्क अवस्था में कायान्तरित हो जाता है। प्रयोगशाला कोशिकाएँ हॉर्मोन का स्रवण करती है जो प्रोथैरेसिक ग्रन्थि को इकडाईसोन स्रावित करने के लिए प्रेरित करता है और संभवतया कारपोरा एलाटा से JH के स्रवण को बाधित (inhibit) करता है। अन्य डिप्टैरा समूह में कॉरपोरा एलाटा, कारपोरा कार्डियका तथा प्रोथैरैसिक ग्रन्थि मिलकर **रिंग ग्रन्थि** अथवा **वीजमैन रिंग'** (Ring gland or Weisma's ring) का निर्माण करती है।

सिद्धान्त – कीटो में कॉरपोरा एलाटा व प्रौथेरेसिक ग्रन्थि क्रमशः Juvenuile hormone, **JH** व Moulting hormone, **MH** का स्रवण करती है। JH के प्रभाव में लारवा, लार्वीय लक्षण (larvl characters) ही बनाये रखना चाहता है, जबकि **MH** के प्रभाव में वयस्क में कायान्तरित होता है। अन्तिम लारवा अवस्था (final larval stage) में **JH** का स्रवण प्रायः बंद अथवा बहुत ही कम रह जाता है, जबकि **MH** का स्तर बढ़ा हुआ होता है, अतः लारवा वयस्क कीट में कायान्तरित हो जाता है।

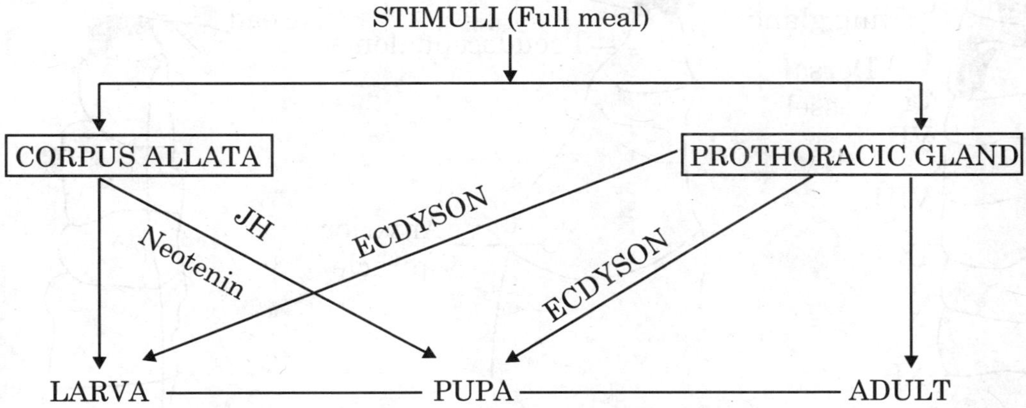

विधि

1. घरेलू मक्खी (ऑर्डर – डिप्टैरा) के तृतीय इन्स्टार लारवा को एकत्रित करें तथा पैट्रीडिश के अन्दर गीले फिल्टर पत्र पर रखें।

2. काँच की स्लाइड पर उक्त लारवा को एक बूँद रिंगर विलयन के साथ रखकर इसका अग्र व पश्च भाग पहचानें। अग्र भाग पर एक काली संरचना **मैन्डीबल्स** (mandibles) दिखाई देती है।
3. पतले धागे से एक फंदा (loop) बनायें। इस प्रकार बने लूप में लारवा के अग्रभाग को फँसाये अथवा लारवा को इसमें से रेंगते समय उसके अग्र भाग को हल्का सा कस दें। इस बात का ध्यान रहे कि लारवा मर न जाये। इसी अवस्था में इसे गीले फिल्टर पत्र पर पेट्रीडिश में छोड़ दें तथा 2–3 दिन तक रोज अवलोकन करें।
4. लगभग 2–3 दिन बाद धागा बंधे हुए लारवा के नीचे के भाग का रंग परिवर्तित हो जाता है। यह बादामी अथवा पीला भूरा हो जाता है, जबकि बंधे हुए धागे से ऊपर का भाग लारवा के समान श्वेत रंग का ही रहता है।

परिणाम – लारवा के पश्च भाग का रंग पीला भूरा या बादामी होना प्यूपा (pupa) बनने का संकेत हैं।

निष्कर्ष – लारवा के शीर्ष भाग में धागा बांधने पर मस्तिष्क की न्यूरोसिक्रिटरी कोशिकाओं से स्रावित हॉर्मोन के परिसंचरण का मार्ग बाधित होने से कॉरपोरा एलाटा **JH** का स्रवण नहीं कर पाता अतः ऐसी स्थिति में प्रोथैरेसिक ग्रन्थि से स्रावित हॉर्मोन इक्डाईसोन के प्रभाव में अंतिम लारवा कायान्तरित होकर प्यूपा बन जाता है। यही कारण है कि बाँधने के स्थान (ligature) से नीचे के भाग में प्यूपा के लक्षण दिखाई देते हैं।

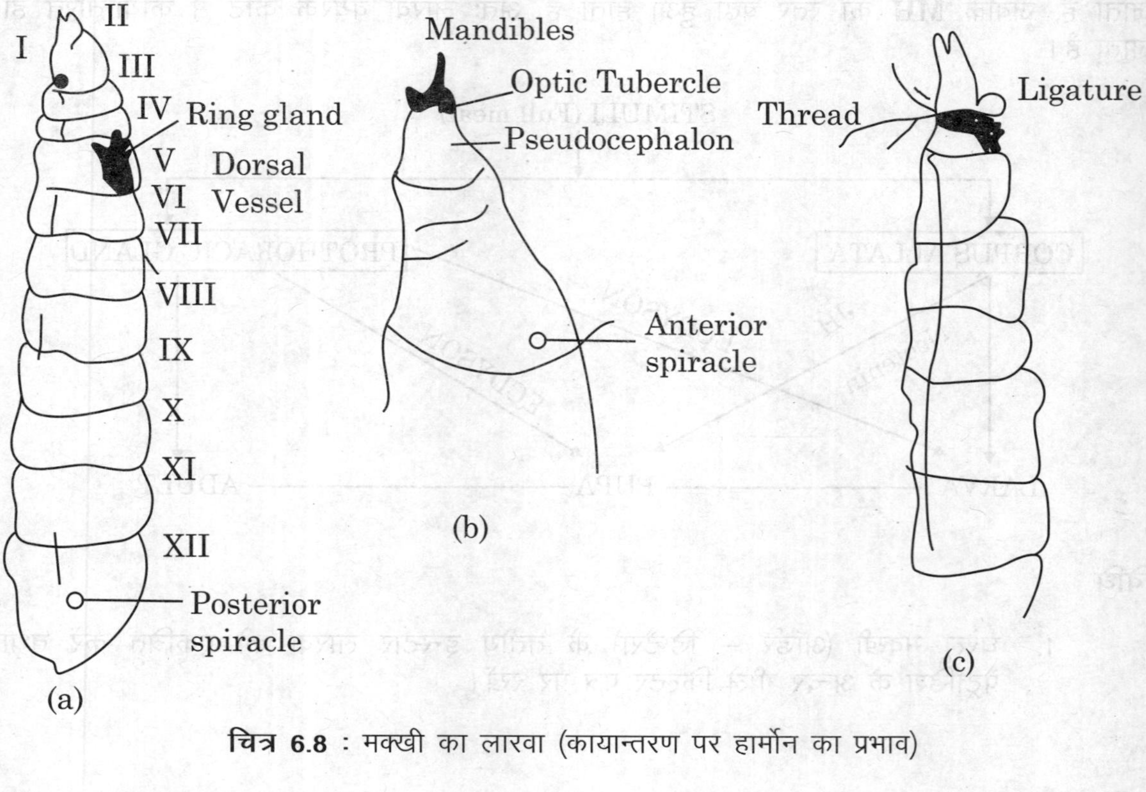

चित्र 6.8 : मक्खी का लारवा (कायान्तरण पर हार्मोन का प्रभाव)

प्रयोग संख्या – 9

उद्देश्य – यकृत में एन्जाइम कैटेलेज का प्रदर्शन (Demonstration of Enzyme Activity (catalase) in Liver)

प्रायोगिक सामग्री –यकृत सार (Liver extract), बीकर, ड्रॉपर, पिपेट, स्प्रिट लैम्प, मार्किंग पेन्सिल आदि।

रसायन अभिकर्मक – हाइड्रोजन परॉक्साइड, आसुत जल।

सिद्धान्त – प्रत्येक प्राणी शरीर की जैव रासायनिक अभिक्रियाएँ एन्जाइम के द्वारा ही सम्पन्न व नियन्त्रित होती है। एन्जाइम एक उत्प्रेरक की भांति कार्य करता है जो अभिक्रिया की दर को (बिना अन्तिम उत्पाद को परिवर्तित किए) बढ़ा देता है। यकृत वह अंग है जो विषैले (toxic) पदार्थों को विघटित करता है। विषैले पदार्थों का विघटन (detoxification) यकृत में पाये जाने वाले विभिन्न एन्जाइम जटिल (enzyme complex) द्वारा सम्पन्न होता है। यकृत में कैटेलेज (catalase) एन्जाइम बहुतायत में पाया जाता है जो इस प्रकार के विषैले पदार्थों के विघटन में सहायक होता है। ये विषैले पदार्थ विभिन्न उपापचयी क्रियाओं के फलस्वरूप भी बनते है या किसी विष के प्रत्यक्ष ग्रहण करने पर शरीर में पहुँच जाते हैं। कैटेलेज (catalase) की उपस्थिति में हाइड्रोजन परॉक्साइड का विघटन क्रमशः ऑक्सीजन व जल में हो जाता है –

$$2H_2O_2 \xrightarrow[\text{कैटेलेज}]{\text{एन्जाइम}} O_2 + 2H_2O$$

उपर्युक्त रासायनिक अभिक्रिया से कैटेलेज का प्रदर्शन सहजता से किया जा सकता है।

विधि

1. **यकृत सार तैयार करना** (Preparation of liver extract) – जीवित चूहे अथवा मेंढक का विच्छेदन कर यकृत निकालकर यकृत को खरल (pestel and mortar) में 50 मिली आसुत जल के साथ पीसें। छानकर 'यकृत सार' के रूप में प्रयोग में लें।
2. दो परखनलियाँ लें तथा एक पर **'T'** तथा दूसरी पर **'C'** अंकित करें।
3. **'T'** अंकित परखनली में कुछ यकृत सार लें तथा कुछ बूँदें हाइड्रोजन परॉक्साइड की डालें।
4. हाइड्रोजन परॉक्साइड के विघटन से उत्पन्न ऑक्सीजन के कारण तेजी से बुलबुले उठते हैं।
5. **'C'** अंकित परखनली में उबाला हुआ यकृत सार लें तथा कुछ बूँदें हाइड्रोजन परॉक्साइड की डालें। इसमें कोई बुलबुले नहीं उठते।

परिणाम – यकृत सार को उबालने पर एन्जाइम कैटेलेज नष्ट हो जाता है। अतः हाइड्रोजन परॉक्साइड विघटित नहीं हो पाता। यही कारण है कि 'C' परखनली में बुलबुले नहीं निकलते जबकि T अंकित परखनली में यकृत सार में उपस्थित कैटेलेज के कारण हाइड्रोजन परॉक्साइड विघटित हो जाता है। अतः ऑक्सीजन के निकलने के कारण तेजी से बुलबुले निकलते हैं।

सामान्य सावधानियाँ (General Precautions)

1. ताजा हाइड्रोजन परॉक्साइड ही प्रयोग हेतु काम में लें क्योंकि बहुत दिनों से अथवा प्रयोगशाला में रखा हुआ हाइड्रोजन परॉक्साइड ऑक्सीकृत (oxidised) हो जाता है।
2. परखनली, बीकर व ड्रॉपर अत्यन्त स्वच्छ होने चाहिए।

प्रयोग संख्या – 10

उद्देश्य – चूहे में मद चक्र (estrus cycle) का योनि आलेप विधि (vaginal smear) द्वारा अध्ययन करना।

नोट – इसका अध्ययन **लौंग व इवान्स** (Long and Evans, 1922) की विधि के अनुसार किया जाता है। बी.एस.सी. पार्ट–3 के स्तर के अनुसार सरल तरीके से इसे यहाँ समझाया गया है। यह प्रयोग प्रातःकाल में ही करें।

विधि

1. प्रयोगशाला में चूहे की कॉलोनी से 3 महीने का परिपक्व मादा चूहा लें।
2. एक सुविधानुसार लम्बा कॉपर का तार लेकर उसके एक सिरे पर छोटा सा लूप बनायें तथा इसे मादा चूहे की योनि (vagina) में प्रवेश करा दें।
3. इसे बाहर निकालें तथा लूप पर चिपके योनि स्राव को कांच की स्लाइड पर लेकर आलेपित करें। तत्पश्चात् सूक्ष्मदर्शी से आलेप (smear) का अध्ययन करें। (रंजन इओसिन या मेथिलीन ब्लू से करें)।

अथवा

नार्मल सेलाइन को ड्रॉपर से मादा चूहे की योनि में प्रवेश करावें। 2–3 मिनट के पश्चात् ड्रापर से ही इस योनि धोवन (vaginl wash) को स्वच्छ स्लाइड पर रखें। एक बूँद इओसिन या मेथिलीन ब्लू से रंजित करें और सूक्ष्मदर्शी से अवलोकन करे। कामोन्माद अथवा मद चक्र (estrus cycle) की कौनसी अवस्था है? इसे निम्नलिखित विवरण के अनुसार अध्ययन कर, परिणाम अपनी प्रायोगिक पुस्तिका में नोट करें।

चूहे का मद–चक्र 4–5 दिन में पूर्ण होता है लेकिन यह प्रकाश, ताप, पोषण का स्तर एवं चूहे की कॉलोनी के सदस्यों के आपसी सम्बन्धों (social relationship) से प्रभावित हो सकता है। इस तरह के छोटे मद चक्र में अण्डाशय के अन्दर विभिन्न प्रावस्थाओं के फॉलिकिल (follicle) तथा पिछले कई मद चक्रों के पीत पिण्ड (corpora lutea) पाये जा सकते हैं। चूहे का मद चक्र चार अवस्थाओं में पूर्ण होता है –

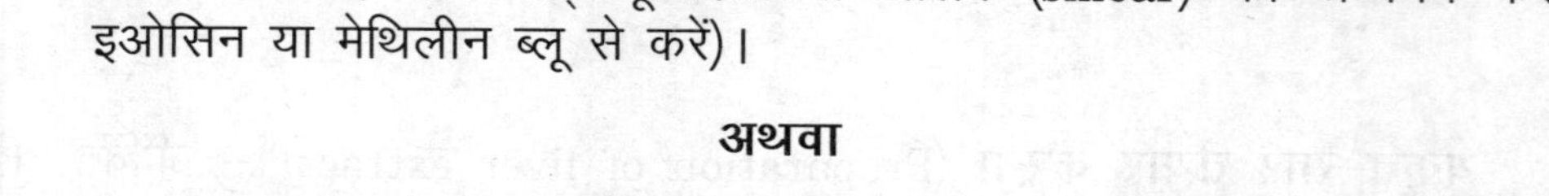

1. इस्ट्रस (Estrus) – इस अवस्था में ही मादा नर से संयोग (copulate) करती हैं। इसमें मादा उत्तेजित (heat) अवस्था में होती है। यह अवस्था 9 से 15 घंटे तक रहती है। फॉलिकिल स्टीमुलेटिंग हॉर्मोन (follicle stimulating hormone or **FSH**) के प्रभाव के कारण दर्जनों अण्डाशयी फॉलिकिल तीव्र वृद्धि करते हैं। इस समय इस्ट्रोजन (estrogen) का स्तर सर्वाधिक होता है। मादा के व्यवहार में कई परिवर्तन, यथा तीव्र गमन गतिविधि (running activity) तथा कानों को तीव्र गति से हिलाना, दिखाई देते है। गर्भाशय के आकार में उत्तरोत्तर वृद्धि (progressive enlargement) होती जाती है। योनि म्यूकोसा (vaginal mucosa) में कई समसूत्री विभाजन (mitosis) होते हैं। इसके फलस्वरूप नई कोशिकाएं बनती है तथा बाहरी परत (superficial layer) शल्कीय (squamus) व कार्निफाइड (cornified) होती जाती है। अतः कार्निफाइड व शल्कीय कोशिकाओं का योनि आलेप (Vaginal smear) में दिखाई देना इस्ट्रस का स्पष्ट संकेत है। ऑव्यूलेशन (ovulation) इसी प्रावस्था में होता है। विलम्बित इस्ट्रस (late estrus) में कॉर्निफाइड कोशिकाओं के केन्द्रक क्षीण हो जाते हैं तथा कोशिकाएँ अधिक संख्या में पायी जाती हैं।

सारणी – चूहे में कामोन्माद की विभिन्न अवस्थाओं की पहचान के संकेत

प्रावस्था (Stage)	व्यवहार (Behaviour)	अवधि (Time period)	योनि आलेप (Vaginal smear)	गर्भाशयी परिवर्तन (Uterine changes)
इस्ट्रस (Estrus)	1. तीव्र गतिशीलता 2. अधिकतम सहवास स्वीकृति	9 से 15 घंटे	कॉर्निफाइड कोशिकाएँ	श्लेष्मा मोटी तथा अण्डोत्सर्ग
मैटेस्ट्रस (Metestrus)	सहवास स्वीकृति नहीं	10 से 14 घंटे	श्वेत रक्ताणु (WBC) कॉर्निफाइड कोशिकाएँ	श्लेष्मा की मोटाई कम, गर्भाशय की संकुचनशीलता तथा संवहनता क्षीण, कार्पोरा ल्युटिया तथा छोटे फॉलिकील उपस्थित
डाईस्ट्रस (Diestrus)	सहवास स्वीकृति नहीं	60–70 घंटे	श्वेत रक्ताणु (WBC), उपकला कोशिकाएँ	योनि श्लेष्मा पतली हो जाती है
प्रोइस्ट्रस (Proestrus)	सहवास इच्छा तथा स्वीकृति	प्रारम्भिक 10–12 घंटे	केन्द्रक युक्त उपकला कोशिकाएँ	गर्भाशय अधिक संकुचनशील, बड़े फॉलिकील।

2. मेटेस्ट्रस (Metestrus) – ऑव्यूलेशन (ovulation) के ठीक बाद यह प्रावस्था आती है जो इस्ट्रस व डाईस्ट्रस के मध्य की प्रावस्था है। यह 10 से 14 घंटे तक रहती है। इसमें नर मादा संयोग (mating) नहीं होता है। अण्डाशय के अंदर कॉर्पोरा ल्यूटिया तथा छोटे फॉलिकील पाये जाते हैं। गर्भाशय की संवहनता (vascularity) तथा संकुचनशीलता (contractility) क्षीण हो जाती है। योनि आलेप में अंडकोशिकाएँ (oocytes), कॉर्निफाइड कोशिकाएँ तथा WBC दृष्टिगोचर होती हैं।

3. डाईइस्ट्रस (Diestrus) – यह प्रावस्था 60–70 घंटे पश्चात् आती है। योनि म्यूकोसा पतली हो जाती है तथा इसमें होकर ल्यूकोसाइट्स आसानी से अभिगमित (migrate) हो जाती है। योनि आलेप में ल्यूकोसाइट्स का बाहुल्य इस अवस्था का एक प्रमुख लक्षण है। इस अवस्था के योनि आलेप में श्लेष्मा, सामान्य उपकला कोशिकाएँ तथा श्वेत रक्ताणु दिखाई देते हैं।

4. प्रोइस्ट्रस (Proestrus) – इस अवस्था के बाद अगला मद चक्र प्रारम्भ होता है। फॉलिकल बड़े हो जाते हैं। गर्भाशय अधिक संकुचनशील (contractile) हो जाता है। योनि आलेप में केन्द्रक युक्त एपीथीलियल कोशिकाएँ प्रचुर संख्या में पायी जाती है।

यदि गर्भाधान (pregnency) हो जाता है तो यह चक्र अगले 20–22 दिन तक के लिए बंद हो जाता है। चूहे में जननकाल (gestation period) 20–22 दिन का होता है।

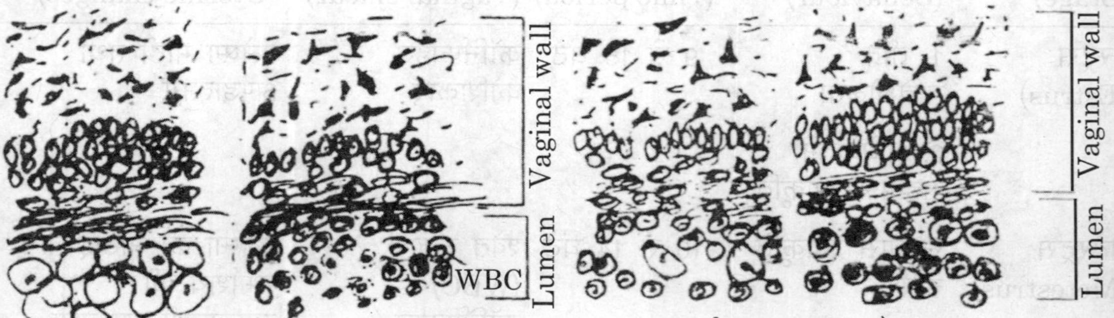

(a) इस्ट्रस (b) मेटेस्ट्रस (c) डाईस्ट्रस (d) प्रोइस्ट्रस

चित्र 6.9 : चूहे का मद चक्र–योनि आलेप की स्लाइड

अंतःस्त्रावी ग्रन्थियों की औतिकी
(Histology of Endorine Glands)

1. पीयूष ग्रन्थि (Pituitary gland)

संरचना व स्थिति (Structure and Location) – यह मटर के दाने के आकार की संरचना होती है जो मस्तिष्क के आधार में डायनसिफेलॉन (diencephalon) क्षेत्र में स्थित होती है। यह तीन भागों से मिलकर बनी होती है।

i. अग्रभाग ii. मध्यम भाग iii. पश्च भाग।

पीयूष ग्रन्थि का लम्बवत् काट (V.S. of pituitary gland)

1. इसमें प्रमुखतया तीन प्रकार की कोशिकाएँ दिखाइ देती है –
   1. **बेसोफिल (Basophil)** – क्षारीय रंजकों द्वारा अभिरंजित होती है।
   2. **एसिडोफिल (Acidophil/oxyphil)** – अम्लीय रंजकों द्वारा अभिरंजित होती है।
   3. **क्रोमोफोब (Chromophobes)** – उपर्युक्त किसी भी रंजक द्वारा अभिरंजित नहीं होती है।
2. इसके अग्र भाग (anterrior lobe/adenophypiophysis) से छः हार्मोन (TSH, ACTH, STH, LTH, FSH व LH) स्रावित होते हैं जो वृद्धि व जनन अंगों के विकासल को नियंत्रित करते हैं। इसके अतिरिक्त ये हार्मोन थायरॉइड, एड्रीनल व पैराथायराइड ग्रन्थियों से क्रियाकलापों को नियन्त्रित करते हैं।
3. इसके मध्य भाग (intermediate lobe or pars intermedia) से एक हार्मोन MSH (Melanocyte Stimulating Hormone) का स्रवण होता है जो कुछ जन्तुओं में रंग परिवर्तन (colour change) को नियंत्रित करता है।
4. इसके पश्च भाग (posterior lobe or neurohypophysis) से दो हार्मोन, **ऑक्सीटोसिन** (oxytocin) व **वैसोप्रैसिन** (vasopressin) का स्रवण होता है। वैसोप्रैसिन या एंटी डाइयूरेटिक हार्मोन (antidiuretic hormone, ADH) शरीर में जल के सन्तुलन में महत्वपूर्ण भूमिका निभाता है। ऑक्सीटोसिन शिशु के जन्म को सुगम बनाने में महत्वपूर्ण भूमिका अदा करता है। क्योंकि इसके प्रभाव में जघन संधान (pubic symphysis) की मांसपेशियाँ शिथिल हो जाती है तथा यह क्षेत्र अपेक्षाकृत चौड़ा हो जाता है। इसके अतिरिक्त नर मादा समागम के दौरान शुक्राणुओं को मादा जनन मार्ग में आगे बढ़ाने में भी ऑक्सीटोसिन सहायक होता है।

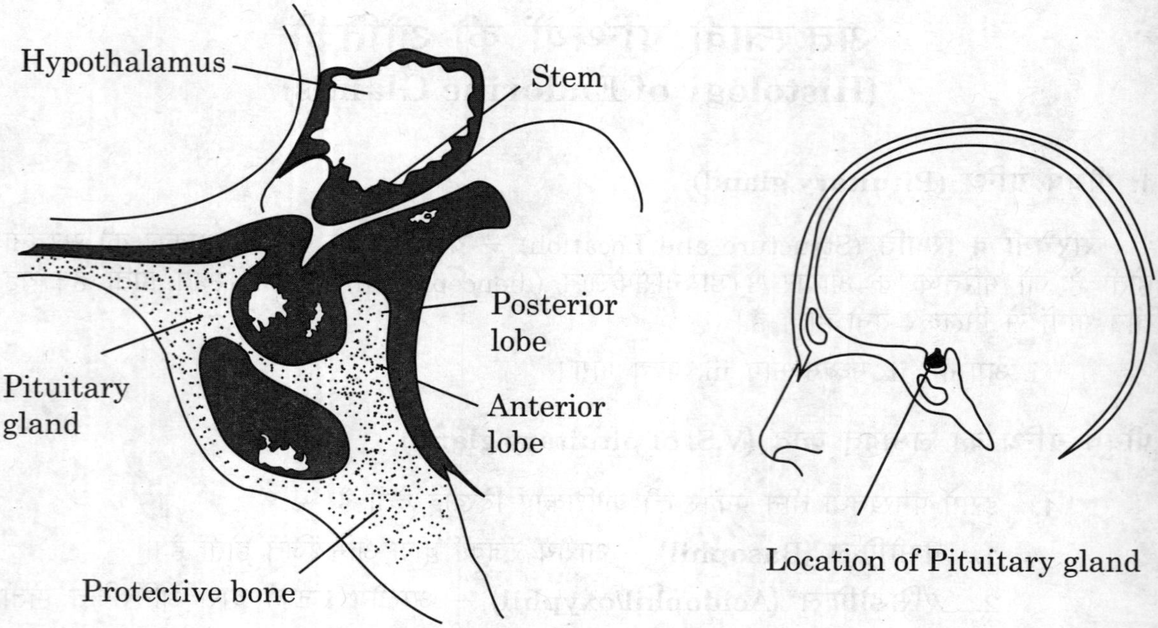

चित्र 6.10 : पीयूष ग्रन्थि

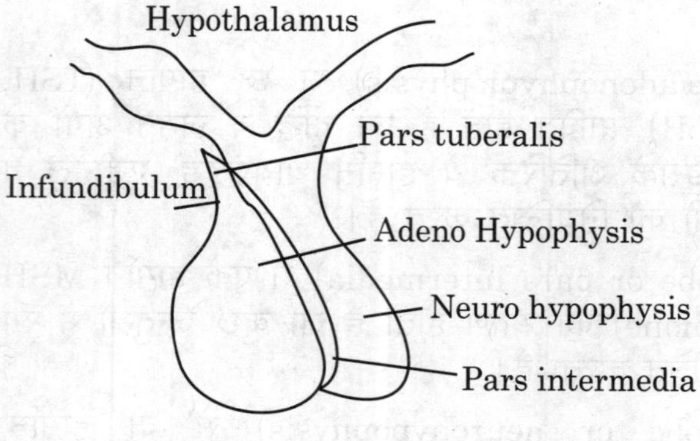

चित्र 6.11 : पीयूष ग्रन्थि की संरचना

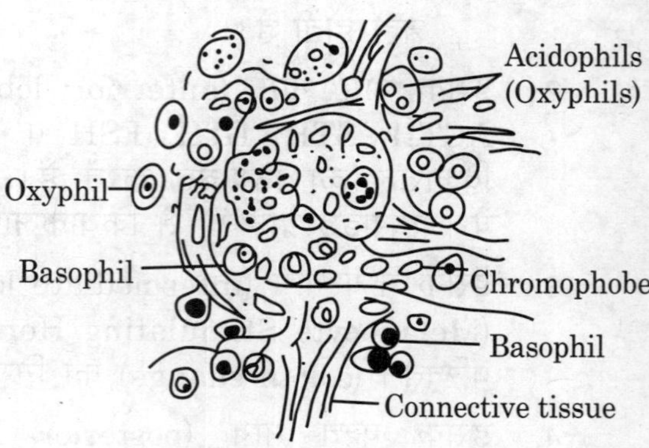

चित्र 6.12 : पीयूष ग्रन्थि का लम्बवत काट

2. थायरॉइड ग्रन्थि का अनुप्रस्थ काट (T.S. of Thyroid gland)

1. थाइरॉइड द्विपालीय (bilobed) अंतः स्रावी ग्रन्थि है जो गर्दन में स्थित होती है। दोनों भाग ट्रैकिया के दोनों ओर स्थित होते है जो एक संकरी संरचना, इस्थमस (isthmus) से जुड़े रहते हैं।
2. अनुप्रस्थ काट में अण्डाकार फॉलिकील दिखाई देते हैं जिन्हें थाइरॉइड फॉलिकील (thyroid follicle) कहते हैं। इसमें कोलॉइड (colloid) भरा होता है। फॉलिकील के चारों ओर एपीथीलियम होता है।

3. दो फॉलिकिल के बीच में संयोजी ऊतक (connective tissue) पाया जाता है। बडे फॉलिकील परिधि की ओर होते है तथा छोटे केन्द्र की ओर।
4. यह ग्रन्थि **थाइराक्सिन** (thyroxine) हार्मोन स्रावित करती है जो उपापचय को नियंत्रित करता है।
5. जब थायराइड ग्रन्थि कम सक्रिय होती है तो इससे स्रावित हार्मोन की मात्रा भी न्यून होती है (hypothyroidism)। ऐसी स्थिति में बच्चों में **क्रेटिनिज्म** (cretenism) तथा बड़ों में **मिक्सीडेमा** (myxedema) हो जाता है। क्रेटेनिज्म में बच्चे की वृद्धि रूक जाती है तथा बच्चा मानसिक रूप से अविकसित रहता है।

   मिक्सीडेमा में बाल शुष्क, चमड़ी मोटी तथा फूली हुई हो जाती है। आधारीय उपांपचयी रेट (BMR) कम हो जाती है तथा मस्तिष्क कम क्रियाशील होता है।
6. थायराइड के अधिक सक्रिय होने के कारण (hyperthyroidism) थायरॉक्सिन की मात्रा भी अधिक हो जाती है जिससे BMR व हृदय गति बढ़ जाती है। आंखें बाहर की एक तरफ उभर (bulge) आती है, इसे **'नेत्रोत्सेधी गलगण्ड'** (exopthalmic goitre) कहते हैं।

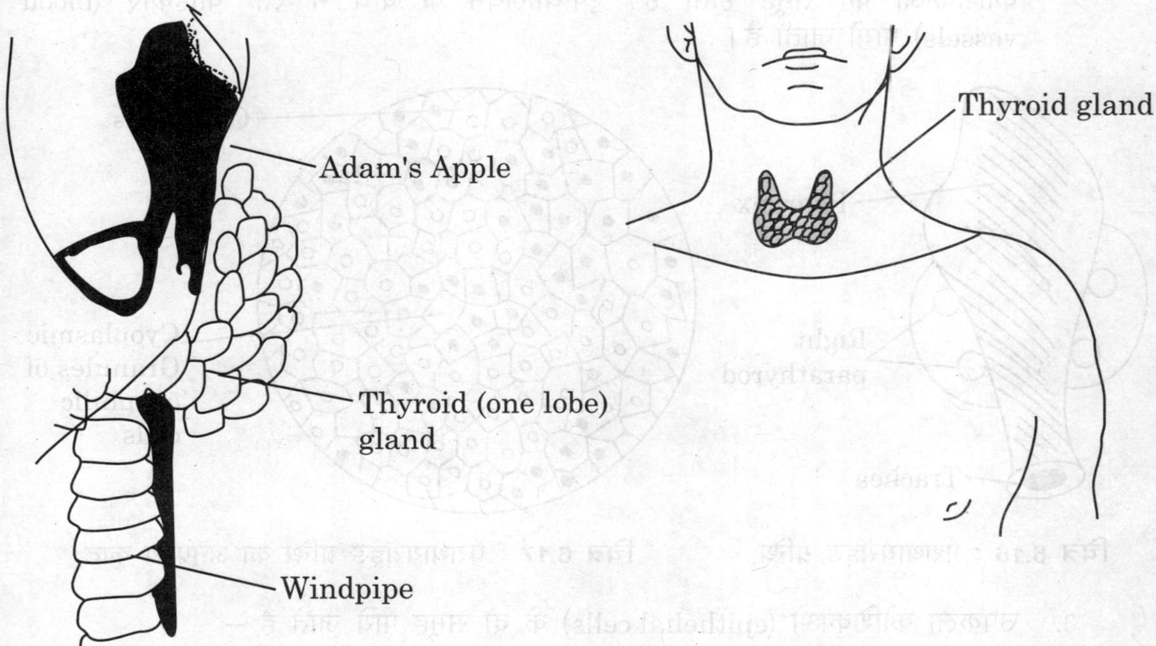

चित्र 6.13 : a. थायरॉइड ग्रन्थि

3. पैराथायरॉइड ग्रन्थि का अनुप्रस्थ काट (T.S. of Parathyroid gland)

1. यह थायराइड ग्रन्थि की पश्च सतह पर स्थित एक चपटी व अंडाकार संरचना के रूप में होती है। इसके दो जोड़े होते हैं।

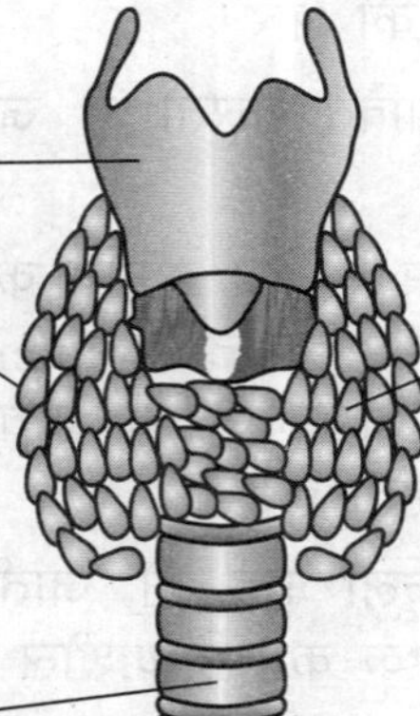

चित्र 6.14 : थायरॉइड ग्रन्थि

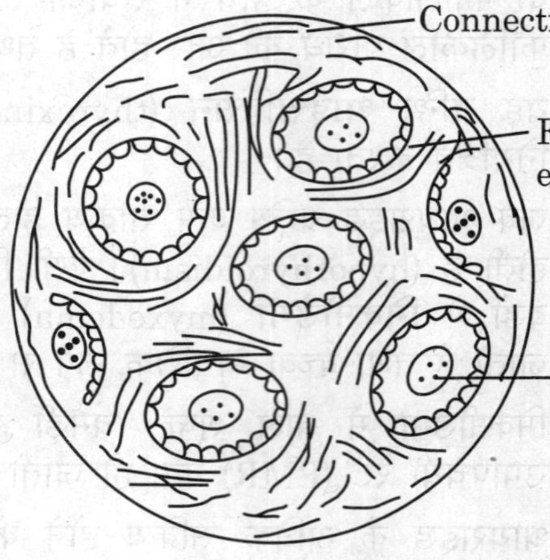

चित्र 6.15 : थायरॉइड ग्रन्थि का अनुप्रस्थ काट

2. प्रत्येक जोडा संयोजी ऊतक के आवरण से ढ़का रहता है तथा उपकला (एपीथीलियल) कोशिकाओं का समूह होती है। एपीथीलियम के बीच में रक्त वाहिकाएँ (blood vessels) पायी जाती है।

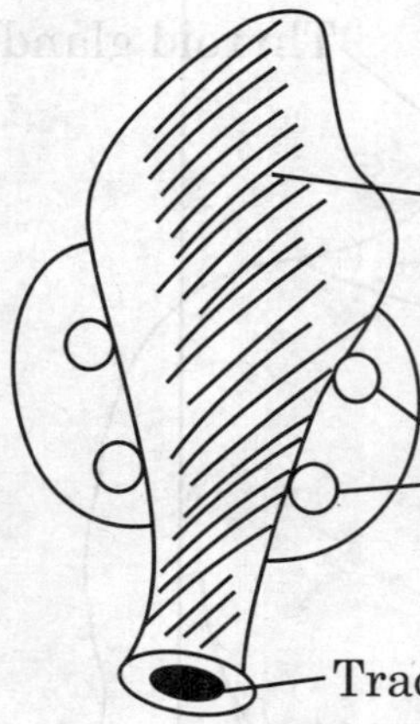

चित्र 6.16 : पैराथायरॉइड ग्रन्थि

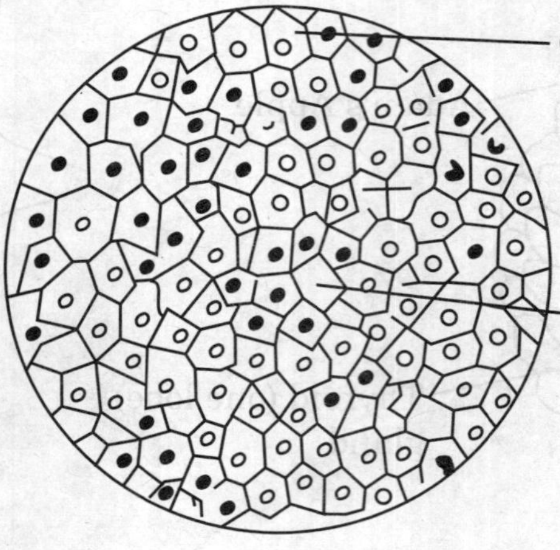

चित्र 6.17 : पैराथायरॉइड ग्रन्थि का अनुप्रस्थ काट

3. उपकला कोशिकाओं (epithelial cells) के दो समूह पाये जाते है –
   i. मुख्य कोशिकाएँ (Chief cells)
   ii. ऑक्सीफिलिक कोशिकाएँ (Oxyphilic cells)

   मुख्य कोशिकाओं के अन्दर ग्लाइकोजन की मात्रा अधिक तथा स्रावीकरण (secretary granules) कम पाये जाते हैं जबकि ऑक्सीफिलिक कोशिकाओं में ग्लाइकोजन नहीं पाया जाता। मुख्य कोशिकाएं भी दो प्रकार की होती है – (अ)

गहरी (dark) तथा (ब) हल्की (light)। गहरी कोशिकाएँ ही 'पैराथारमोन' हार्मोन स्रावित करती है।

4. 'पैराथारमोन' कैल्शियम फॉस्फेट जैसे खनिजों के उपापचय में महत्वपूर्ण भूमिका निभाता है।

4. अग्नाशय का अनुप्रस्थ काट (T.S. of Pancreas)

1. अग्नाशय अंतः व बहिःस्रावी (endocrine and exocrine) ग्रन्थि है। अंतः स्रावी भाग **लैंगरहैन्स** द्वीप समूह कोशिकाएँ (islets of langerhans) तथा बहिः स्रावी भाग ऐसीनाइ या लोब्यूल्स (acini or lobules) कहलाता है।
2. लोब्यूल्स (acini or lobules) एक संयोजी ऊतक के बाहरी आवरण से ढके रहते हैं जिनमें रक्त वाहिका, तंत्रिका व लिम्फ वाहिका होती है।
3. बहिःस्रावी भाग अग्नाशयी रस स्रावित करता है जिसमें पाचक एन्जाइम ट्रिप्सिन, एमाइलेज व लाइपेज होते हैं।
4. लैंगरहेन्स द्वीप समूह कोशिकाएँ **इन्सूलिन** व **ग्लूकागोन** (insulin and glucogon) हार्मोन स्रावित करती है जो क्रमशः β व α कोशिकाओं द्वारा बनते हैं। इन्सुलिन रक्त में शर्करा की मात्रा का नियंत्रण करता है। ग्लूकागोन रक्त में शर्करा की मात्रा को बढ़ा देता है।

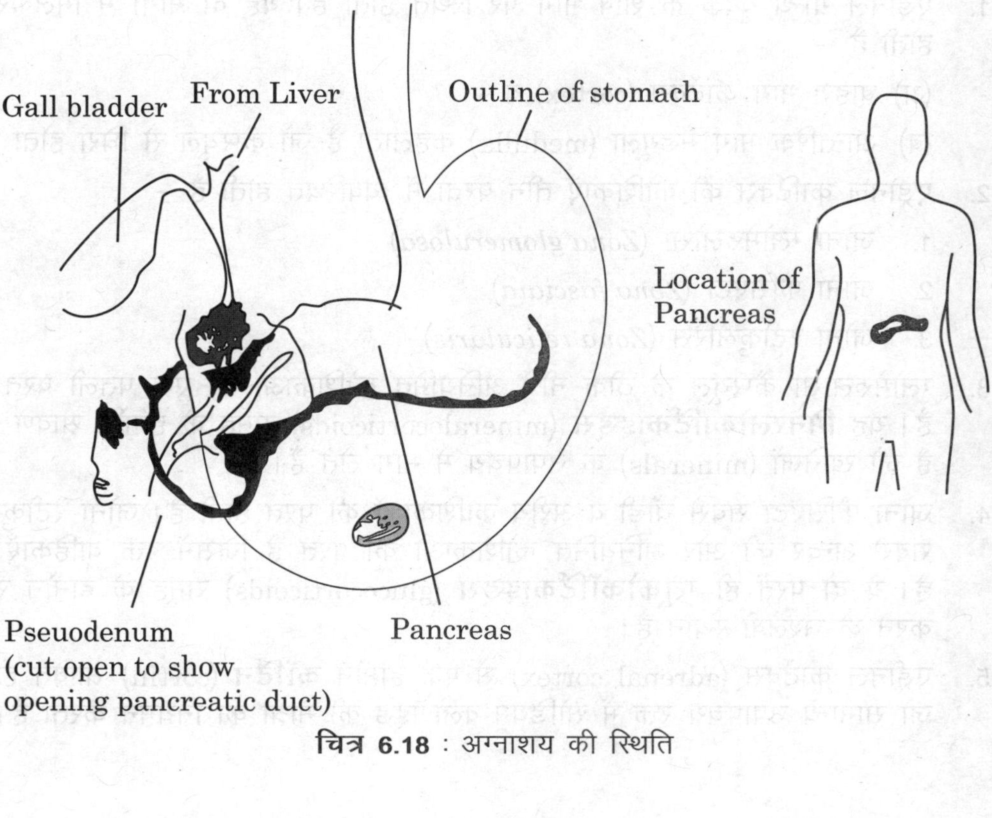

चित्र 6.18 : अग्नाशय की स्थिति

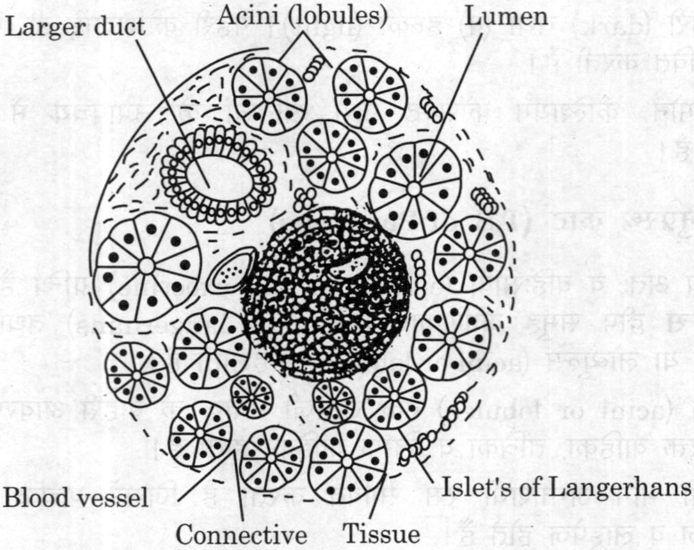

चित्र 6.19 : अग्नाशय का अनुप्रस्थ काट

5. एड्रीनल ग्रन्थि का अनुप्रस्थ काट (T.S. of Adrenal Gland)

1. एड्रीनल ग्रन्थि वृक्क के शीर्ष भाग पर स्थित होती है। यह दो भागों में मिलकर बनी होती है –

   (अ) बाहरी भाग कार्टेक्स (cortex) व

   (ब) आन्तरिक भाग मैडयूला (medulla) कहलाता है जो कैप्स्यूल से घिरा होता है।

2. एड्रीनल कार्टिक्स की कोशिकाएँ तीन परतों में व्यवस्थित होती है –

   1. जोना ग्लोमेरुलोसा (*Zona glomerulosa*)
   2. जोना फैसिएटा (*Zona fasciata*)
   3. जोना रैटीकुलेरिस (*Zona reticularis*)

3. ग्लोमेरुलोसा कैप्स्यूल के ठीक नीचे अनियमित कोशिकाओं की एक पतली परत होती है। यह **मिनरलोकार्टिकाइड्स** (mineralocorticoids) समूह के हॉर्मोन स्रावण करती है जो खनिजों (minerals) के उपापचय में भाग लेते हैं।

4. जोना फैसिएटा सबसे चौड़ी व अरीय कोशिकाओं की परत होती है। जोना रैटीकुलेरिस सबसे अन्दर की ओर अनियमित कोशिकाओं की परत है जिसमें रक्त वाहिकाएँ होती है। ये दो परतें ही **ग्लूकोकॉर्टिकाइड्स** (glucocorticoids) समूह के हार्मोन स्रावित करने के संश्लेषी स्थान है।

5. एड्रीनल कार्टेक्स (adrenal cortex) से एक हार्मोन **कॉर्टिन** (cortin) स्रावित होता है जो सामान्य उपापचय रक्त में सोडियम क्लोराइड की मात्रा का नियमन करता है।

6. एड्रीनल मैड्यूला **एड्रीनलिन** (adrenalin) हार्मोन का स्रवण करता है जो रक्तदाब, माँसपेशियों के शिथिलन का नियमन तथा सामान्य उपापचय को बढ़ाने का काम करता है।

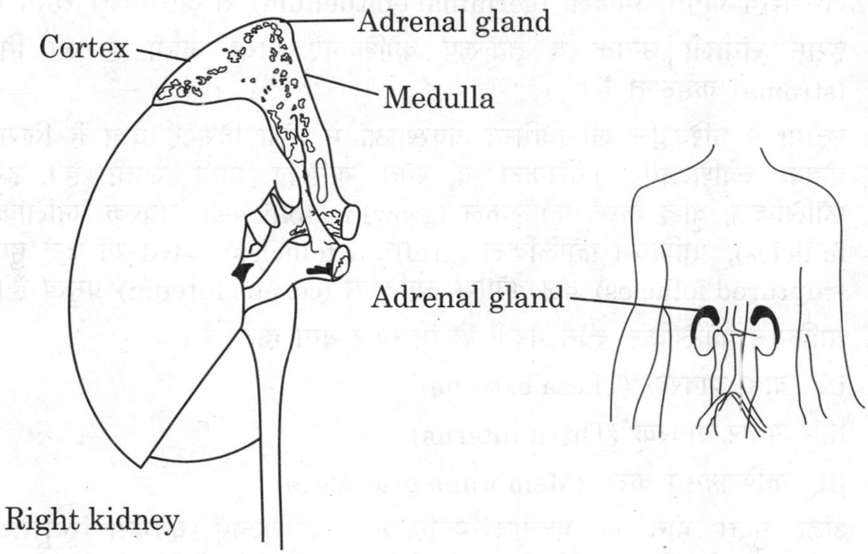

चित्र 6.20a. एड्रीनल की स्थिति

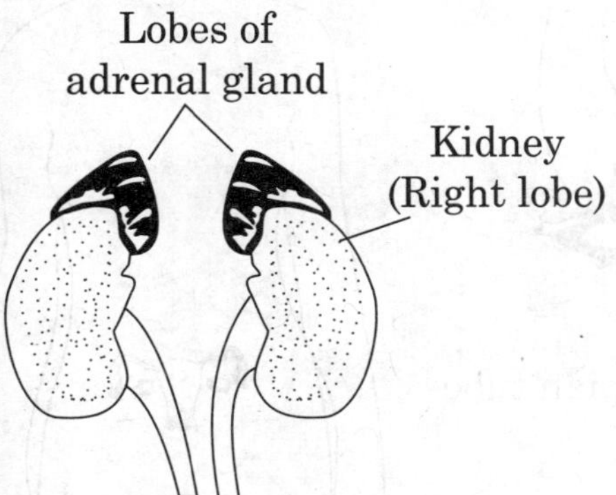

चित्र 6.20b : एड्रीनल ग्रन्थि की बाह्य संरचना

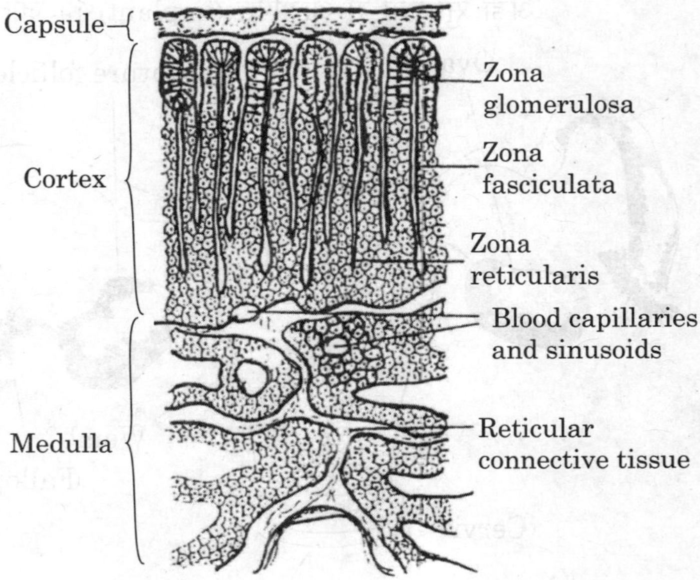

चित्र 6.20c : एड्रीनल ग्रन्थि की अनुप्रस्थ काट

6. स्तनधारी के अण्डाशय का अनुप्रस्थ काट (T.S. of Ovary of Mammal)

अण्डाशय के अनुप्रस्थ काट में निम्नलिखित ऊतकीय संरचनाएँ दिखाई देती है –

1. अण्डाशय जनन उपकला (germinal epithelium) से आस्तारित रहता है।
2. इसमें संयोजी ऊतक व तर्कुरूप कोशिकाएँ पायी जाती है जो मिलकर स्ट्रोमा (stroma) कहलाते हैं।
3. स्ट्रोमा में परिवर्द्धन की विभिन्न अवस्थाओं में अंडा दिखाई देता है जिसके चारों ओर पोषक कोशिकाएँ, फॉलिकल व रक्त वाहिका पायी जाती है। इनमें प्राथमिक फॉलिकिल, वृद्धि करते फॉलिकल (growing follicles), वयस्क फॉलिकिल (mature follicles), ग्राफियन फॉलिकिल (graffian follicles), ध्वस्त या फटे हुए फॉलिकिल्स (ruptured follicles) वल कॉर्पस ल्यूटियम (corpus luteum) प्रमुख है।
4. ग्राफियन फॉलिकिल तीन परतों से मिलकर बना होता है।
   i. बाह्य प्रावरक (Theca externa)
   ii. आंतर प्रावरक (Theca interna)
   iii. कणिकामय कला (Membrana granulosa)
5. अंडा मुक्त होने के पश्चात् फॉलिकिल कोशिकाएँ **कॉर्पस ल्यूटियम** (cropus luteum) में बदल जाती है। कॉपर्स ल्यूटियम प्रौजेस्टीरोन (progesterone) स्रावित करता है। इसके प्रभाव में गर्भाशय के ऊतक रूपान्तरित हो जाते हैं और निषेचित अंडा सुगमता से आरोपित (implant) हो जाता है।

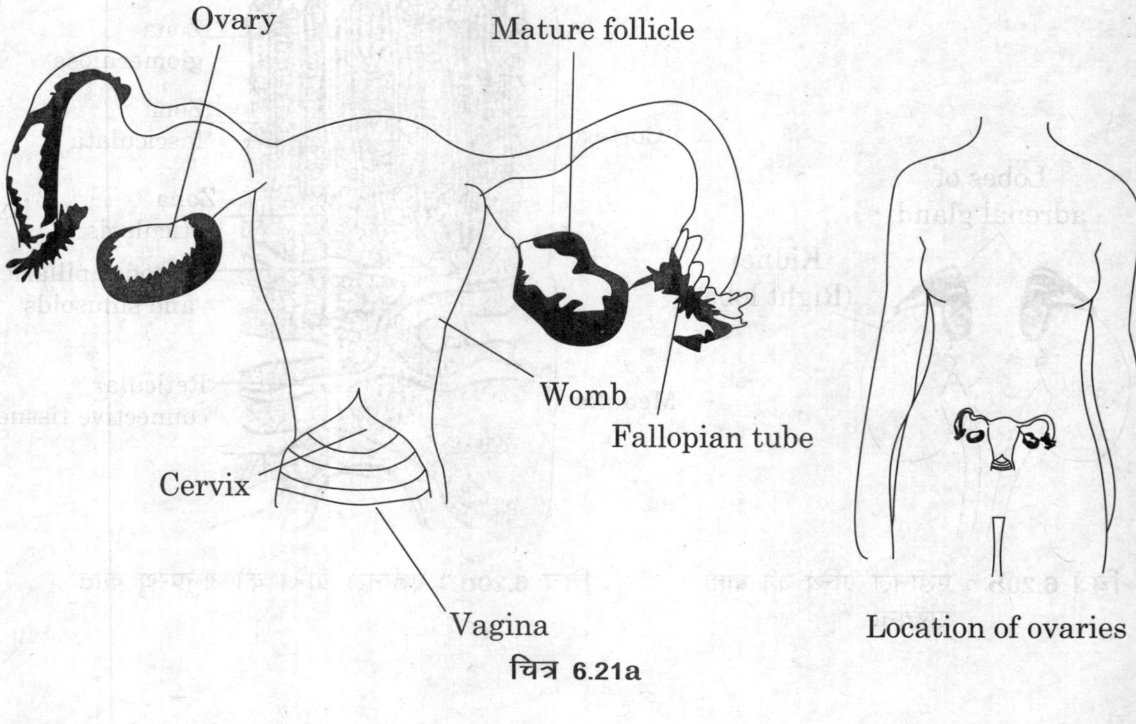

चित्र 6.21a

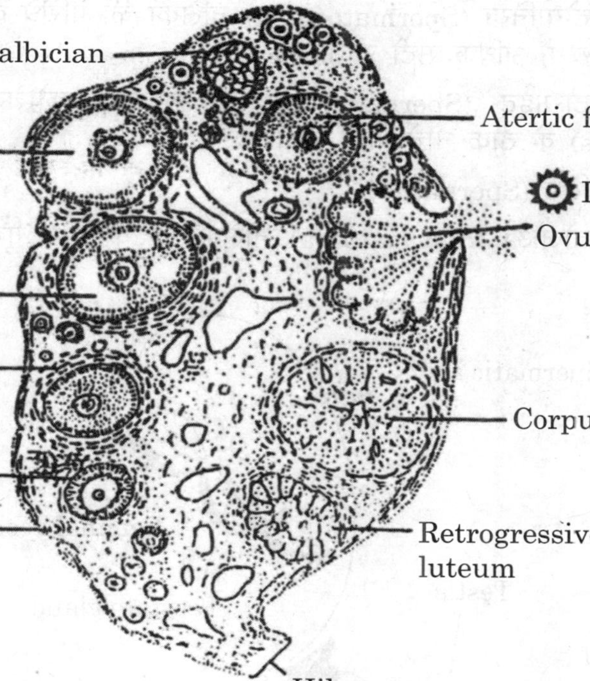

चित्र 6.21b : स्तनधारी के अण्डाशय की अनुप्रस्थ काट

7. स्तनधारी के वृषण का अनुप्रस्थ काट (T.S. of Testis of Mammal)

स्तनधारी के वृषण के अनुप्रस्थ काट में निम्नलिखित ऊतकीय संरचनाएँ दिखाई देती है –

1. प्रत्येक वृषण सेमिनीफेरस नलिकाओं (seminiferous tubules) से मिलकर बना होता है।
2. दो सेमिनीफेरस नलिकाएँ, संयोजी ऊतक से पृथक् रहती हैं जिनमें रक्त वाहिका तथा अंतराकोशी कोशिकाएँ (interstitial cells) होती है। ये एक हॉर्मोन **टैस्टोस्टीरोन** (testosterone) का स्रवण करती है जो नर के द्वितीयक लैंगिक लक्षण (secondary sex characers) बनाये रखता है।
3. प्रत्येक सेमिनीफेरस नलिका आधारीय झिल्ली (basement membrane) से घिरी रहती है तथा जनन उपकला (germinal epithelium) से आस्तारित रहती है।
4. जनन कोशिकाओं (germ cells) के मध्य **सरटोली** कोशिकाएँ (Sertoli cells) दिखाई देती है जो शुक्राणु को पोषण प्रदान करती है।
5. सेमिनीफेरस नलिका के अन्दर शुक्राणु अपने परिवर्द्धन की विभिन्न अवस्थाओं में दृष्टिगोचर होते हैं –

i. स्पर्मेटोगोनिया (Spermatogonia) नलिका की परिधि की ओर पायी जाती है जो आपस में अधिक सटी रहती है।

ii. स्पर्मेटोसाइट् (Spermatocyte) शुक्राणुजनीय कोशिकाओं (spermatogonial cells) के ठीक नीचे पायी जाती है।

iii. स्पर्मेटिड (Spermatid)

iv. स्पर्मेटोजोआ (Spermatozoa) नलिका के केन्द्र में गुच्छों के रूप में पाये जाते हैं।

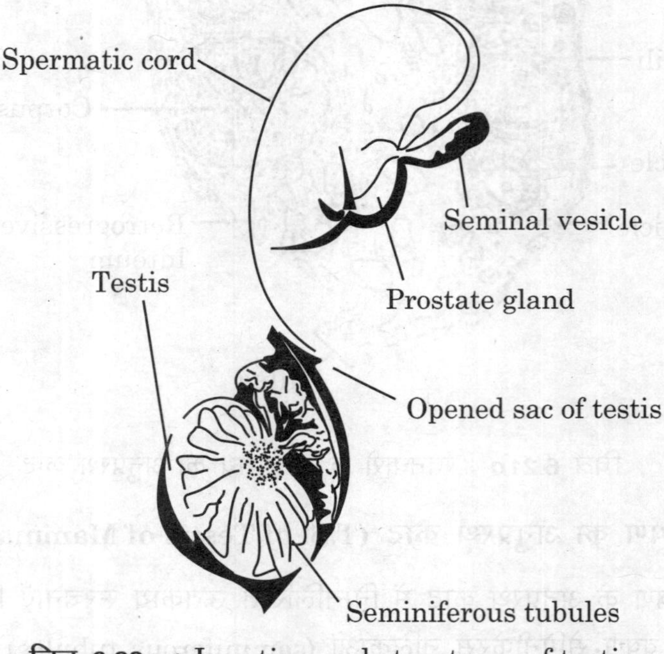

चित्र 6.22a : Location and structures of testis

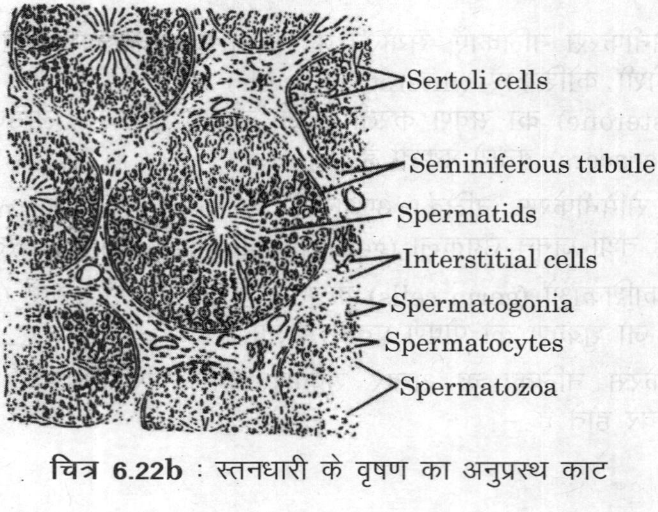

चित्र 6.22b : स्तनधारी के वृषण का अनुप्रस्थ काट

8. थाइमस (Thymus)

स्थिति (Location)

ब्रेस्टबोन (breast bone) के ठीक ऊपर फेफड़ों के मध्य।

संरचना (Structure)

बच्चों में बड़े आकार की तथा बड़ों में छोटी होती है। लगभग माचिस की डिब्बी के आकार की वजन लगभग 20 ग्राम पीले–भूरे ऊतक से बनी हुई ग्रन्थि है। इसमें दो अंग पाये जाते हैं, बाहरी भाग कार्टेक्स (cortex) तथा आन्तरिक मेडयूला (medulla) कहलाता है। दोनों ही क्षेत्र लिम्फोसाइटस (lymphoytes) से भरे रहते हैं।

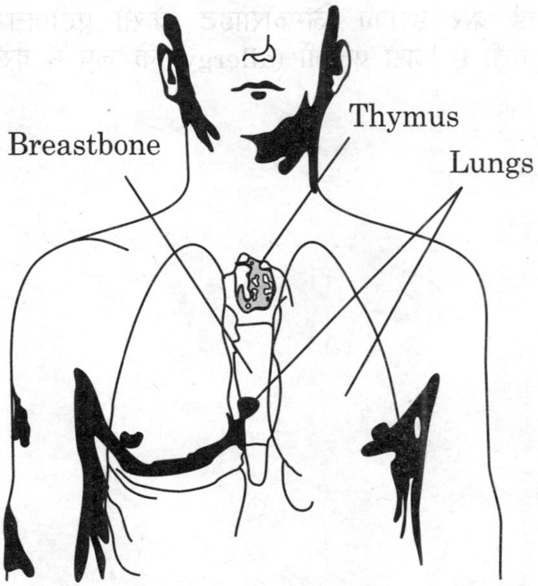

चित्र 6.23. थाइमस की स्थिति व संरचना

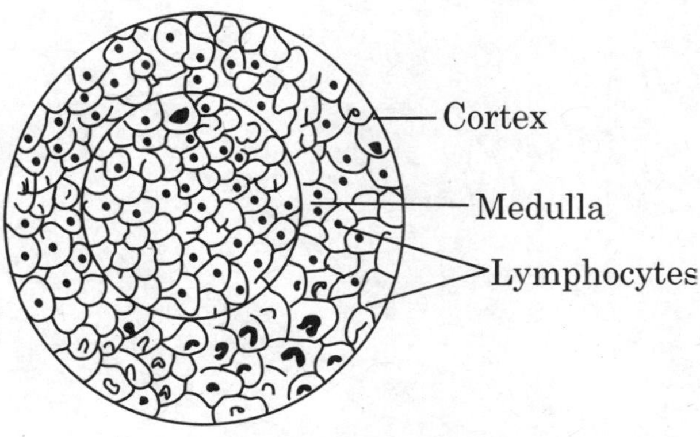

चित्र 6.24. थाइमस का अनुप्रस्थ काट

कार्य (Functions)

1. लिम्फोसाइटस का निर्माण (शिशु के जन्म से पहले तथा उसके कुछ बाद तक) करती है।
2. प्रतिरोधक क्षमता (immunity) विकसित करने में।
3. यह एक हार्मोन **थाइमोसिन** (thymosin) स्रावित करती है। जो रक्त परिसंचरण द्वारा प्लीहा (spleen) में पहुँचकर तथा लसीका तंत्र में लिम्फोसाइट निर्माण को त्वरित करता है।
4. ऐसा माना जाने लगा है कि गठिया (rheumatoid arthritis) रोग में इसकी भूमिका होती है। इसकी लिम्फोसाइटस गलती से जोड़ों (joints) की भित्तियों (linings) को आक्रमित (attack) कर देती है जिससे दर्दनाक शोथ (painfaul inflammation) होता है। कई बार इसकी लिम्फोसाइट किसी एंटीजन के लिए अधिक सक्रियता प्रदर्शित कर देती है जिसे एलर्जी (allergy) के रूप में देखा जाता है।

■■■■

यूनिट – 7

जैवरासायनिकी
(Biochemistry)

---

1. प्रोटीन (Protein)

प्रोटीन उच्च अणु भार वाले नाइट्रोजन युक्त कार्बनिक यौगिक है जो अमीनो अम्लों से मिलकर बनते हैं। अमीनों अम्ल **पेप्टाइड बंध** (peptide bond) द्वारा जुड़े रहते हैं।

प्रोटीन तीन प्रकार की होती है –

1. सरल प्रोटीन (Simple Protein)
2. संयुक्त प्रोटीन (Conjugated protein)
3. व्युत्पन्न प्रोटीन (Derived Protein)

सरल प्रोटीन पॉलीपेप्टाइड श्रृंखला है जिनमें कोई अप्रोटीन (non-protein) घटक नहीं होता। संयुक्त प्रोटीन में पॉलीपेप्टाइड के साथ अप्रोटीन घटक – प्रोस्थैटिक समूह (prosthetic group) पाया जाता है। यह प्रोस्थैटिक समूह कोई कार्बोहाइड्रेट, लिपिड या मैटल आयन हो सकता है।

व्युत्पन्न प्रोटीन मूल प्रोटीन के आंशिक जल अपघटन या विकृतीकरण (denaturation) से बनती है। प्रोटीन की संरचना अत्यन्त जटिल होती है।

प्रोटीन की पहचान के लिए कई प्रकार की जाँच (tests) की जाती है। बाइयूरेट टेस्ट (Biurete test) साधारणतया किया जाने वाला प्रयोग है जो पेप्टाइड बंध की अभिक्रिया से सम्बन्धित है। इसके अतिरिक्त निन हाइड्रिन टेस्ट (ninhydrin test) भी अमीनो अम्ल की पहचान में प्रयुक्त होने वाला साधारण टैस्ट है। प्रयोगशाला में प्रोटीन की जाँच प्रायः ऐल्बुमिन (albumin), कैसीन (casein), जिलेटिन (gelatin) व पेप्टोन्स (peptones) में की जाती है। कैसीन एक संयुक्त प्रोटीन है। जिलेटिन, कॉलेजन (collagen) से प्राप्त किया जा सकता है (इसके लिए संयोजी ऊतक को जल में उबाला जाता है) वह व्युत्पन्न प्रोटीन होती है।

प्रोटीन की जाँच (Detection of Proteins) – प्रयोगशाला में प्रोटीन की पहचान साधारणतया दुग्ध, पनीर, अंडा व माँस में की जाती है।

a. **बाहयूरेट परीक्षण (Biurete Test)**

प्रायोगिक सामग्री – परखनली, स्प्रिट, लैम्प, टांग्स, परखनली स्टैण्ड।

अभिकर्मक –

1. 10% सोडियम हाइड्रॉक्साइड (इसके लिये 10 ग्राम NaOH को 100 मिली आसुत जल में घोलें।)
2. 0.5% क्यूप्रिक सल्फेट का विलयन (0.5 ग्राम कॉपर सल्फेट को 100 मिली आसुत जल में घोलें।)

सिद्धान्त – जब यूरिया के दो अणुओं को 180°C ताप पर गर्म किया जाता है तो अमोनिया का एक अणु बाहर निकल जाता है तथा **बाइयूरेट** बनता है। जब वह बाइयूरेट सोडियम हाइड्रॉक्साइड व तनु क्युप्रिक सल्फेट से क्रिया करता है तो **नीले–बैंगनी रंग** का जटिल (complex) बनता है। ठीक इसी प्रकार का जटिल प्रोटीन के क्षारीय क्यूप्रिक सल्फेट की उपस्थिति में भी बनता है, अतः —C(=O)—N(H)— समूह जो नाइट्रोजन से (प्रोटीन व पेप्टाइड में) जुड़ता है, इस परीक्षण के लिए उत्तरदायी है और यही कारण है कि इसे **'बाइयूरेट'** कहा जाता है। प्रबल क्षार की उपस्थिति में पॉलीपेप्टाइड समूह इनॉल रूप में बदल जाता है जो Cu^{+2} से क्रिया कर एक रंगीन जटिल (coloured complex) बनाता है। रासायनिक अभिक्रिया को इस प्रकार प्रदर्शित किया जा सकता है –

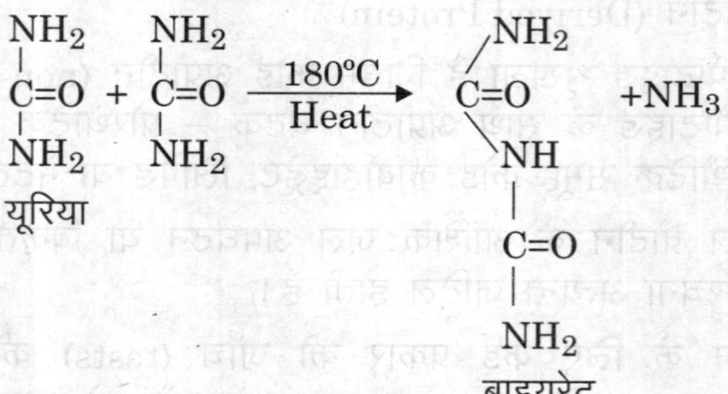

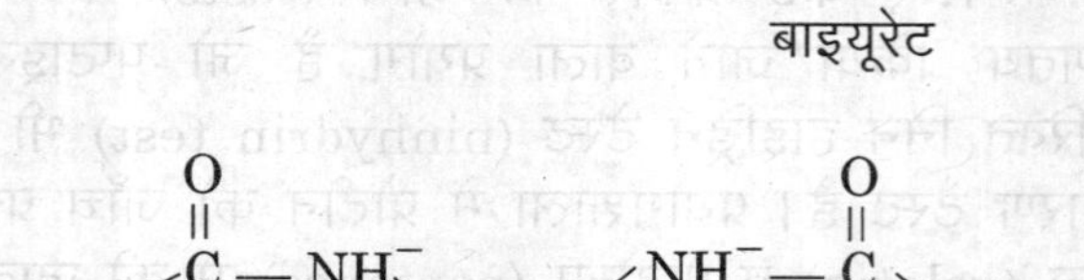

बाइयूरेट – कॉपर सहसंयोजक जटिल (बैंगनी रंग)

विधि – स्वच्छ परखनली में 2–3 मिली टैस्ट प्रतिदर्श (sample) लेकर बराबर मात्रा में NaOH मिलाते हैं। तत्पश्चात् बूँद–बूँद कर तनु क्यूप्रिक सल्फेट विलयन मिलाकर हिलायें।

बैंगनी–नीला (purple violet) अथवा गुलाबी नीला (pink violet) रंग प्रोटीन की उपस्थिति का सूचक है।

नोट – **1.** अधिक मात्रा में क्यूप्रिक सल्फेट विलयन नहीं मिलायें अन्यथा यह कॉपर हाइड्रॉक्साइड के रूप में अवक्षेपित होकर रंग जटिल (colour complex) में बाधा डालता है।

2. अमोनियम व मैग्नीशियम सल्फेट के लवण इस टेस्ट में बाधा डालते हैं। अतः इन लवणों की अनुपस्थिति में ही जाँच करें।

b. निनहाइड्रिन टेस्ट (Ninhydrin Test)

प्रायोगिक सामग्री – 0.2% निनहाइड्रीन का जलीय विलयन, अन्य सामग्री बाइयूरेट टेस्ट के अनुसार।

सिद्धान्त – जब अमीनो अम्ल अथवा प्रोटीन को निनहाइड्रिन की उपस्थिति में गर्म किया जाता है तो यह ऑक्सीकृत हो जाता है और अमोनिया बाहर निकल जाती है जिससे निन हाइड्रिन का अपचयित रूप हाइड्रिन डैन्टिन (hydrtindentine), अमोनिया व α–कीटो अम्ल बनते हैं। इसे और अधिक गर्म करने पर (उबालने पर) α–कीटो अम्ल ऐल्डिहाइड व कार्बन डाइ ऑक्साइड में अपघटित हो जाते हैं।

निन हाइड्रिन, अमोनिया व हाइड्रिन डैन्टिन की क्रिया के फलस्वरूप नीले रंग का अन्तिम उत्पाद **रुहमैन बैंगनी** (Ruhman's purple) जो रासायनिक रूप से 'डाइकीटोहाड्रिन डाइलिन्डीन – डाइकीटोहाइड्रिनडामिन' (diketohydrin dylindene-diketohydrindamine) होता है, बनता है–

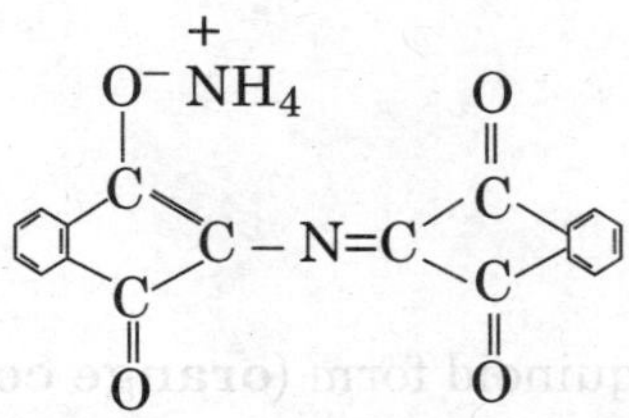

विधि – शुष्क व स्वच्छ परखनली में 5 मिली प्रोटीन का विलयन लेते हैं और उसमें 0.5 मिली निनहाइड्रिन विलयन मिलाते हैं। 2 मिनट उबलने तक गर्म किया जाता है। ठंडा करने पर बैंगनी या नीला रंग का बनना अमीनो अम्ल या प्रोटीन का सूचक है।

यह परीक्षण प्रोटीन, पेप्टोन, पेप्टाइड व अमीनो अम्ल सभी के लिए धनात्मक (positive) होता है।

(c) जैन्थोप्रोटीक टैस्ट (Xanthoproteic Test)

प्रायोगिक सामग्री –सान्द्र HNO_3, NaOH का 40% विलयन (आसुत जल में)।

सिद्धान्त – विस्थापित (substitued) फिनायल समूह वाले एरोमैटिक अमीनो अम्ल नाइट्रिक अम्ल से क्रिया करके पीले रंग के डाइनाइट्रो (Di-nitro-derivatives) बनाते हैं जो क्षारीय माध्यम में नारंगी रंग के क्विनोन संरचना वाले घटकों में बदल जाते हैं।

$$\text{Tyrosine} + 2HNO_3 \xrightarrow{-2H_2O} \text{Dinitrotyrosine} \longleftrightarrow \text{Dinitrotyrosine - quinoid form}$$
(Yellow Colour)

$$\xrightarrow[-2H_2O]{+NaOH} \text{Sodium salt of dinitrotyrosine - quinoid from}$$
(Orange colour)

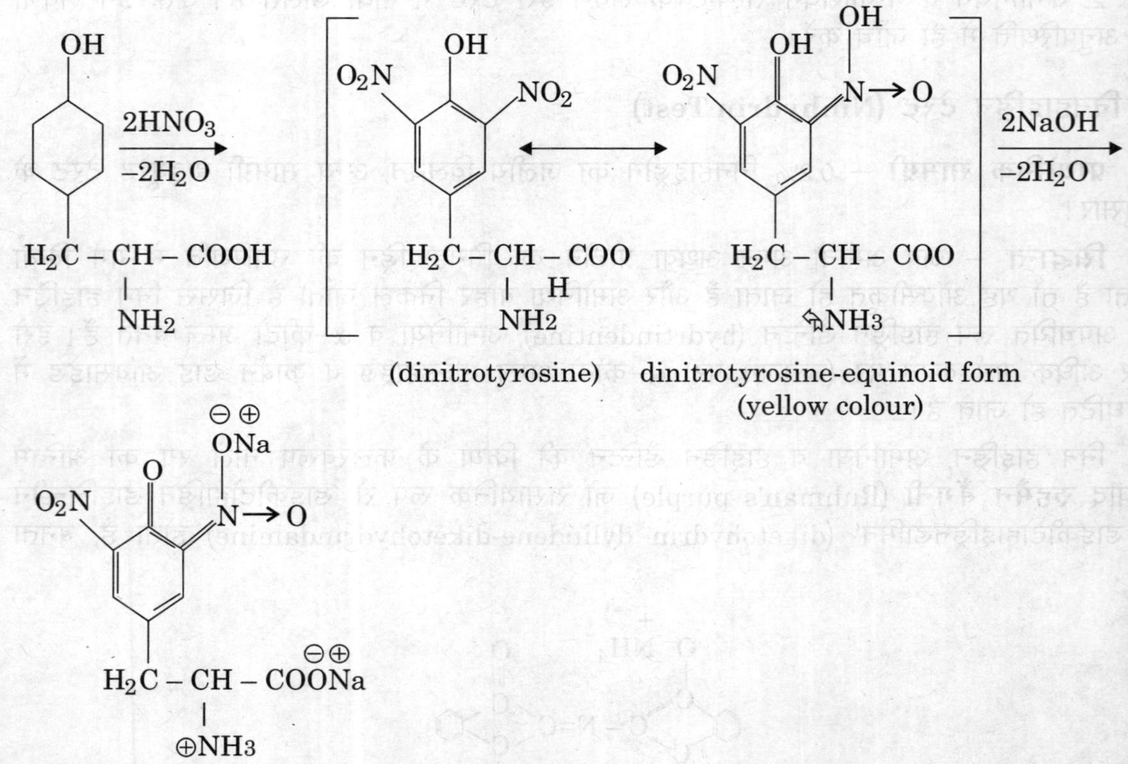

Sodium salt of dinitrotyrosine quinoid form (**orange colour**)

विधि

1. स्वच्छ व शुष्क परखनली में 3 मिली प्रोटीन विलयन लें और 1 मिली, सान्द्र HNO_3 मिलायें। श्वेत अवक्षेप बनता है जो गर्म करने पर पीला हो जाता है। इसको ओर अधिक गर्म करने पर यह घुल जाता है तथा समस्त विलयन पीले रंग में बदल जाता है।

2. अब इसे ठंडा करें व 3 मिली. सान्द्र NaOH का विलयन मिलायें। विलयन का रंग गहरा पीला अथवा नारंगी हो जाता है जो प्रोटीन में ऐरोमैटिक अम्ल की उपस्थिति का सूचक हैं।

चूँकि विलयन में आपने HNO_3 मिलाया है, अतः धीरे–धीरे ही गर्म करें अन्यथा HNO_3 युक्त विलयन उछलकर आपके कपड़ों पर गिर सकता है।

(d) अवक्षेपण टैस्ट (Precipitation Test) – प्रोटीन बड़े अणु होने के कारण जल के साथ कोलायडी विलयन (colloidal solution) बनाते हैं। इन्हें विलयन में से कई विधियों द्वारा अवक्षेपित किया जा सकता है –

(i) **उदासीन लवणों द्वारा अवक्षेपण (Precipitation by neutral salt)** – विभिन्न सान्द्रता वाले अमोनियम सल्फेट के विलयन विभिन्न प्रोटीन्स को अवक्षेपित कर देते हैं। उदाहरणार्थ ग्लोबुलिन प्रोटीन, अर्द्ध–संतृप्त अमोनियम सल्फेट से अवक्षेपित हो जाती है जबकि ऐल्बुमिन पूर्ण संतृप्त अमोनियम सल्फेट से। सिद्धान्ततः बड़े अणु वाली प्रोटीन को कम सान्द्रता तथा छोटे अणु वाली प्रोटीन को अधिक सान्द्रता वाले उदासीन लवण अवक्षेपित कर देते हैं।

(ii) **आइसोइलेक्ट्रिक pH पर अवक्षेपण** (Precipitation at Isoelectric pH) – प्रोटीन उभयधर्मी (amphoteric) अणु होते है जिनमें दोनों (धनात्मक व ऋणात्मक) आवेश पाये जाते हैं। प्रोटीन के अणु में एक विशेष pH जिसे आइसोइलेक्ट्रिक pH कहते हैं पर धनात्मक व ऋणात्मक आवेश समान होता है जिसके फलस्वरूप यह उदासीन रहता है (ज्विटर आयन, zwitter ion के रूप में)। आइसोइलैक्ट्रिक pH पर प्रोटीन का अणु सबसे कम घुलनशील होता है। एक विशेष प्रोटीन जो किसी विलयन में अन्य प्रोटीन के साथ उपस्थित है, की pH को प्रोटीन की आइसोइलैक्ट्रिक pH के बराबर लाने पर अवक्षेपित किया जा सकता है।

नोट – यह अवक्षेपण कार्बनिक विलायक जैसे ईथर, ऐल्कोहॉल आदि द्वारा भी किया जा सकता लेकिन इनके द्वारा अवक्षेपित करने पर प्रोटीन विकृत (dentatured) हो जाती है।

विधि

1. एक भाग प्रोटीन विलयन तथा 4 भाग 1% सोडियम क्लोराइड को मिलाकर एक परखनली में छान लें।
2. उपर्युक्त परखनली में से कुछ विलयन लें तथा बराबर मात्रा में संतृप्त अमोनियम सल्फेट विलयन मिलावें।
3. यदि कोई अवक्षेप नहीं बनता तो पेप्टोन उपस्थित है।
4. यदि श्वेत गाढ़ा अवक्षेप बनता है तो ऐल्बुमिन या जिलेटिन उपस्थित है।

(e) हैलर्स टेस्ट (Heller's Test) – (ऐल्बुमिन प्रोटीन के लिए)

सिद्धान्त – सान्द्र HNO_3 ऐल्बुमिन प्रोटीन से क्रिया कर इन्हें अम्लीय मेटाप्रोटीन (acidic metaprotein) में बदल देता है।

नोट – जिलेटिन व पेप्टोन इस परीक्षण को नहीं देते।

विधि – स्वच्छ परखनली में 2–3 मिली. प्रोटीन विलयन लें तथा इसमें बराबर मात्रा में परखनली के सहारे सान्द्र HNO_3 मिलायें। दोनों विलयन के सम्पर्क स्थान पर सफेद छल्ला (white ring) विलयन में ऐल्बुमिन की उपस्थिति का संकेत हैं।

(f) माँस में प्रोटीन की पहचान करना (Detection of protein in meat) – किसी पशु के वध के पश्चात् मयूज काठिन्य (Rigor mortis) के कारण स्केलेटल माँसपेशियाँ, माँस

कहलाती है। माँस (meat) एक प्रोटीन युक्त भोजन है जिसमें लगभग 20% प्रोटीन की मात्रा होती है। सर्वप्रथम माँसपेशियों को सेलाइन विलयन (saline solution) में भलीभांति धो लिया जाता है जिससे संयोजी ऊतक व अन्य तंतु साफ हो जाते हैं। इसे बर्फ के टुकड़ों में रखकर अत्यधिक ठंडा किया जाता है और इसके वजन से 5 गुना अधिक 0.5 M पोटैशियम क्लोराइड के साथ पीसकर विलयन बना लिया जाता है। विलयन को रातभर रेफ्रिजरेटर में रखा जाता है तथा अगले दिन छान लिया जाता है। अब हल्के गुलाबी रंग का माँस–सार (meat extract) तैयार है जिसमें विशेष गंध होती है। माँसपेशियों में मायोसिन प्रोटीन पायी जाती है जो तनु ऐसीटिक अम्ल (2%) बूँद – बूँद कर डालने से अवक्षेपित हो जाती है। इसकी उपस्थिति ताप स्कंदन (heat coagulation) द्वारा भी सुनिश्चित की जा सकती है।

छात्र माँस सार के साथ अन्य परीक्षण यथा जैन्थोप्रोटीक भी करें तथा प्रेक्षण प्रायोगिक नोट बुक में अंकित करें।

2. कार्बोहाइड्रेट्स (Carbohydrates)

ये कार्बन, हाइड्रोजन व ऑक्सीजन के यौगिक है जिनमें हाइड्रोजन व ऑक्सीजन का अनुपात ठीक वही (2 : 1) होता है जो जल में होता है। पहले इन्हें कार्बन के हाइड्रेस कहा जाता था लेकिन ज्ञात हुआ कि कुछ कार्बोहाइड्रेट्स में हाइड्रोजन व ऑक्सीजन का अनुपात जल जैसा (2 : 1) नहीं होता, उदाहरणार्थ – $C_6H_{12}O_5$ रैहमनोज (Rhamnose)। अतः अब इन्हें कार्बोहाइड्रेट्स ही कहते हैं।

रासायनिक रूप से ये पॉली हाइड्रॉक्सीऐल्डिहाइड व कीटोन है। इन्हें तीन श्रेणियों में वर्गीकृत किया गया है –

1. मोनोसैकेराइड्स	
2. ओलाइगोसैकेराइड्स	शर्करा
3. पॉलीसैकेराइड्स	अशर्करा

मोनोसैकेराइड्स साधारण शर्करा (simple sugars) कहलाते हैं तथा इनका जल अपघटन नहीं किया जा सकता। ओलाइगोसैकेराइड्स में 2 से 10 तक मोनोसैकेराइड्स इकाइयाँ (units) होती हैं। इनका जल अपघटन हो सकता है। पॉलीसैकेराइड्स अधिक अणु भार वाले कार्बोहाइड्रेट्स हैं जिनमें दस से अधिक मोनोसैकेराइड्स इकाइयाँ ग्लाइकोसाइडिक बंधों से जुड़ी होती हैं।

कार्बोहाइड्रेटस के सामान्य परीक्षण (General tests for Carbohydrates)

1. **विलेयता परीक्षण (Solubility Test)** – मोनो व डाइ सैकेराइड्स जल में घुलनशील होते हैं। पॉलीसैकेराइड्स अपेक्षाकृत बड़े अणु होने के कारण जल में अघुलनशील होते हैं। इस परीक्षण के लिए मोनोसैकेराइड्स का 1% व डाइसैकेराइड्स का 2% विलयन प्रयुक्त करें। मोनोसैकेराइड्स ऐल्कोहॉल में अघुलनशील होते हैं।
2. **मॉलिश परीक्षण (Molisch's Test)** – यह कार्बोहाइड्रेट्स के लिए समूह परीक्षण (group test) है जो इनकी उपस्थिति का सूचक है।

प्रायोगिक सामग्री

1. मॉलिश अभिकर्मक (95% एथिल ऐल्कोहॉल में 1% नैफ्थॉल का विलयन बनावें।
2. सान्द्र H_2SOP_4

सिद्धान्त : शर्कराओं पर अम्ल की उपस्थिति में निर्जलीकरण क्रिया के फलस्वरूप फरफ्यूरल व इसके व्युत्पन्न बनने से एक लाल बैंगनी रंग का छल्ला बनता है। पॉली व डाइसैकेराइड्स अम्ल की अभिक्रिया से पहले मोनोसैकेराइड्स में जल अपघटित होते हैं और जल का अणु बाहर निकल जाता है जिसके परिणामस्वरूप एक लाल बैंगनी रंग का छल्ला फरफ्यूरल अल्फा नैफ्थॉल के संघनन से बनता है। इस रासायनिक अभिक्रिया को निम्न प्रकार प्रदर्शित कर सकते है –

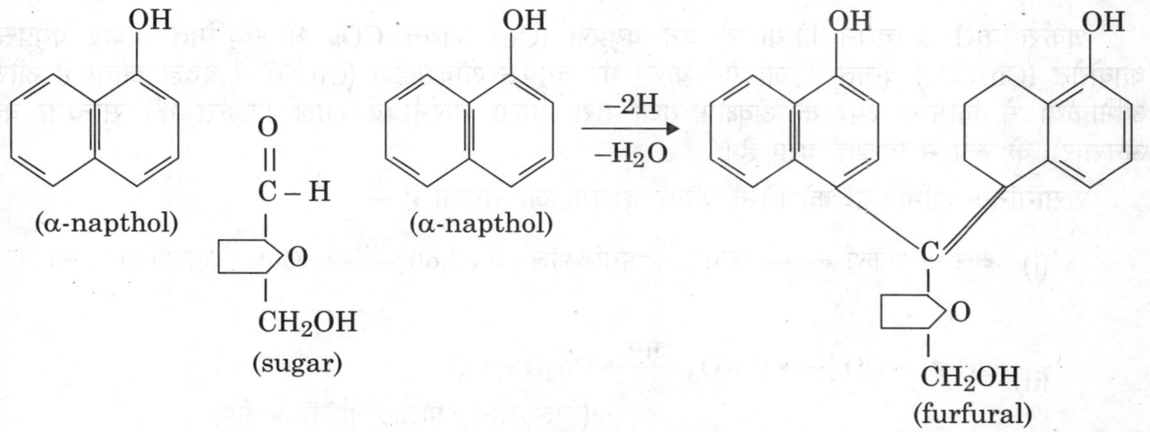

विधि – एक परखनली में थोड़ा सा कार्बोहाइड्रेट्स का विलयन लेकर मॉलिश अभिकर्मक की 2–3 बूँद डालें। अब 2–3 मिली सान्द्र सल्फ्यूरिक अम्ल परखनली में दीवार के सहारे धीरे–धीरें डालें। अम्ल भारी होने के कारण विलयन की तली में बैठता जाता है और दोनों के मिलने के स्थान पर एक लाल बैंगनी छल्ला बन जाता है जो कार्बोहाइड्रेट्स की उपस्थिति सुनिश्चित करता है।

मोनो सैकेराइड्स (ग्लूकोज व फ्रक्टोज) के परीक्षण (Tests for Monosaccharides)

(a) अपचयन परीक्षण (Reduction Test**)** – कार्बोहाइड्रेटस में एक स्वतन्त्र व संभावित स्वतन्त्र (potentially free) कार्बोनिल (carbonyl) समूह, जैसे – ऐल्डिहाइड व कीटोन अपचयन कारकों (reducing afgents) भाँति कार्य करता है।

(I) बेनेडिक्ट परीक्षण (Benedict's Test)

प्रायोगिक सामग्री – बेनेडिक्ट विलयन।

बेनेडिक्ट विलयन तैयार करना

(i) 173 ग्राम सोडियम साइट्रेट तथा 100 ग्राम सोडियम कार्बोनेट को 800 मिली गर्म आसुत जल में घोलें।

(ii) एक अन्य बीकर में 17.3 ग्राम कॉपर सल्फेट ($CuSO_4\ 5H_2O$) 100 मिली आसुत जल में घोलें।

एक अन्य बड़े बीकर में कॉपर सल्फेट विलयन (ii) तथा साइट्रेट–कार्बोनेट विलयन (i) को हिलाते हुए मिलाकर कुल 1 लीटर विलयन तैयार करें।

सिद्धान्त – कापर सल्फेट के Cu^{++} आयन ऑक्सीकारक आयनों के रूप में कार्य करते हैं जो क्षार (सोडियम कार्बोनेट) की उपस्थिति में शर्करा को जटिल शर्करा अम्ल में ऑक्सीकृत कर देते हैं। सोडियम साइट्रेट आयन कॉपर आयनों (Cu^{++}) से जुड़कर क्यूप्रिक साइट्रेट बनाते हैं। साइट्रेट आयनों की अनुपस्थिति में Cu^{++} आयन CO_3 से जुड़ते है और सम्पूर्ण Cu^{++} आयन क्यूप्रिक कार्बोनेट के रूप में अवक्षेपित हो जाते हैं।

शर्करा करी अपचयन क्रिया से बने क्यूप्रस (Cu) आयन CO_3 से संयुग्मित होकर क्यूप्रस कार्बोनेट (Cu_2CO_3) बनाते हैं जो गर्म करने पर क्यूप्रस ऑक्साइड (Cu_2O) में बदल जाता है और अभिक्रिया में विभिन्न रंगों के अवक्षेप यथा हरा, पीला नारंगी व लाल (शर्करा की सान्द्रता के अनुसार), के रूप में दिखाई देता है।

रासायनिक अभिक्रिया को निम्न प्रकार दर्शाया जा सकता है –

(i) क्षार + शर्करा $\rightleftharpoons$ Cu^{++} + इनेडिऑल (Inediol) $\xrightarrow{\text{गर्म}}$ Cu^{+} + एल्डोनिक अम्ल

(ii) $2Cu^{+} + CO_3^{--} \longrightarrow Cu_2O_3 \xrightarrow{\text{गर्म}} Cu_2O + CO_2$

(लाल / हरा / पीला / नारंगी अवक्षेप)

विधि

1. एक परखनली में 4–5 मिली बेनेडिक्ट विलयन लेकर गर्म करें। रंग में कोई परिवर्तन नहीं होना इस बात का सूचक है कि इसमें कोई अपचयन पदार्थ (reducing substance) अशुद्धि के रूप में विद्यमान नहीं हैं।
2. अब 7–8 बूंदें शर्करा विलयन भी डालें तथा 2 मिनट तक उबालें। अपचयन शर्करा (reducing sugar) की उपस्थिति हरे / पीले / नारंगी या लाल रंग के अवक्षेप से सिद्ध होती है।

बोतल पर स्थित कलर चार्ट से मिलाने करें शर्करा की प्रतिशतता निम्न प्रकार होगी –

पीला – 1.0

नारंगी – 1.5

हरा – 0.5

लाल – 2.0

2. फेहलिंग विलयन परीक्षण (Fehling's Test)

फेहलिंग विलयन तैयार करना

(i) एक बीर में 34.66 ग्राम कॉपर सल्फेट लेकर उसे 500 मिली आसुत जल में घोलें तथा बीकर को 'A' चिन्हित करें।

(ii) एक अन्य बीकर में 77 ग्राम पोटैशियम हाइड्रॉक्साइड व 176 ग्रम सोडियम पौटेशियम टार्टरेट (Rochelle's salt) लेकर 500 मिली आसुत जल में घोलें तथा बीकर को 'B' चिहिन्त करें।

अब 'A' व 'B' में से बराबर मात्रा लेकर फेहलिंग विलयन के रूप में प्रयुक्त करें।

विधि – फेहलिंग विलयन की कुछ मात्रा परखनली में लेकर गर्म करें और शर्करा विलयन मिलावें। पीले या नारंगी या लाल रंग के अवक्षेप की प्राप्ति मोनोसैकेराइड्स की उपस्थिति सुनिश्चित करती हैं। ये अवक्षेप क्यूप्रस ऑक्साइड के कारण होते हैं।

(3) बारफोड परीक्षण (Barfoed's Test)

प्रायोगिक सामग्री – बारफोड अभिकर्मक।

बारफोड अभिकर्मक तैयार करना – 66.5 ग्राम कॉपर ऐसीटेट को 900 मिली आसुत जल में उबालें। इसमें 9 मिली ग्लेशियल ऐसीटिक अम्ल मिलकार कुल आयतन (आसुत जल के साथ) 1 लीटर बनावें तथा फिल्टर कर प्रयुक्त करें।

सिद्धान्त – क्षारीय माध्यम में मोनों व डाइसैकेराइड्स दोनों ही अपचयन कारकों की भांति कार्य करते हैं और अपचयित कॉपर आयनों (Cu) का अवक्षेप देते हैं लेकिन अम्लीय माध्यम में केवल प्रबल अपचयन शर्कराएँ (strong reducing sugars) अर्थात् मोनोसैकेराइड्स ही ऐसा कर पाते हैं।

विधि – 3 मिली बारकोड अभिकर्मक को कुछ शर्करा विलयन के साथ परखनली में थोड़ा गर्म करें। इसे ठंडा होने दें। हल्का लाल अवक्षेप मोनोसैकेराइड्स की उपस्थिति का सूचक है।

(4) नायलेंडर परीक्षण (Nylander's Test)

प्रायोगिक सामग्री – नायलेंडर अभिकर्मक।

नायलेंडर अभिकर्मक तैयार करना – 2 ग्राम बिस्मिथ नाइट्रेट व 4 ग्राम सोडियम पोटैशियम टार्टरेट (Rochelle's salt) को 100 मिली 10% जलीय पोटैशियम हाइड्रॉक्साइड में घोलें। उपर्युक्त परखनली को उबलते पानी में रखें जब तक कि सभी अवयव घुल न जावें। ठंडा कर फिल्टर करें व प्रयोग में लेवें।

सिद्धान्त – रिड्यूसिंग शर्करा की उपस्थिति में बिस्मिथ आयनों का धात्विक बिस्मिथ में अपचयन हो जाता है। इसी धात्विक बिस्मिथ के कारण विलयन का रंग अथवा अवक्षेप काला हो जाता है।

$$\text{Bismith ions} \xrightarrow[\text{Sugar}]{\text{Reducing}} \underset{\text{काला अवक्षेप}}{\text{Metallic Bismith}}$$

रासायनिक अभिक्रिया निम्न प्रकार व्यक्त करते हैं –

$$Bi(OH)_2NO_3 + KOH \rightarrow Bi(OH)_3 + KNO_3$$
$$2Bi(OH)_3 + 3O \rightarrow 2Bi + H_2O$$
काला अवक्षेप

विधि – 5 मिली. शर्करा विलयन में 8 बूँद नायलेंडर अभिकर्मक डालें तथा 5 मिनट तक गर्म जल में परखनली को रखें। काला अवक्षेप मोनोसैकेराइड्स की उपस्थिति का सूचक है।

डाइसैकेराइड्स का परीक्षण (Tests for Disaccharides)

मोनो सैकेराइड्स की भांति डाइसैकेराइड्स भी जल में घुलनशील होते हैं। अतः यदि दिया गया पदार्थ पाउडर सदृश है तो जल में विलेयता देख लें। तत्पश्चात् उस विलयन के कुछ भाग से मॉलिश परीक्षण करें। बैंगनी या गुलाबी रंग कार्बोहाइड्रेट की उपस्थिति का सूचक है। इसके बाद बेनेडिक्ट, बारफोड व फेहलिंग परीक्षण करें। डाइसैकेराइड्स उपस्थित होने की स्थिति में उपर्युक्त परीक्षण (बारफोड़, फेंहलिंग व बेनेडिक्ट परीक्षण) नकारात्मक (negative) होंगे।

डाइसैकेराइड्स की उपस्थिति के लिस अब जल अपघटन (hydrolysis) परीक्षण निम्न प्रकार करें –

1. बीकर में 20–25 मिली विलयन लेकर उसमें कुछ बूँदें सान्द्र हाइड्रोक्लोरिक अम्ल की डालें।
2. उपर्युक्त बीकर को लगातार विलोडक से हिलाते रहें तथा विलयन को उबालें।
3. अब बारफोड या फेहलिंग या बेनेडिक्ट परीक्षण दोहरावें। इन परीक्षण का धनात्मक (positive) होना डाइसैकेराइड्स की उपस्थिति सुनिश्चित करता है।

नोट – मूल विलयन में उपस्थित डाइसैकेराइड्स जल अपघटन पर मोनोसैकेराइड्स में टूट जाते हैं जो बारफोड, फेहलिंग व बेनेडिक्ट परीक्षण धनात्मक देते हैं।

कीटोज शर्करा फ्रक्टोज का परीक्षण (Test for Ketose Sugar, Fructos)

1. सेलीवेनॉफ परीक्षण (Seliwanoff's of Test)

प्रायोगिक सामग्री – सेलीवेनॉफ अभिकर्मक – 50 ग्राम रिसोर्सिनॉल (resorrcinol) को 100 मिली तनु HCl में विलेय करें।

सिद्धान्त – कीटोज शर्करा व रिसोर्सिनॉल हाइड्रोक्लाराइड की क्रिया के फलस्वरूप बना लाल रंग फ्रक्टोज शर्करा की उपस्थिति के कारण होता है।

नोट – विलयन में उपस्थित HCl सुक्रोज को जल अपघटित कर देता है। फ्रक्टोज ही यह परीक्षण देता है सुक्रोज नहीं यद्यपि सुक्रोज भी कीटोज शर्करा है।

विधि

1. एक परखनली में 5 मिली सेलीवेनॉफ अभिकर्मक लें और इसमें 5–7 बूंद परीक्षण विलयन की मिलायें।

2. उपर्युक्त परखनली को गर्म करें।
3. लगभग 30–35 सेकण्ड पश्चात् लाल रंग का प्रदर्शन फ्रक्टोज की उपस्थिति का सूचक है।

नोट – फ्रक्टोज उपस्थित होने की दशा में मात्र 30–35 सेकण्ड गर्म करने पर ही उक्त रंग दिखाई दे जायेगा। इससे अधिक देर गर्म करने पर माल्टोज व ग्लूकोज भी यह परीक्षण धनात्मक देते हैं। क्योंकि लगातार गर्म करने से ग्लूकोज फ्रक्टोज में बदल जाता है।

लेक्टोज व गैलेक्टोज का परीक्षण (Test for Laxctose & Galactose)

म्यूसिक अम्ल परीक्षण (Mucic acid Test)

प्रायोगिक सामग्री – सान्द्र HNO_3

सिद्धान्त – HNO_3 एक प्रबल ऑक्सीकारक होने के कारण गैलेक्टोज के कार्बन – 1 (C_1) व कार्बन–6 (C_6) पर उपस्थित ऐल्डिहाइड व ऐल्कोहॉल समूह को क्रिस्टलीय सैकेरिक अम्ल (म्यूसिक अम्ल) (saccharic acid or mucic acid) में बदल देता है।

विधि

1. एक छोटे शर्करा बीकर में 15–20 मिली परीक्षण विलयन लें और इसमें लगभग 4 मिली सान्द्र HNO_3 सावधानीपूर्वक धीरे–धीरे मिश्रित करें। मूल विलयन का लगभग 1/5 भाग रहने तक गर्म करें।
2. ठंडा करने पर प्राप्त क्रिस्टलीय म्यूसीक अम्ल का अवक्षेप लैक्टोज व गैलेक्टोज की उपस्थिति का सूचक है। सूक्ष्मदर्शी में ये क्रिस्टल शलाका सदृश (rod shaped) दिखाई देते हैं।

सुक्रोज के लिए परीक्षण (Test for Sucrose)

1. एक परखनली में लगभग 5 मिली परीक्षण/सुक्रोज विलयन लेकर उसमें कुछ बूँदें सान्द्र HCl की मिलायें।
2. इसे लगभग 60–70 सैकण्ड तक गर्म करें।
3. अब विलयन को दो भागों में लेकर क्रमशः सेलीवेनॉफ परीक्षण व बेनेडिक्ट परीक्षण करें।
4. उक्त दोनों परीक्षणों का धनात्मक (positive) होना ग्लूकोज – फ्रक्टोज की उपस्थिति का चूचक है।

नोट – सुक्रोज एक नॉन (non-reducing) डाइसैकेराइड है जो जल अपघटन पर ग्लूकोज फ्रक्टोज में बदल जाता है। अम्ल की उपस्थिति में यह जल अपघटित होकर ग्लूकोज व फ्रक्टोज में बदल जाता है जिसकी उपस्थिति बेनेडिक्ट परीक्षण व सेलीवेनॉफ परीक्षण से सुनिश्चित की जा सकती है।

पॉलीसैकेराइड्स के लिए परीक्षण (Test for Polysaccharids)

पॉलीसैकेराइड्स ठंडे जल में अघुलनशील होते हैं तथा गर्म जल मे घुल जाते हैं। पदार्थ का विलयन लेकर मॉलिश परीक्षण करें। बैंगनी व गुलाबी रंग की उपस्थिति कार्बोहाइड्रेट्स उपस्थित होने का सूचक है।

पॉलीसैकेराइड्स की निश्चित उपस्थिति के लिए आयोडीन परीक्षण करें।

1. आयोडीन परीक्षण (Iodine Test)

प्रायोगिक सामग्री – आयोडीन विलयन (2% पोटैशियम आयोडाइड आसुत जल के साथ मिलायें तथा इसमें आयोडीन क्रिस्टल मिलायें)।

सिद्धान्त : आयोडीन पॉलीसैकेराइड्स का अधिशोषण कर 'रंगीन जटिल' (coloured complex) बनाता है। यह अधिशोषण ताप के बढ़ने के साथ घटता है व ताप कम होने पर बढ़ता है, अतः 'पॉलीसैकेराइड्स आयोडीन जटिल' (polysaccharide Iodine complex) गर्म व ठंडा करने पर रंग को क्रमशः खोता (loss) व पाता (gain) है।

विधि

1. एक परखनली में लगभग 3 मिली. दिये गये पदार्थ का विलयन लें और एक बूंद तनु HCl मिलावें।
2. उपर्युक्त परखनली को अच्छी तरह हिलायें तथा 2 बूंद आयोडीन विलयन भी डालें।
3. नीला रंग स्टार्च की उपस्थिति का सूचक हैं।

लाल नीला या बैंगनी रंग (reddish blue or purple) डेक्सट्रिन (dextrin) तथा शराबी लाल (wine red) रंग ग्लाइकोजन की उपस्थिति दर्शाता है। ये रंग गर्म करने पर उड़ जाते हैं और ठंडा करने पर पुनः दिखाई देने लगते हैं लेकिन डेक्सट्रिन के साथ गर्म करने पर रंग स्थायी स्प से समाप्त हो जाता है, अर्थात् ठंडा करने पर पुनः दिखाई नहीं देता।

2. अवक्षेपण परीक्षण (Precipitation Test)

प्रायोगिक सामग्री – अमोनिया सल्फेट व अमोनियम सल्फेट का संतृप्त विलयन।

सिद्धान्त – पॉलीसैकेराइड्स अपेक्षाकृत बड़े अणु होने के कारण जल में एक विशेष प्रकार का कोलाइडी विलयन बनाते हैं जिसे जल स्नेही कोलाइड (hydrophilic colloid) कहते हैं। ऐसे विलयन में विलेय के अणु स्थिरीकृत (stabilized) रहते हैं। विलेय के अणुओं पर समान आवेश होने के कारण अणु आपस में विकर्षण महसूस करते हैं साथ ही प्रत्येक कोलाइडी कण (colloidal particle) जल के अणुओं से भी घिरा रहता है। यदि यह स्थिरीकारक प्रभाव किसी प्रकार विदारित (disrupt) कर दिया जावे तो विलेय अणुओं का अवक्षेपण (precipitation) हो जाता है। लवण को प्रचुर मात्रा में मिलाने से ऐसा किया जा सकता है। विलेय अणुओं का आवेश (charge) लवण से उदासीन हो जाता है, अतः अमोनिया सल्फेट मिलाने पर पॉलीसैकेराइड्स का अवक्षेपण हो जाता है।

विधि

1. एक परखनली में लगभग 4–5 मिली विलयन लें व बराबर मात्रा में अमोनियम सल्फेट का संतृप्त विलयन (saturated solution) मिलावें। इस मिश्रण को अमोनियम सल्फेट से आधा संतृप्त कर लें। एक दो बार उलट पलट कर हिलावें तथा 5–7 मिनट स्थिर रहने दें। ऊर्णी (floccurlant) अवक्षेप स्टार्च की उपस्थिति का सूचक हैं।
2. एक अन्य परखनली में 5 मिली विलयन लेकर अमोनियम सल्फेट से संतृप्त करें। हिलाकर 5 मिनट तक स्थिर रहने दें। श्वेत अवक्षेप ग्लाइकोजन या डेक्सट्रिन की उपस्थिति का सूचक हैं।

वसाओं के परीक्षण (Tests for Lipids)

वसा जल में अघुलनशील परन्तु कार्बनिक ध्रुवीय विलायक, यथा ऐल्कोहॉल, ऐसीटोन, क्लोरोफार्म, बैंजीन व ईथर में विलेय होते हैं। रासायनिक रूप से ये वसा अम्लों के ऐस्टर (ester) अथवा ऐस्टर बनाने में सक्षम पदार्थ है। वसा तीन प्रकार के होते है – साधारण वसा (simple lipid), संयुग्मी वसा (compound lipid) व व्युत्पन्न वसा (derived lipid)। साधारण वसा वसा अम्लों जैसे फॉस्फोरस, नाइट्रोजन आदि होते हैं। फॉस्फोलिपिड, लाइपोप्रोटीन व ग्लाइकोलिपिड्स आदि इस श्रेणी में ही आते हैं। व्युत्पन्न वसाओं में उच्च ऐलीफेटिक (alephatic) ऐल्कोहॉल वसा अम्ल व स्टेरॉल्स (sterols) आते हैं। प्रस्तुत प्रयोगों में हम केवल ट्राइग्लिसरॉड्स (oil and fats) के परीक्षण ही करेंगे।

1. विलेयता परीक्षण (Solubility Test)

प्रायोगिक सामग्री – ऐसीटोन व ईथर।

सिद्धान्त – वसा कार्बनिक ध्रुवीय व अध्रुवीय विलायकों में घुलकर स्वच्छ विलयन बनाते हैं, जबकि जल में अघुलनशील होते हैं।

विधि

1. तीन परखनली लेकर उनमें एक पर 1, दूसरी पर 2 व तीसरी पर 3 चिन्हित करें।
2. प्रथम 1 में 3 मिली ऐसीटोन, द्वितीय 2 में ईथर व तृतीय 3 में जल लें।
3. अब प्रत्येक में 2 बूँद तेल/घी डालें तथा परखनली का मुँह अंगूठे से बंद कर जोर से हिलायें।
4. कुछ देर पश्चात् आप देखेंगे कि प्रथम व द्वितीय परखनलियों में स्वच्छ विलयन नजर आता है जबकि तीसरी परखनली में तेल की छोटी–छोटी बूँदें जो सतह पर जमा हो जाती है, दिखाई देती हैं।

अतः स्पष्ट है कि दिया गया वसीय पदार्थ इसमें अघुलनशील रहा है।

2. साबुनीकरण परीक्षण (Saponification Test)

प्रायोगिक सामग्री – 2% NaOH का जलीय विलयन, सान्द्र HCl सोडियम क्लोराइड का संतृप्त विलयन तथा 1% कैल्शियम क्लोराइड का जलीय विलयन।

सिद्धान्त – वसाओं का क्षारीय माध्यम में जल अपघटन साबुनीकरण (saponification) कहलाता है। इस क्रिया के परिणामस्वरूप वसा अम्लों के सोडियम व पौटेशियम लवण बनते हैं जिन्हे साबुन (soap) कहते हैं। सान्द्र HCl की उपस्थिति में यह साबुन वसा अम्ल में बदल जाता है जो सतह पर नन्ही–नन्हीं बूंदों के रूप में संघनित होकर तैरता है। कैल्शियम क्लोराइड की उपस्थिति में सोडियम तथा पोटैशियम साबुन कैल्शियम साबुन में बदल जाता है जो अविलेय होने के कारण अवक्षेपित हो जाता है।

विधि

1. एक बॉयलिग ट्यूब में लगभग 10 मिली 2 प्रतिशत सोडियम हाइड्रॉक्साइड का विलयन लें जिसमें 5–6 बूंद तेल मिलाकर हिलायें।
2. इसे 15 मिनट तक जल ऊष्मक (water bath) में गर्म करें (प्रत्येक 5 मिनट के अन्तराल से इसे हिलाते रहें)।
3. कमरे के ताप पर इसे ठंडा होने दे। स्वच्छ साबुन सदृश विलयन बनता है। इसे तीन भागों में बांटे – प्रथम कुछ सान्द्र HCl की बूंदे द्वितीय में सोडियम क्लोराइड का संतृप्त विलयन (2–3 मिली) तथा तृतीय में कैल्शियम क्लोराइड का 1 प्रतिशत जलीय विलयन डालें।

प्रथम भाग में वसा अम्लों की नन्हीं बूंदे सतह पर तैरती दिखाई देती हैं, द्वितीय में साबुन पृथक होकर सतह पर आ जाता है तथा तृतीय में अघुलनशील कैल्शियम साबुन अवक्षेपित हो जाता है।

3. तेलीय धब्बा परीक्षण (Oil spot Test)

सिद्धान्त – तेल व घी प्राकृतिक रूप से चिकने होते हैं और यह चिकनाई कागज के सेल्यूलोज अणुओं द्वारा आसानी से ग्रहण कर ली जाती है जिसके फलस्वरूप कागज अर्द्धपारदर्शी (semi-transparent) दिखाई देता है।

विधि – एक परखनली में कुछ बूँदे तेल की लेकर इसमें 1–2 मिली ईथर डालते हैं। अच्छी तरह हिलाकर इसकी कुछ बूँदें फिल्टर पेपर पर डालते हैं। ईथर वाष्पीकृत हो जाता है और फिल्टर पत्र पर एक अर्द्ध पारदर्शी धब्बा बन जाता है जो वसा, तेल या घी की उपस्थिति सुनिश्चित करता है।

4. इमल्सीकरण परीक्षण (Emulsification Test)

सिद्धान्त – वसाओं का छोटी–छोटी बूँदों में टूटना 'इमल्सीकरण (emulsification) कहलाता है। विभिन्न साबुन (soap) व पित्त लवण (bile salts) वसाओं के अच्छे इमल्सीकारक होते हैं।

विधि – एक परखनली में 4–5 मिली जल लेकर उसमें 1–2 बूंद तेल की डालकर तेजी से हिलाते हैं। तेल छोटी–छोटी असंख्य बूँदों में फैल जाता है जो कुछ समय तक रखने पर सतह पर आ जाती है। इसमें कुछ बूंद साबुन के विलयन (soap solution) की मिलाकर हिलाते हैं। तेल इमल्सीकृत हो जाता है।

5. असंतृप्तीकरण परीक्षण (Unsaturation Tests)

ये परीक्षण असंतृप्त वसा अम्लों व असंतृप्त वसाओं द्वारा दिये जाते हैं।

(a) हेलोजनीकरण परीक्षण (Halogenation Test)

सिद्धान्त – असंतृप्त वसा अम्ल ब्रोमीन व आयोडीन से क्रिया करते हैं। ये हैलोजन (ब्रोमीन/आयोडीन) असंतृप्त वसाओं के द्विबंध (double bond) से जुड़ती है।

विधि

1. एक परखनली में लगभग 3 मिली क्लोरोफार्म लें तथा इसमें कुछ बूँदें ओलिक अम्ल (oleic acid) की मिलायें।
2. एक अन्य परखनली में इतने ही क्लोरोफार्म के साथ पामीटिक अम्ल की कुछ बूँदें मिलायें।
3. दोनों परखनलियों में ब्रोमीन जल की बूँदें डालें।
4. ओलिक अम्ल (असंतृप्त वसा अम्ल) वाली परखनली में ब्रोमीन का पीला रंग उड़ जाता है जबकि पामीटिक अम्ल (संतृप्त वसा) वाली परखनली में ऐसा नहीं होता है।
5. उपर्युक्त (ओलिक अम्ल वाली) परखनली में बूँद–बूंद कर पुनः ब्रोमीन जल की डालें। कुछ बूँद मिलाने पर पीला रंग पुनः दिखाई देता है।

टिप्पणी – चूँकि हैलोजन वसा अम्ल के द्विबंध से जुड़ती है। अतः कोई प्रतिदर्श किस हद तक असंतृप्त है। इसका पता इसके अवशोषण की सीमा से लगाया जा सकता है। परखनली में ब्रोमीन जल डालने पर इसका रंग उड़ जाता है। क्योंकि यह ब्रोमीन वसा अम्ल के द्विबंध से जाकर जुड़ जाती है और मुक्त रूप से विलयन में नहीं रहती लेकिन जब सभी द्विबंध ब्रोमीन द्वारा घिर जाते है तो यह मुक्त रूप से विलयन में विद्यमान हो जाती है और पीला रंग पुनः दिखाइ देने लगता है।

(b) एक्रोलिन परीक्षण (Acrolein Test)

सिद्धान्त – अधिकतर वसाओं की आणविक संरचना में ग्लिसराय पाया जाता है। ग्लिसराय उच्च ताप पर पोटैशियम बाइसल्फेट की उपस्थिति में जल अपघटित हो जाता है तथा तीक्ष्ण गंध (pungent smell) वाला एक्रोलिन बनता है –

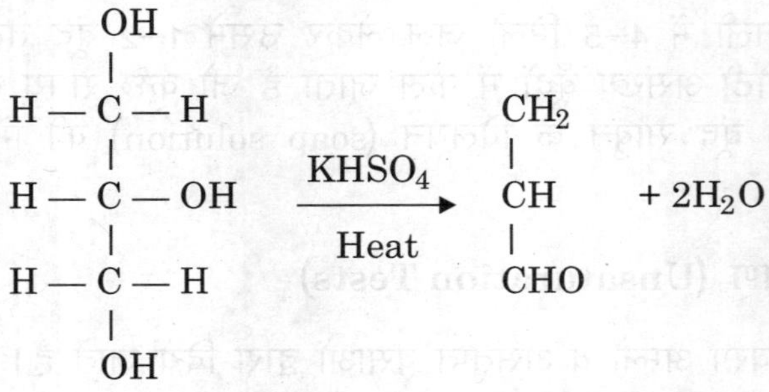

(Glycerol) (Acrolein)

विधि – एक स्वच्छ परखनली में कुछ पोटैशियम बाइसल्फेट लेकर कुछ बूँदे तेल की डालें। अब चुटकी भर पोटैशियम बाइसल्फेट ओर डालें तथा धीरे–धीरे गर्म करें। तीक्ष्ण गंध एक्रोलिन के कारण आती है जो वसा की उपस्थिति सुनिश्चित करता है।

इसके अतिरिक्त बहुत से महाविद्यालय ऐसे भी हो सकते हैं जहां अभिकर्मक व रसायनों का अभाव हो ऐसी स्थिति में एक बहुत ही साधारण परीक्षण सूडान रंजक परीक्षण करें। क्योंकि यह रंजक साधारणतया प्रयोगशाला में मिल ही जाता है।

(c) सूडान रंजक परीक्षण (Sudan Stain Test)

कुछ मात्रा वसा के परीक्षण विलयन अथवा तेल की ले और उसमें चुटकी भर सूडान IV रंजक मिलायें। 5–10 मिनट पश्चात् आप पायेंगे कि रंजक तेल में पूर्णरूपेण घुल गया है जो वसा की उपस्थिति का सूचक है।

क्रोमेटोग्राफी (Chromatography)

इस विधि में अज्ञात (Unknown) पदार्थ का विश्लेषण विलायकों के एक विशेष फिल्टर पेपर पर बहाव (flow) को देखकर किया जाता है। दोनों विलायक आपस में या तो अविलेय या फिर आंशिक रूप से विलेय होते हैं। विलायक केशिका क्रिया (capillary action) द्वारा फिल्टर पेपर पर गमन करता है। विलायक के साथ–साथ मिश्रण में निहित पदार्थ भी विभिन्न गति से चढते हैं। ऐसा वितरण गुणांक (partition coefficient) के कारण होता है। एक विलायक चलायमान प्रावस्था (mibile phase) कहलाता है और दूसरा स्थिर प्रावस्था (stationary phase)। क्रोमेटोग्राफी कई प्रकार की, जैसे विभाजन क्रोमेटोग्राफी ([artition chromatography), अधिशोषण क्रोमेटोग्राफी (absorption chromatography) आदि होती है।

विभाजन क्रोमेटोग्राफी क्रमशः विभाजन कॉलम क्रोमेटोग्राफी (partition column chromatography), पेपर क्रोमेटोग्राफी (paper chromatography), थिन लेयर क्रोमेटोग्राफी (thin layer chromatogrpahy, TCL), जैल निस्पंदन क्रोमेटोग्राफी (gel filtration chromatography) व गैस द्रव क्रोमेटोग्राफी (gas liquid chromatography, GLC) प्रकार की होती है। अधिशोषण क्रोमेटोग्राफी भी क्रमशः अधिशोषण कॉलम क्रोमेटोग्राफी (absorption column chromatography, TLC) व आयन विनिमय क्रोमेटोग्राफी (ion exchange chromatograophy) प्रकार की होती है। चार्ट रूप में इसे इस प्रकार प्रदर्शित किया जा सकता है –

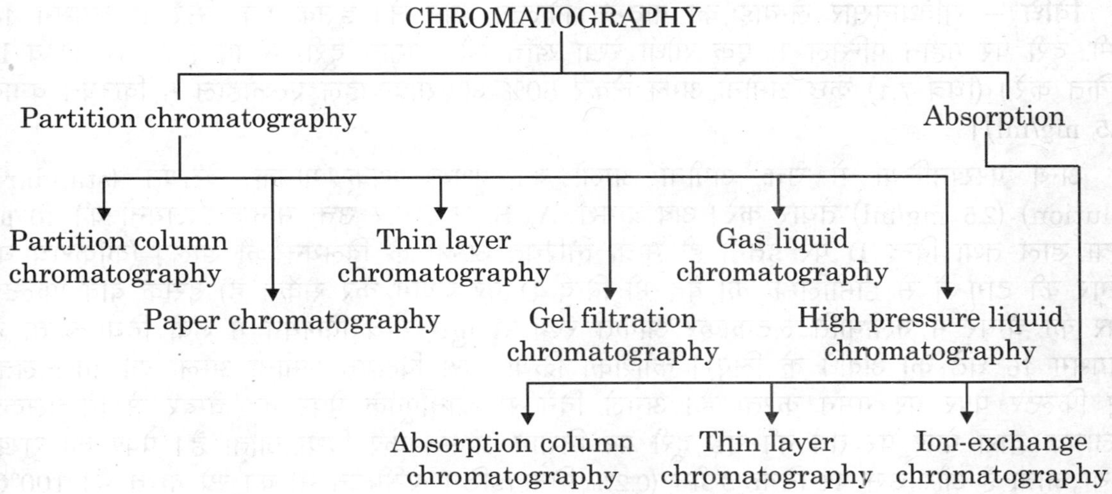

क्रोमेटोग्राफी का संक्षिप्त इतिहास (Brief History of Chromatography)

क्रोमेटोग्राफी 1896 में एक वनस्पतिज्ञ एम. सीट (M. Tseet) के कार्य से प्रकाश में आयी। उसने एक काँच की परखनली में वर्णकों (pigments) के घोल को हल्के पेट्रोलियम में मिलाकर चूर्ण कैल्शियम कार्बोनेट (powdered calcium carbonate) में से होकर गुजारा था। वर्णक कॉलम में सबसे ऊपर विभिन्न गति से अधिशोषित होते गये और इस प्रकार अलग कर लिये गये। इसके बाद लाइसगैंग (Liesegang) ने 1943 में सर्वप्रथम पेपर के उपयोग का प्रचलन किया। कॉन्सडेन (consden), गॉर्डन (Gorden), मार्टिन (Martin) व साइन्ज (Synge) ने 1944 में पेपर का विधिवत् प्रयोग किया (इन्हें बाद में नोबेल पुरस्कार से सम्मानित किया गया)। तत्पश्चात् अधिक आधुनिक व विश्वसनीय तकनीक का प्रयोग होता चला गया। पाठ्यक्रमानुसार यहाँ केवल पेपर क्रोमेटोग्राफी का ही अध्ययन करेंगे।

(a) पेपर क्रोमेटोग्राफी (Paper Chromatography)

प्रायोगिक सामग्री – पेपर क्रोमेटोग्राफी का चैम्बर, वाटमैन नं. 1 फिल्टर पेपर, ब्यूटेनॉल, ग्लेशियल ऐसीटिक अम्ल, निनहाइड्रीन, आइसोप्रोपाइल, ऐल्कोहॉल आदि।

यह एक विमीय (one dimensional) या द्विविमिय (two dimensional) हो सकती है। यहाँ हम दोनों विधियों का अध्ययन करेंगे।

विलायक तैयार करना (Preparation of Solvent) – n–ब्यूटेनॉल, ग्लेसियल ऐसीटिक अम्ल व आसुत जल (4 : 1 : 5 अनुपात में) लेकर चैम्बर में डालें।

ऊपरी सतह पर ब्यूटेनॉल व आसुत जल होते हैं। ब्यूटेनॉल चलायमान प्रावस्था (mobile phase) कहलाती है तथा इसके नीचे आसुत जल होता है जो n ब्यूटेनॉल से संतृप्त है, स्थिर अवस्था (stationary phase) कहलाता है।

विधि – सुविधानुसार लम्बाई का वाटमैन फिल्टर पेपर लें। इसके एक सिरे से लगभग 10 सेमी. दूरी पर महीन पेन्सिल से एक सीधी रेखा खींचे और समान दूरी पर बिन्दु A, B, C व D अंकित करें। (चित्र 7.1) कुछ अमीनो अम्ल लेकर 50% आइसोप्रोपाइल ऐल्कोहॉल में विलयन बनावें (2.5 mg/ml)।

अन्य परखनलियों में उक्त अमीनों अम्लों का पृथक्–पृथक् मानक विलयन (standard solution) (2.5 mg/ml) तैयार करें। अब क्रमशः A, B, व C पर उक्त मानक विलयनों की 10 μl मात्रा डालें तथा बिन्दु D पर इतनी ही मात्रा निश्चित अम्लों के विलयन की डालें। (कॉकरोच या झींगर की टांग में से हीमोलिम्फ की बूँद भी बिन्दु D पर प्रयोग कर सकते हैं) इसके बाद फिल्टर पेपर को चैम्बर में भलीभांति लटकाकर अंकित रेखा से कुछ नीचे विलयन में डूबो दिया जाता है (लगभग 16 घंटे की अवधि के लिए)। कोशिका क्रिया द्वारा विलयन अमीनो अम्लों को साथ लेता हुए फिल्टर पेपर पर गमन करता है। अगले दिन सावधानीपूर्वक पेपर की चैम्बर से निकालकर विलायक द्वारा पेपर पर तय की गई दूरी पर निशान अंकित कर दिया जाता है। पेपर को सुखा लिया जाता है और उस पर निनहाइड्रीन (0.2% निनहाइड्रिन, ऐसीटोन में) का स्प्रे करत हैं। 100°C ताप पर ओवन में लगभग 10 मिनट तक रखें। अमीनो अम्लों के चमकीले धब्बे (spots) दिखाई देते हैं जिन्हें पेन्सिल से गोला बनाकर चिन्हित कर देते हैं।

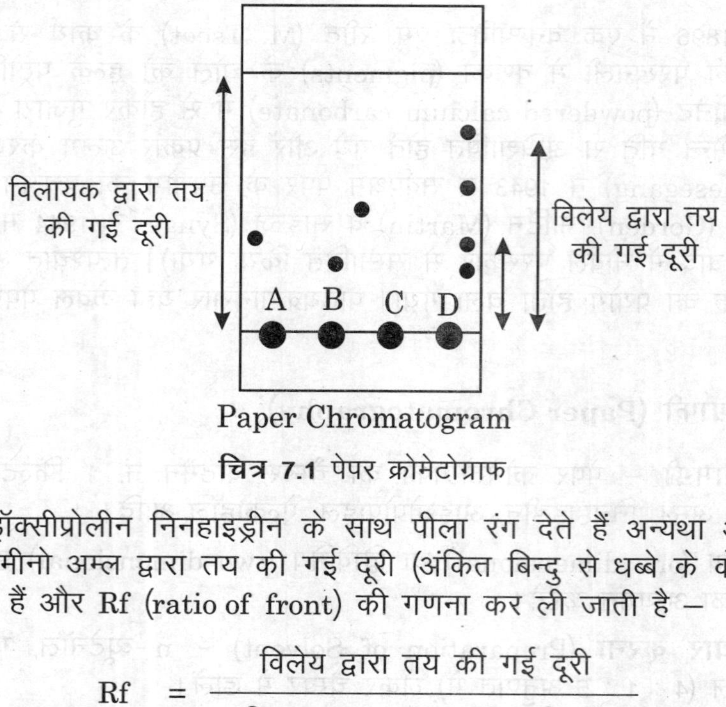

चित्र 7.1 पेपर क्रोमेटोग्राफ

प्रोलीन, हाइड्रॉक्सीप्रोलीन निनहाइड्रीन के साथ पीला रंग देते हैं अन्यथा अन्य अमीनो अम्ल गुलाबी। प्रत्येक अमीनो अम्ल द्वारा तय की गई दूरी (अंकित बिन्दु से धब्बे के केन्द्र तक की दूरी) स्केल से नाप लेते हैं और Rf (ratio of front) की गणना कर ली जाती है –

$$Rf = \frac{\text{विलेय द्वारा तय की गई दूरी}}{\text{विलायक द्वारा तय की गई दूरी}}$$

किसी दिये गये अमीनो अम्ल के लिए एक जैसी प्रायोगिक परिस्थितियों जैसे विलायक तंत्र (solvent system), फिल्टर पेपर, ताप तथा विलेय की सान्द्रता (solute concentration) में Rf का मान निश्चित होता है।

(b) अवरोही क्रोमेटोग्राफी (Descending Chromatography) – अवरोही क्रोमेटोग्राफी में विलायक चैम्बर के ऊपरी सिरे पर रखा जाता है और फिल्टर पेपर को किसी सहारे (support) की सहायता से चैम्बर में लटका दिया जाता है। विलायक अब पेपर पर गुरुत्व के कारण नीचे की ओर तीव्र गति से गमन करता है। इसमें अपेक्षाकृत कम समय लगता है।

(c) द्विविमीय क्रोमेटोग्राफी (Two dimensional Chromatorrgraphy) – यह उपर्युक्त वर्णित एक विमीय क्रोमेटोग्राफी की भांति ही है। कई बार जब किन्हीं दो पदार्थों का Rf मान बराबर होता है तो उनका पृथक्करण (separation) बड़ा कठिन हो जाता है। अतः द्विविमीय क्रोमेटोग्राफी से पृथक्करण बड़ी आसानी से किया जा सकता है। पहले आरोही (ascending) व एक विमिय क्रोमेटोग्राफी करते हैं। तत्पश्चात् फिल्टर पेपर को पूर्व स्थिति के सापेक्ष समकोण पर रख दिया जाता है। (चित्र 7.2 b–c) इस प्रकार समान Rf मान के अमीनों अम्ल पृथक कर लिए जाते हैं।

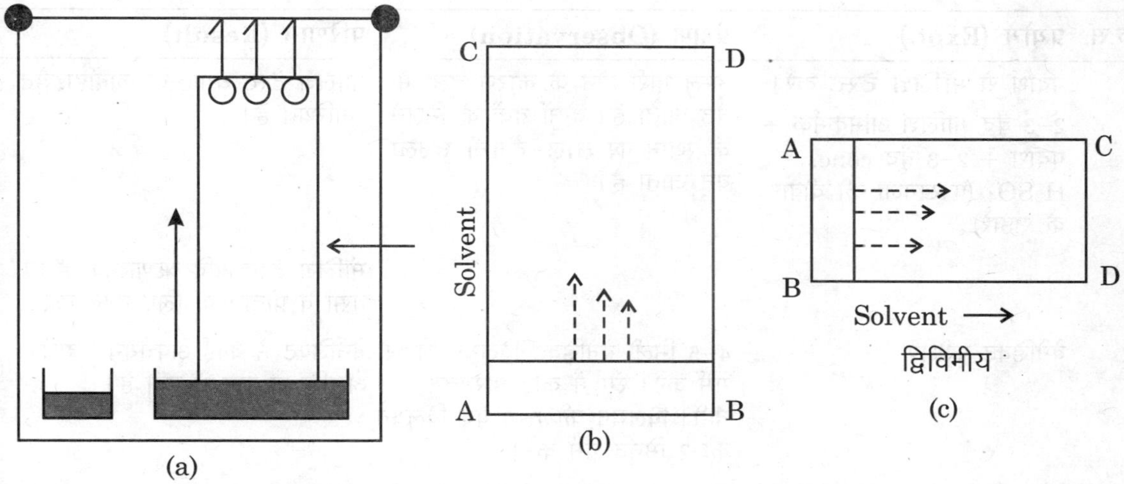

चित्र 7.2 (a) आरोही क्रोमेटोग्राफी (b) - (c) एक विमीय क्रोमेटोग्राफी

(d) चक्रीय क्रोमेटोग्राफी (Circular Chromatography) – इसमें विलायक की अल्प मात्रा की ही आवश्यकता होती है। 10 सेमी व्यास की दो पेट्रीडिश लें। एक पेट्रीडिश में विलायक डालें। गोलाकर फिल्टर पेपर (वाटमैन नं. 1) के बीचों बीच पेन्सिल से एक 2.5 सेमी. व्यास का एक गोला बनाते हैं जिसकी परिधि के सहारे बिन्दु चिन्हित करते हैं जहाँ अमीनो अम्ल अथवा अन्य रंजक जिन्हें इस विधि से पृथक करना है, की बूँद डालते हैं। फिल्टर पेपर के बीचों बीच एक छोटा सा छिद्र बनाते हैं जिसमें अन्य फिल्टर पेपर की कटी हुई बत्ती (wick) डाल देते हैं। अब इसे विलायक वाली पेट्रीडिश के ऊपर रख देते हैं। अन्य पेट्रीडिश को उल्टा करके ठीक इसके ऊपर रखते हैं जिससे फिल्टर पेपर पूरी तरह तनी हुई स्थिति में रहे। पेपर की बत्ती का सिरा विलायक में डूब जाता है। कोशिका क्रिया (capillary action) द्वारा विलायक इस बत्ती से गमन करता हुआ फिल्टर पेपर में पहुँच जाता है तथा चिन्हों पर अंकित अमीनो अम्ल अथवा रंजक इसके साथ गमन करते हुए पृथक हो जाते हैं। इसे सुखा लिया जाता है और निनहाइड्रीन से स्प्रे करने के पश्चात् बने धब्बे पेन्सिल से गोला कर लिये जाते हैं तथा Rf की गणना कर ली जाती है।

प्रयोगशाला में इसका प्रदर्शन (demonstration) बड़ी आसानी से कम समय में ही किया जा सकता है।

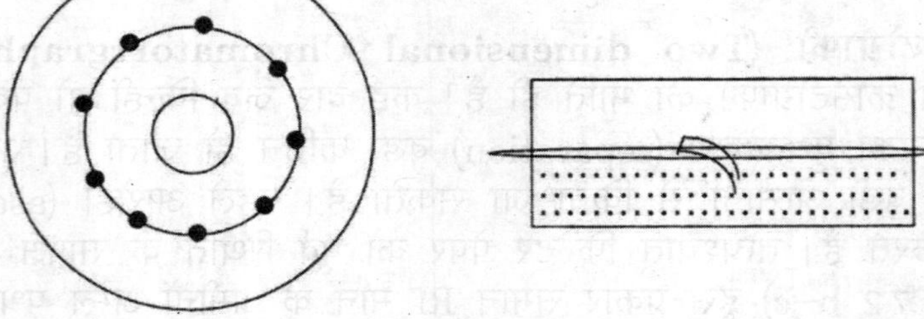

चित्र 7.3 चक्रीय क्रोमेटोग्राफी

क्र.सं.	प्रयोग (Expt.)	प्रेक्षण (Observation)	परिणाम (Result)
1.	पदार्थ से **मॉलिश टैस्ट** करें। 2–3 बूँद मालिश अभिकर्मक + पदार्थ + 2–3 बूँद conc. H_2SO_4 (परखनली की दीवार के सहारे)	अम्ल भारी होने के कारण तली में बैठ जाता है। दोनों द्रवों के मिलने के स्थान पर **लाल–बैंगनी छल्ला** बन जाता है।	मॉलिश टैस्ट धनात्मक कार्बोहाइड्रेट उपस्थित है।
			मॉलिश टैस्ट यदि ऋणात्मक है तो वसा व प्रोटीन के लिए टैस्ट करें।
2.	बेनेडिक्ट परीक्षण	4–5 मिली बेनेडिक्ट विलयन लेकर गर्म करें। रंग में कोई परिवर्तन नहीं। विलयन की 7–8 बूँद विलयन को 2 मिनट गर्म करें।	बेनेडिक्ट में कोई अपचयन पदार्थ अशुद्धि के रूप में नहीं है।
		हरा, लाल, पीला या नारंगी रंग का अवक्षेप।	मोनोसैकेराइड उपस्थित (अपचयन शर्करा)
	फेहलिंग विलयन परीक्षण	फेहलिंग विलयन + पदार्थ का विलयन गर्म करें → पीला / नारंगी / लाल रंग का अवक्षेप	मोनोसेकराइड निश्चित
	बारफोड परीक्षण	बारफोड अभिकर्मक + पदार्थ विलयन → → गर्म करे → ठंडा करें → हल्का लाल अवक्षेप	मोनोसेकेराइड निश्चित
3.	बेनेडिक्ट फेहलिंग व बारफोड	नकारात्मक	डाइसैकेराइड हो सकता है।
	जल अपघटन परीक्षण करें	पदार्थ का विलयन + 2 – 3 बूँद conc. HCI + उबालें	

क्र.सं.	प्रयोग (Expt.)	प्रेक्षण (Observation)	परिणाम (Result)
		बारफोड, फेहलिंग व बेनेडिक्ट परीक्षण करें धनात्मक रहने पर	डाइसैकेराइड निश्चित
		ऋणात्मक रहने पर	पॉलीसैकेराइड हो सकता है।
	आयोडीन परीक्षण	पदार्थ का विलयन 3 मिली + एक बूँद HCl + 2 बूँद आयोडीन नीला रंग	स्टार्च उपस्थित है।
		लाल–नीला या बैंगनी रंग →	डेक्टसट्रिन उपस्थित
		शराबी लाल रंग →	ग्लाइकोजन उपस्थित
	मॉलिश टैस्ट ऋणात्मक रहने पर	**जल में अविलेय**	वसा हो सकता है
	जल में विलेयता देखें	जल के ऊपर तैरता है	वसा उपस्थित है
	तेलीय धब्बा परीक्षण करें सूडान रंजक की चुटकी डालें	कागज पर डालने पर पारभासी धब्बा घुल जाता है तथा विलयन लाल रंग का हो जाता है।	वसा निश्चित है।
	एक्रोलिन परीक्षण करें	पदाथ की कुछ बूँद + पौटेशियम बाइसल्फेट लेकर गर्म करें तीक्ष्ण गंध	वसा निश्चित है
		जल में विलेय	प्रोटीन हो सकता है
	बाइयूरेट परीक्षण	पदार्थ + NaOH + क्यूप्रिक सल्फेट बैंगनी नीला अथवा गुलाबी नीला रंग	प्रोटीन निश्चित
	जैन्थोप्रोटीक परीक्षण	पदार्थ 3 मिली + 1 मिली conc. HNO_3 श्वेत अवक्षेप → गर्म पीला → ठंडा करें +3 ml NaOH मिलावें → पीला/नारंगी विलयन	प्रोटीन निश्चित

■■■■

APPENDIX - I

Question Bank and Model Question Paper

Q.1 Squilla/Prawn Nervous System.

Q. 2 Hastate Plate

Q.3 To Study microbes in Curd.

Q.4 Estimation of Haematocrit value.

Q. 5 Identification of Proteins and Lipids.

Q. 6 **Ascaris, Chaetopterus, Pontobdella** Q. a Name the host. Q. b How does it differ from leech? **Millepede, Honeybee,** Q. a Comment upon the division of labour? Q. b Where does, the Wax Come from?

Dentalium, Glochidium, Star Fish

Q.7 Viva

Q.8 Record

Q. 1 Pila Pallial organs.

Q.2 Pila Osphradium (Section).

Q.3 To study microbes in any dairy product.

Q.4 Demonstration of catalase activity in liver.

Q.5 Identification of carbohydrates and lipids.

Q.6 **Miracidium, Dracunculus, Cyclops, V.S. Cuticle, Aphrodite**

Whitegrub Q. a Name the crops it attaaks Q. b Comment upon the affinities. Q. b comment upon the taxonomic position.

Q. 7 Viva

Q.8 Record

Q.1 Pila Nervous System

Q.2 Pila Osphradium

Q.3 To study the microbes in curd.

Q.4 W.B.C. Counting.

Q.5 Identification of disaccharides (any two).

Q.6 **Cercaria, Ascaris, Chaetopterus, Spider, Cyclops, Termite, Pearl-oyster, Ophiothrix.**

Q.7 Viva

Q.8 Record.

Q.1 Squilla Nervous System.

Q.2 Gill lamella.

Q.3 To study the microbes in milk.

Q.4 Demonstration of Catalase in liver.

Q.5 Identification of monosaccharides and poly saccharides.

Q.6 **Metacercaria, Dracunculus, Daphnia, T.S. Gill (pila), Arenicola, Peripatus Honeybee, Pentaceros.**

Q.7 Viva

Q.8. Record.

Q.1 Pila Nervous System

Q.2 Pila Osphradium (T.S.)

Q.3 To study microbes in milk.

Q.4 To study salivary digestion.

Q.5 Detection of carbohydrates and lipids.

Q.6 **Sporocyst, Scolex, T.S., Pediculus, Glochidium (W.M.), Neries, Peripatus, Scorpion, Antedon.**

Q.7 Viva

Q.8. Record.

Q.1 Prawn appendages.

Q. 2 Prawn statocyst.

Q.3 To study microbes in curd.

Q.4 Demonstration of Catalase activity in liver.

Q.5 Identification of lipids and polysaccharides.

Q.6 **Miracidium, Wuchereria, Glossiphonia**

Peripatus, Q. a Why it is called connecting link? Q. b Comment on the taxonomic position? **Limmulus** Q. a Why it is called living fossil. Q. b What is the peculiarity in exoskeleton?

Mantis Q. a Give the technical term for the legs it possess? Q. b Where does it lay the eggs?

Loligo, Echinus.

Q.7 Viva

Q.8. Record.

Q.1 Pila Nervous System

Q.2 Pila Osphradium

Q.3 To study the microbes in milk.

Q.4 Estimation of Hb.

Q.5 Identification of lipids and poly saccharides.

Q.6 **Taenia, Dracunculus, Daphnia, Centipede, Pearl oyster, Brittle star, Balanoglossus. Silk moth** Q. a Where does the silk come from? Q. b Comment upon the life cycle?

Q.7 Viva

Q.8. Record.

Q.1 Prawn Nervous System.

Q.2 Statocyst of Prawn.

Q.3 Study the microbes in dairy product (like milk).

Q.4 Estimation of Haemoglobin in a blood sample.

Q.5 Identification of monosaccharides.

Q.6 **Miracidium, Heteroneries, Peripatus, Mantis, Pediculus, Antedon, Balanogossus.**

Q.7 Viva

Q.8. Record.

Q.1 Prawn appendages.

Q.2 Prawn hastate plate.

Q.3 To study the microbes in milk.

Q.4 Estimation of Haemetocrit value.

Q.5 Detection of proteins and lipids.

Q.6 **Redia, Wuchereria, Aphrodite, Limmulus, V.S. of cuticle, Locust, Cyprae, Echinus.**

Q.7 Viva

Q.8. Record.

Q.1 Pila Nervous system.

Q.2 Pila radula.

Q.3 Presence of microbes in curd.

Q.4 Counting of R.B.C.

Q.5 Detection of proteins and lipids.

Q.6 **Sporocyts, Cysticercus, Pontobdella, Bedbug, Glochidium, Cucumaria, Loligo, Balanoglossus.**

Q.7 Viva

Q.8. Record.

Q.1 Pila Nervous system.

Q.2 Pila radula.

Q.3 To study the microbes in curd.

Q.4 W.B.C. Counting.

Q.5 Tests of glucose and fructose.

Q.6 **Sporocyst, Wuchereria** Q. A. Name the vector? Q. b What is the main symptons of the disease it causes? **Termite** Q. a How it digest the wood? Q. b Name the protozoans found in the mid gut?

Aphrodite, Beetle, Aplysia, Starfish, Balanoglossus.

Q.7 Viva

Q.8. Record.

Q.1 Prawn Nervous system.

Q.2 Prawn Statocyst.

Q.3 To study the microbes in milk.

Q.4 Estimation of Hb.

Q.5 Tests of glycogen, fructose and glucose.

Q.6 **Taenia, Ascaris, Pontobdella, Loligo, Bedbug, Scorpion,** Q. a Name the sensory structures on its ventra surface? Q. b Mention the biological peculiarity? **Pearl oyster** Q. a Give its zoological name? Q. b How does the pearl for mation takes place? **Brittle star**

Q.7 Viva

Q.8. Record.

Q.1 Prawn Nervous system.

Q.2 Prawn statocyst.

Q.3 To study microbes in the milk.

Q.4 R.B.C. Counting

Q.5 Detection of proteins and poly saccharides.

Q.6 **Mature proglottid of Taenia, Aphrodite**

Spider Q. a Where does the silke gland located? Q. b Name the head appendages?

Eupagurus Q. a Why it is called hermit crab? Q. b What is the association with mollusc shell and Sea anemone called? **Chiton, Loligo, Antedon Balanoglossus**.

Q.7 Viva

Q.8. Record.

Q.1 Prawn appendages

Q.2 Prawn statocyst.

Q.3 To study the microbes in curd.

Q.4 Estimation of Hb.

Q.5 Identification of Sucrose

Q.6 **Miracidium, Planaria, Dracunculus, Termite, Daphpnia, Ahphrodite, Chiton, Antedon.**

Q.7 Viva

Q.8. Record.

Q.1 Prawn Nervous System.

Q.2 Prawn hastate plate.

Q.3 To study the microbes in milk.

Q.4 Estimation of Haematocrit value.

Q.5 Test for fructose and glycogen.

Q.6 **Sporocyst, Wuchereria, Pediculus, Aphrodite, Crab, Beetle** Q. a Comment upon the fore wings. Q. b What does it feed?

Dentalium, Echinus

Q.7 Viva

Q.8. Record.

Q.1 Pila Nervous system.

Q.2 Pila osphradium (section).

Q.3 To study the microbes in curd.

Q.4 R.B.C. Counting.

Q.5 Detection of Proteins and carbohydrates.

Q.6 **Redia, Wuchereria, Bedbug, Pontobdella, Spider, Cyprae, Antedon, Balanoglossus**

Q.7 Viva

Q.8. Record.

Q.1 Prawn alimentary canal.

Q.2 Prawn statocyst.

Q.3 To study the microbes in curd.

Q.4 Demonstration of enzyme activity in liver.

Q.5 Identification of fructose and Dextrin.

Q.6 **Sporocyst, Taenia, Dracunculus** Q. a Namethe disease it causes? Q. b How does the infection spreads? **Polygordium Peripatus, Limmulus, Mytilus, Echinus.**

Q.7 Viva

Q.8. Record.

Q.1 Pila Nervous System.

Q.2 Pila radula.

Q.3 To study the microbes in curd.

Q.4 Estimation of Hb.

Q.5 Identification of glucose, sucrose and glycogen.

Q.6 **Fasciola T.S., Dracunculus** Q. a Name the disease it causes? Q. b How does the infection spreads? **Zoea, Locust**

Polygordius, Peripatus, Mytilus, Echinus

Q.7 Viva

Q.8. Record.

Q.1 Pila Nervous system.

Q.2 Pila radula.

Q.3 To study the microbes in curd.

Q.4 Estimation of Hb.

Q.5 Identification of glucose, sucrose and glycogen.

Q.6 **Fasciola T.S., Dracunculus, Zoea, Locust,** Q. a What is the difference between grass hopper and locust? Q. b Which species do you find in Rajasthan? **Glochidium, Loligo, Balanoglossus.**

Q.7 Viva

Q.8. Record.

Q.1 Pila Nervous System.

Q.2 Pila radula.

Q.3 To study the microbes in dairy product.

Q.4 Estimation of Hb.

Q.5 Detection of proteins & lipids.

Q.6 **Sporocyst, Dracunculus, Lepas, Locust** Q. a Comment upon the phases? Q. b Comment upon the economic importance? **Nautilus, Cucumaria, Antedon, Balanoglossus** Q. a Name the larva? Q. b Comment upon the evolutionary significance?

Q.7 Viva

Q.8. Record.

Q.1 Prawn Nervous System.

Q.2 Prawn Statocyst.

Q.3 To study the microbes in milk.

Q.4 R.B.C. Counting.

Q.5 Identification of glycogen, glucose and sucrose.

Q.6 **Miracidium, Wuchereria, Ascaris, Pediculus, Glochidium, Arenicola, Chiton** Q. a What is the basis of classification of the phylum? Q. b Comment upon the morphology? **Antedon** Q. a Comment upon the taxonomic position? Q. b What is the difference between a young & adult antedon?

Q.7 Viva

Q.8. Record.

APPENDIX - 2

Rajasthan University, Jaipur
Syllabus (B.Sc. Part II)

Unit 1. Study of Museum specimens:

Onychophora	:	Peripatus
Arthropoda	:	Limulus, Spider, Scorpion, Centipede, Millipede, Lepas, Balanus, Squilla, Eupagurus, Crab, Mantis, Honeybee, Locust, Silkworm moth, Beetle, White grub.
Mollusca	:	Chiton, Aplysia, Cypraea, Mytilus, Pearl-oyster, Dentalium, Loligo, Nautilus
Echinodermata	:	Pentaceros, Echinus, Ophiothrix, Cucumaria, Antedon.
Hemichordata	:	Balanoglossus

Unit 2. Study of Microscopic Slides

Arthropoda	:	V.S. of integument (cuticle) : Pediculus, Bedbug, Termite and its various types, Cyclops, Daphina, Crustacean larvae
Mollusca	:	V.S. shell. T.S. gill of Pila : Glochidium

Unit 3. Permanent Preparation and Study of the following:

Hastate plate and statocyst of prawn : gill-lamella, radul and T.S. osphradium of pila

Unit 4. Study of Anatomy

Prawn/Squilla	: External features appendages, alimentary canal and nervous sytem
Pila	: External anatomy, Pallial organs and nervous system

Unit 5. Microbiology

1 Preparation and use of culture media for microbes.

2 Study of microbes in food materials (like curd etc.)

3 Education tour to any Microbiology Laboratory, Dairy, Food processing factory, Distillery, Museum of natural science for first hand study, Collection of material may also be encouraged wherever possible. Candiates are expected to submit a report on such visit.

4 Antigen Antibody reactions : agglutination and precipitation.

5 Effect of antibiotics on microbial growth.

Unit 6. Animal Physiology

1 Counting of red and white blood cells in a blood sample.

2 Estimation of haemoglobin in a blood sample.

3 Estimation of haemtocrit value in a blood sample.

4 Demonstrations of enzyme activity (catalase) in liver.

5 Study of salivary digestion of starch and the effect of heat and alcohol.

6 Study of estrus cycle by vaginal smear technique in the rat/mouse.

7 Study of histological structure of major endocrine glands of mammals.

Unit 7. Biochemistry

1 Detection of proteins, carbohydrates and lipids in animal tissue.

2 Identification of different kinds of mono-di-and poly-saccharides in the given samples.

3 Demonstration of the principle of paper chromatography.

Scheme of Practical Examinations

Time : 4 hrs. **Max. Marks : 50**

		Regular	Ex-Students
1.	Study of Anatomy	6	8
2.	Permanent Preparation	4	6
3.	Microbiological Preparation	2	3
4.	Exercise in Animal Physiology	6	6
5.	Exercise in Biochemistry	6	6
6.	Identification and Comments on 8 Spots	16	16
7.	Viva-voce	5	5
8.	Class record	5	
	Total	50	50

Note:

1 With reference to dissection, the candiates must be well versed with the techniques of flag labelling and black paper insertion, as the case may be for a clear illustration.

2 With reference to whole mounts and museum specimens in case of unavailability, the animal types should be substituted with diagrams, photographs, models etc.

3 Candidates will keep a record of all work-done in the practical class and it will be submitted for inspection at the time of practical examination.

4 Emphasis should also be given on writing part, allocating, separate marks.

Zoology Practical
(Skeleton Paper)

Time : 4 hrs. **Max. Marks : 50**

		Regular	Ex-Students
1	Study the anatomy/ Dissect the animal provided so as to expose its....	6	8

	Draw a labelled diagram	(2+4)	(2+6)
2	Prepare a permanent stained balsam Mount of....	4	6
	Draw a labelled diagram of the preparation	(1+3)	(1+5)
3	Microbiological Preparation of the given sample	2	3
4	Exercise in animal physiology	6	6
5	Exercise in Biochemistry	6	6
6	Identify and comment upon spots 1 to 8	8 × 2 = 16	16
7	Viva-Voce	5	5
8	Record	5	—
	Total	50	50

■■■■

APPENDIX - 3

M.S. Braj University, Bharatpur
Syllabus – B.Sc. Part II (Pass Course)
Zoology Practical (2019-2020)

I. Study of Museum Specimens :

Annelida	: *Neanthes,* Heteronereis, *Aphrodite, Chaetopterus, Arenicola, Glossiphonia, Pontobdella, Polygordius.*
Onychophora	: *Peripatus*
Arthropoda	: *Limulus,* Spider, Scorpion, Centipede, Millipede, *Lepas, Balanus, Squilla, Eupagurus,* Crab. *Mantis,* Honey-bee (queen, drone, worker) Locust. Silkworm Moth. Beetle, White grub.
Mollusca	: *Chiton, Aplysia, Cypraea, Mytilus,* Pearl *Oyster, Dentalium, Loligo, Nautilus*
Echinodermata	: *Pentaceros, Echinus, Ophiothrix, Cucumaria, Antedon*
Hemichordata	: *Balanoglossus*

II. Study of Microscopic Slides :

Annelida	: T.S. body of Nereis through various regions.
Arthropoda	: V.S. of integument (cuticle) : *Pediculus,* Bedbug, Termite and its castes, *Cyclops, Daphnia,* crustacean larvae (Nauplius, Zoea, Mysis, Megalopa), statocyst of prawn.

Mollusca : V.S. shell. T.S. gill of *Pila:* Glochidium larva

III. Study of the following through permanent slide preparation:

i. Larval forms of liver fluke.

ii. Differential staining and identification of various types of blood cells.

IV. Anatomy :

Prawn/Squilla : External features, appendages, alimentary canal and nervous system; hastate plate

Pila : External features, pallial organs and nervous system; osphradium, radula.

V. Microbiology, Immunology and Biotechnology:

1. Preparation and use of culture media for microbes.
2. Identification of microbes using differential staining.
3. Study of microbes in food materials like curd etc. (*Lactobacillus, Aspergillus, Mucor, Rhizopus, Alternaria, Penicillium*).
4. Educational tour to any microbiology laboratory, dairy, food processing factory and distillery for first hand study. Collection of material may also be encouraged wherever possible. Candidates are expected to submit a detailed report of such a visit.
5. Antigen-antibody reactions : Precipitation, agglutination
6. Effect of antibiotic/vitamins on microbial culture (air/water/soil)

VI. Animal Physiology:

1 Counting of red and white blood cells in the given blood sample.

2 Estimation of hemoglobin in the given blood sample.

3 Estimation of haematocrit value (PCV) in the given blood sample.

4 Demonstration of enzyme activity (catalase) in liver.

5 Study of salivary digestion of starch and the effect of heat and alcohol on salivary digestion of starch

6 Study of histological structure of major endocrine glands of mammals.

VII. Biochemistry

1 Detection of protein, carbohydrate and lipid in the animal tissue/food samples

2 Identification of different kinds of mono- di and polysaccharides in the given food samples.

3 Circular paper chromatography of dyes/amino acids.

B.Sc. Part - II

Scheme of Practical Examination and Distribution of Marks

		Regular	Ex./N.C. Students
1	Anatomy (any system)	3	3
2	Permanent Preparation	4	6
3	Exercise in Microbiology/Immunology/Biotechnology	5	6
4	Exercise in Animal Physiology	6	7
5	Exercise in Biochemistry	6	7
6	Identifcation and comments on Spots (1 to 8)	16	16
7	Viva Voce	5	5
8	Class Record	5	–
		50	**50**

Notes

1 With reference to anatomy and study of museum specimens, candidates must be well versed in the study of various systems with the help of charts/models/ CD-ROMs, multimedia computer based simulations including computer assisted learning (CAL) and other softwares.

2 With reference to permanent preparation and microscopic slides, the exercise should be substituted with diagrams, photographs, models, charts etc.

3 Candidates must keep a record of all work done in the practical class and submit the same for inspection at the time of the practical examination.

4 The candidates may be asked to write detailed methodology wherever nessary and separate marks may be allocated for the same.

5 Mounting material for permanent preparations would be as per the syllabus or as available through collection and culture methods.

6 It should be ensured that animals used in practical exercises are not covered under the wild life act 1972 and amendments made subsequently.

■■■■